园林工程管理**必读书系**

园林工程招投标与合同管理从入门到精通

YUANLIN GONGCHENG
ZHAOTOUBIAO YU HETONG GUANLI
CONG RUMEN DAO JINGTONG

宁平 主编

化学工业出版社
·北京·

本书讲述了园林工程招投标方面的知识，包括工程招投标概述、园林工程招标、园林工程招标文件的编制、园林工程招标控制价的编制、园林工程投标、园林工程施工合同、园林工程施工索赔、园林工程施工其他合同管理等内容。

　　本书资料丰富、内容翔实，可供园林工程招投标与合同管理人员以及园林工程规划、设计、施工、监理的人员学习参考，也可供高等学校园林工程等相关专业师生学习使用。

图书在版编目（CIP）数据

园林工程招投标与合同管理从入门到精通/宁平主编 . —北京：化
学工业出版社，2017.3（2019.1重印）
　（园林工程管理必读书系）
　ISBN 978-7-122-28640-6

Ⅰ.①园… Ⅱ.①宁… Ⅲ.①园林-工程施工-招标②园林-工程施
工-招标③园林-工程施工-经济合同-管理　Ⅳ.①TU986.3

中国版本图书馆 CIP 数据核字（2016）第 298139 号

责任编辑：董　琳　　　　　　　　　　　　文字编辑：谢蓉蓉
责任校对：王素芹　　　　　　　　　　　　装帧设计：韩　飞

出版发行：化学工业出版社（北京市东城区青年湖南街 13 号　邮政编码 100011）
印　　装：大厂聚鑫印刷有限责任公司
787mm×1092mm　1/16　印张 12　字数 294 千字　2019 年 1 月北京第 1 版第 4 次印刷

购书咨询：010-64518888　　　　　　　　售后服务：010-64518899
网　　址：http://www.cip.com.cn
凡购买本书，如有缺损质量问题，本社销售中心负责调换。

定　　价：58.00 元

编写人员

主　　编　　宁　平

副 主 编　　陈远吉　　李　娜　　李伟琳

编写人员　　宁　平　　陈远吉　　李　娜　　李伟琳

　　　　　　张　野　　张晓雯　　吴燕茹　　闫丽华

　　　　　　马巧娜　　冯　斐　　王　勇　　陈桂香

　　　　　　宁荣荣　　陈文娟　　孙艳鹏　　赵雅雯

　　　　　　高　微　　王　鑫　　廉红梅　　李相兰

随着国民经济的飞速发展和生活水平的逐步提高，人们的健康意识和环保意识也逐步增强，大大加快了改善城市环境、家居环境以及工作环境的步伐。园林作为城市发展的象征，最能反映当前社会的环境需求和精神文化的需求，也是城市发展的重要基础。高水平、高质量的园林工程是人们高质量生活和工作的基础。通过植树造林、栽花种草，再经过一定的艺术加工所产生的园林景观，完整地构建了城市的园林绿地系统。丰富多彩的树木花草，以及各式各样的园林小品，为我们创造出典雅舒适、清新优美的生活、工作和学习的环境，最大限度地满足了人们对现代生活的审美需求。

在国民经济协调、健康、快速发展的今天，园林建设也迎来了百花盛开的春天。园林科学是一门集建筑、生物、社会、历史、环境等于一体的学科，这就需要一大批懂技术、懂设计的专业人才，来提高园林景观建设队伍的技术和管理水平，更好地满足城市建设以及高质量地完成景观项目的需要。

基于此，我们特组织一批长期从事园林景观工作的专家学者，并走访了大量的园林施工现场以及相关的园林管理单位，经过了长期精心的准备，编写了这套丛书。

与市面上已出版的同类图书相比，本套丛书具有如下特点。

（1）本套丛书在内容上将理论与实践结合起来，力争做到理论精炼、实践突出，满足广大园林景观建设工作者的实际需求，帮助他们更快、更好地领会相关技术的要点，并在实际的工作过程中能更好地发挥建设者的主观能动性，不断提高技术水平，更好地完成园林景观建设任务。

（2）本套丛书所涵盖的内容全面真正做到了内容的广泛性与结构的系统性相结合，让复杂的内容变得条理清晰、主次明确，有助于广大读者更好地理解与应用。

（3）本套丛书图文并茂，内容翔实，注重对园林景观工作人员管理水平和专业技术知识的培训，文字表达通俗易懂，适合现场管理人员、技术人员随查随用，满足广大园林景观建设工作者对园林相关方面知识的需求。

本套丛书可供园林景观设计人员、施工技术人员、管理人员使用，也可供高等院校风景园林等相关专业的师生使用。本套丛书在编写时参考或引用了部分单位、专家学者的资料，并且得到了许多业内人士的大力支持，在此表示衷心的感谢。限于编者水平有限和时间紧迫，书中疏漏及不当之处在所难免，敬请广大读者批评指正。

丛书编委会
2017 年 1 月

第一章

工程招投标概述

第一节 工程招投标的基本知识

工程招标投标是国际上广泛采用的达成工程建设交易的主要方式。招标投标是市场经济中的一种竞争方式，通常适用于大宗交易。其特点是：由唯一的买主（或卖主）设定标的，邀请若干个卖主（或买主），通过秘密报价进行竞争，从诸多报价者中选择满意的，与其达成交易协议，随后按协议实现标的。

建设工程实行招标投标制度，使工程项目建设任务的委托纳入市场机制，通过竞争择优选定项目的工程承包单位、勘察设计单位、施工单位、监理单位、设备制造供应单位等，达到保证工程质量、缩短建设周期、控制工程造价、提高投资效益的目的，由发包人与承包人之间通过招标投标签订承包合同的经营制度。

一、工程招标投标的定义

招标投标是指采购人事先提出货物、工程或服务采购的条件和要求，邀请投标人参加投标并按照规定程序从中选择交易对象的一种市场交易行为。从采购交易过程来看，它必然包括招标和投标两个最基本且相互对应的环节。

（1）工程招标是指业主（建设单位）为发包方，根据拟建工程的内容、工期、质量和投资额等技术经济要求，邀请有资格和能力的企业或单位参加投标报价，从中择优选取承担可行性研究方案论证、科学试验或勘察、设计、施工等任务的承包单位。

（2）工程投标是指经审查获得投标资格的投标人，以同意发包方招标文件所提出的条件为前提，经过广泛的市场调查掌握一定的信息并结合自身情况（能力、经营目标等），以投标报价的竞争形式获取工程任务的过程。

二、工程招投标应遵循的基本原则

工程招投标活动应当遵循公开、公平、公正和诚实信用的原则，具体如下。

1. 公开原则

公开原则，要求建设工程招标投标活动具有较高的透明度。具体有以下几层意思。

（1）建设工程招标投标的信息公开。通过建立和完善建设工程项目报建登记制度，及时向社会发布建设工程招标投标信息，让有资格的投标者都能享受到同等的信息，便于进行投标决策。

（2）建设工程招标投标的条件公开。什么情况下可以组织招标，什么机构有资格组织招标，什么样的单位有资格参加投标等，必须向社会公开，便于社会监督。

（3）建设工程招标投标的程序公开。工程建设项目的招标投标应当经过哪些环节、步骤，在每一环节、每一步骤有什么具体要求和时间限制，凡是适宜公开的，均应当予以公开。在建设工程招标投标的全过程中，招标单位的主要招标活动程序、投标单位的主要投标活动程序和招标投标管理机构的主要监管程序，必须公开。

（4）建设工程招标投标的结果公开。哪些单位参加了投标，最后哪个单位中了标，应当予以公开。

2. 公平原则

公平原则，是指所有当事人和中介机构在建设工程招标投标活动中，享有均等的机会，具有同等的权利，履行相应的义务，任何一方都不受歧视。它主要体现在以下几个方面。

（1）工程建设项目，凡符合法定条件的，都一样进入市场通过招标投标进行交易。市场主体不仅包括承包方，也包括发包方，发包方进入市场的条件是一样的。

（2）在建设工程招标投标活动中，所有合格的投标人进入市场的条件和竞争机会都是一样的，招标人对投标人不得区别对待，厚此薄彼。

（3）建设工程招标投标涉及的各方主体，都负有与其享有的权利相适应的义务，因情势变迁（不可抗力）等原因造成各方权利义务关系不均衡的，都可以而且也应当依法予以调整或解除。

（4）当事人和中介机构对建设工程招标投标中自己有过错的损害根据过错大小承担责任，对各方均无过错的损害则根据实际情况分担责任。

3. 公正原则

公正原则，是指在建设工程招标投标活动中，按照同一标准实事求是地对待所有的当事人和中介机构。如招标人按照统一的招标文件示范文本公正地表述招标条件和要求，按照事先经建设工程招标投标管理机构审查认定的评标定标办法，对投标文件进行公正评价，择优确定中标人等。

4. 诚实信用原则

诚实信用原则，简称诚信原则，是指在建设工程招标投标活动中，当事人和有关中介机构应当以诚相待、讲求信义、实事求是，做到言行一致、遵守诺言、履行成约，不得见利忘义、投机取巧、弄虚作假、隐瞒欺诈、以次充好、掺杂使假、坑蒙拐骗，损害国家、集体和其他人的合法权益。诚信原则是建设工程招标投标活动中的重要道德规范，也是法律上的要求。诚信原则要求当事人和中介机构在进行招标投标活动时，必须具备诚实无欺、善意守信的内心状态，不得滥用权力损害他人，要在自己获得利益的同时充分尊重社会公德和国家的、社会的、他人的利益，自觉维护市场经济的正常秩序。

三、 工程招标投标的意义

（1）有利于建设市场的法制化、规范化。从法律意义上说，工程建设招标投标是招标、

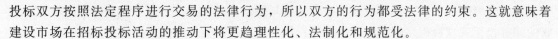

投标双方按照法定程序进行交易的法律行为，所以双方的行为都受法律的约束。这就意味着建设市场在招标投标活动的推动下将更趋理性化、法制化和规范化。

（2）形成市场定价的机制，使工程造价更趋合理。招标投标活动最明显的特点是投标人之间的竞争，而其中最集中、最激烈的竞争则表现为价格的竞争。价格的竞争最终导致工程造价趋于合理的水平。

（3）促进建设活动中劳动消耗水平的降低，使工程造价得到有效的控制。在建设市场中，不同的投标人其劳动消耗水平是不一样的。但为了竞争招标项目，在市场中取胜，降低劳动消耗水平就成了市场取胜的重要途径。当这一途径为大家所重视，必然要努力提高自身的劳动生产率，降低个别劳动消耗水平，进而导致整个工程建设领域劳动生产率的提高、平均劳动消耗水平下降，使得工程造价得到控制。

（4）有力地遏制建设领域的腐败，使工程造价趋向科学。工程建设领域在许多国家被认为是腐败行为多发区和重灾区。我国在招标投标中采取设立专门机构对招标投标活动进行监督管理，从专家人才库中选取专家进行评标的方法，使工程建设项目承发包活动变得公开、公平、公正，可有效地减少暗箱操作、徇私舞弊行为，有力地遏制行贿受贿等腐败现象的产生，使工程造价的确定更趋科学、更加符合其价值。

（5）促进了技术进步和管理水平的提高，有助于保证工程质量、缩短工期。投标竞争中表现最激烈的虽然是价格的竞争，而实质上是人员素质、技术装备、技术水平、管理水平的全面竞争。投标人要在竞争中获胜，就必须在报价、技术、实力、业绩等诸方面展现出优势。因此，竞争迫使竞争者都必须加大自己的投入，采用新材料、新技术、新工艺，加强企业和项目管理，因而促进了全行业的技术进步和管理水平的提高，进而使我国工程建设项目质量普遍得到提高，工期普遍得以合理缩短。

第二节 工程招投标监管机构

一、 工程招投标监管体制

建设工程招标投标监管体制，是指建设工程招标投标监督管理的组织机构设置及其职责权限的划分。建设工程招标投标监督管理是工程项目确立后进入实施阶段的监督管理，涉及面比较广。从国家和地方的政府职能配置来看，对建设工程招标投标的监督管理，主要是由建设行政主管部门承担的，其他有关部门也有一定的监督管理职责。从总体上讲，建设工程招标投标监管体制主要涉及以下两个方面的问题。

（1）建设行政主管部门与有关专业主管部门的关系。建设行政主管部门与有关专业主管部门的关系，是建设工程招标投标管理体制中的外部关系。他们承担本专业建设工程的具体组织实施工作和相关专业的行业管理工作，也是整个建筑业的组成部分，所以，他们应当同时接受建设行政主管部门的综合管理和监督。建设行政主管部门与有关专业主管部门的关系，是归口统管与具体分管、综合主管与单项协管的关系。

（2）建设行政主管部门上下级之间以及同级建设行政主管部门与隶属于它的招标投标管理机构的关系。建设行政主管部门上下级之间以及同级建设行政主管部门与隶属于它的招标投标管理机构的关系，是建设工程招标投标管理体制中的内部关系。建设行政主管部门上下级之间是分级管理关系，指导与被指导、监督与被监督的关系；建设行政主管部门与隶属于它的招标投标管理机构是领导与被领导、授权与被授权、委托与被委托的关系。

二、 工程招投标分级管理

建设工程招标投标分级管理，是指省、市、县三级建设行政主管部门依照各自的权限，对本行政区域内的建设工程招标投标分别实行管理，即分级属地管理。这是建设工程招标投标管理体制内部关系中的核心问题。实行这种建设行政主管部门系统内的分级属地管理，是现行建设工程项目投资管理体制的要求，也是进一步提高招标工作效率和质量的重要措施，有利于更好地实现建设行政主管部门对本行政区域建设工程招标投标工作的统一监管。

目前，全国各地对建设工程招标投标工作普遍都实行分级管理。确定分级管理范围的依据或标准主要有三种模式。

（1）按建设项目的规模或投资总额确定分级管理的范围，如山东、福建、天津、辽宁等。采用这种模式的地方在具体做法上也不一样，如有的规定，省属和中央直属在本省的建设单位，投资总额在 3000 万元以上的工程施工招标由省招标投标管理部门负责管理；其他工程项目的施工招标由市招标投标管理部门负责管理。有的规定，省建设行政主管部门负责指导、监督大型建设项目和省重点工程的施工招标投标活动，审批咨询、监理等单位代理施工招标投标业务的资格；地（市）建设行政主管部门负责指导、监督本行政区域内的中型建设项目和政府所在地建设项目的施工招标投标活动；县（市）建设行政主管部门负责指导、监督本行政区域内的小型建设项目和民用建筑工程的施工招标投标活动。还有的规定，市（直辖市）建委负责管理建筑面积在 10000m² （有的区域为 5000m² 或 3000m²）以上或工程造价在 500 万元（有的区域为 300 万元或 150 万元）以上（均含本数）工程项目的招标投标工作；限额以下工程项目的招标投标工作由项目所在地的区、县建委负责管理。

（2）按招标投标管理权限与基建、技改项目立项现行审批或备案登记权限相一致的原则确定分级管理的范围，如湖北、甘肃、江苏等。按照这种模式，属省、市、县（市）审批立项或备案的工程项目，其招标投标工作分别由省、市、县（市）建设行政主管部门负责管理。至于属于国家审批立项或备案的工程建设项目的招标投标工作，应由国家建设行政主管部门负责。但由于目前国家建设行政主管部门并不直接管理工程项目的招标投标工作，所以属国家审批立项或备案的工程项目的招标投标工作，应由省建设行政主管部门负责管理。

（3）将建设规模、投资总额和项目审批、备案权限等因素结合起来考虑确定分级管理的范围，如江西等。

三、 工程招投标的管理机构

建设工程招标投标管理机构，是指经政府或政府编制主管部门批准设立的隶属于同级建设行政主管部门的省、市、县（市）建设工程招标投标办公室。在设区的市、区一般不设招标投标管理机构，省、市、县（市）各类开发区一般也不设招标投标管理机构。建设工程招标投标管理机构的法律地位，一般是通过它的性质和职权来体现的。

1. 建设工程招标投标管理机构的性质

各级建设工程招标投标管理机构，从机构设置、人员编制来看，其性质通常都是代表政府行使行政监管职能的事业单位。建设行政主管部门与建设工程招标投标管理机构之间是领导与被领导关系。省、市、县（市）招标投标管理机构上级对下一级有业务上的指导和监督

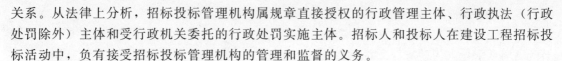

关系。从法律上分析，招标投标管理机构属规章直接授权的行政管理主体、行政执法（行政处罚除外）主体和受行政机关委托的行政处罚实施主体。招标人和投标人在建设工程招标投标活动中，负有接受招标投标管理机构的管理和监督的义务。

2. 建设工程招标投标管理机构的职权

建设工程招标投标管理机构的职权，概括起来可分为两个方面。一方面是承担具体负责建设工程招标投标管理工作的职责。也就是说，建设行政主管部门作为本行政区域内建设工程招标投标工作统一归口管理部门，具体的职责是由招标投标管理机构来全面承担的。这时，招标投标管理机构行使职权是在建设行政主管部门的名义下进行的。另一方面是在招标投标管理活动中享有可独立以自己的名义行使的管理职权。这些职权主要包括以下几个方面。

（1）办理建设工程项目报建登记。

（2）审查发放招标组织资质证书、招标代理人及标底编制单位的资质证书。

（3）接受招标人申报的招标申请书，对招标工程应当具备的招标条件、招标人的招标资质或招标代理人的招标代理资质、采用的招标方式进行审查认定。

（4）接受招标人申报的招标文件，对招标文件进行审查认定，对招标人要求变更发出后的招标文件进行审批。

（5）对投标人的投标资质进行复查。

（6）对标底进行审定，可以直接审定，也可以将标底委托相关银行以及其他有能力的单位审核后再审定。

（7）对评标定标办法进行审查认定，对招标投标活动进行全过程监督，对开标、评标、定标活动进行现场监督。

（8）核发或者与招标人联合发出中标通知书。

（9）审查合同草案，监督承发包合同的签订和履行。

（10）调解招标人和投标人在招标投标活动中或履行合同过程中发生的纠纷。

（11）查处建设工程招标投标方面的违法行为，依法受委托实施相应的行政处罚。

第三节 工程招投标的参加人

一、 工程招标人

1. 工程招标人的概念

建设工程招标人是建设工程招标投标活动中起主导作用的一方当事人，它是作为建设工程投资责任者的法人或者依法成立的其他组织和个人，也就是工程项目的建设单位和个人，即业主。

工程建设项目的投资是固定资产投资的主要和最重要的组成部分。在我国，随着投资管理体制的改革，投资主体已由过去单一的政府投资，发展为国家、集体、个人多元化投资。与投资主体多元化相适应，建设工程招标人也多种多样，包括各类机关、团体、企业事业单位、其他组织和个人。从实践来看，建设工程招标人主要是依法提出招标项目、进行招标的法人。但是没有法人资格的其他组织，如法人的分支机构、企业之间或企业与事业单位之间不具备法人条件的联营组织、合伙组织、个体工商户、农村承包经营。

2. 工程招标人的权利和义务

（1）建设工程招标人的权利。建设工程招标人的权利，是指建设工程招标人自己为一定行为或者要求他人为一定行为的可能性。行为的方式，既包括积极的作为，也包括消极的不作为。建设工程招标人的主要权利如下。

1）自行组织招标或者委托招标的权利。招标人是工程建设项目的投资责任者和利益主体，也是项目的发包人。招标人发包工程项目，凡具备招标资质的，有权自己组织招标，自行办理招标事宜；不具备招标资质的，则可委托具备相应资质的招标代理人代理组织招标，代为办理招标事宜的权利。中标的总承包单位作为总承包范围内工程的招标人，具备招标资质的，也可以自己组织招标，自行办理招标事宜；不具备招标资质的，也有权委托具备相应资质的招标代理人代理组织招标，代为办理招标事宜。

招标人委托招标代理人进行招标时，享有自由选择招标代理人并核验其资质证书的权利，同时仍享有参与整个招标过程的权利，招标人代表有权参加评标组织。因为委托招标代理的设定，是以招标人和招标代理人之间的信任为基础的，同时也是以招标代理人有招标代理资质为条件的。

2）进行投标资格审查的权利。对于要求参加投标的潜在投标人，招标人有权要求潜在投标人提供有关资质情况的资料，进行资格审查、筛选，拒绝不合格的潜在投标人参加投标。

3）择优选定中标的方案、价格和中标人的权利。招标的目的是通过公开、公正、平等的竞争，确定最优、最合理的中标方案、价格和中标人。招标过程其实就是一个优选过程。择优选定中标的方案、价格和中标人，就是要根据评标组织的评审意见和推荐建议，确定中标的方案、价格和中标人。这是招标人最重要的权利。

4）享有依法约定的其他各项权利。建设工程招标人的权利依法确定，若法律无规定时则依当事人约定，但当事人的约定不得违法或损害社会公共利益和公共秩序。

（2）建设工程招标人的义务。建设工程招标人的义务，是指建设工程招标人在建设工程招标投标活动中为一定行为或不为一定行为的必要性。建设工程招标人的主要义务如下。

1）遵守法律、法规、规章和方针、政策。建设工程招标人的招标活动必须依法进行，违法或违规、违章的行为，不仅不受法律保护，而且还要承担相应的责任。遵纪守法是建设工程招标人的首要义务。

招标人行使自行组织招标、办理招标事宜的权利时，必须同时遵守这一法定义务。即使招标人有择优选定中标人的权利，也必须根据评标组织的评审意见和推荐建议进行选择。如果招标人将评标组织的意见和建议搁置一边独自进行选择，将导致整个招标活动流于形式，成为变相的直接发包，这是不能允许的。

2）接受招标投标管理机构管理和监督的义务。为了保证建设工程招标投标活动公开、公正、平等竞争，建设工程招标投标活动必须在招标投标管理机构的监督管理下进行。接受招标投标管理机构的全过程管理和监督，是建设工程招标人必须履行的义务。

3）不侵犯投标人合法权益的义务。招标人、投标人是招标投标的当事人，他们在招标投标中的地位是完全平等的，因此招标人在行使自己权利的时候，不得侵犯投标人的合法权益，妨碍投标人公平竞争。招标公告或投标邀请书和招标文件中不得含有倾向或排斥潜在投标人的内容。

4）委托代理招标时向代理人提供招标所需资料、支付委托费用等的义务。招标人委托招标代理人进行招标时，应承担的主要义务如下。

① 招标人对于招标代理人在委托授权的范围内所办理的招标事务的后果直接接受并承担民事责任。对于招标代理人办理受托事务超出委托权限的行为，招标人不承担民事责任；但招标人知道而又不否认或者予以同意的，则招标人仍应承担民事责任。

② 招标人应向招标代理人提供招标所需的有关资料，提供或者补偿为办理受托事务所必需的费用。

③ 招标人应向招标代理人支付委托费或报酬。支付委托费或报酬的标准和期限，依法律规定或合同的约定。如合同无特别约定，应在事务办理完结后支付；如非因招标代理人的原因致使受托事务无法继续办理时，招标人应就事务已完成的部分，向招标代理人支付相应的委托费或报酬。

④ 招标人应向招标代理人赔偿招标代理人在执行受托任务中非因自己过错所造成的损失。招标人应对自己的委托负责，如因指示不当或其他过错致使招标代理人受损失的，应予以赔偿。招标代理人在执行受托事务中非因自己过错发生的损失，应视为招标人办理事务所造成的，也应由招标人赔偿。

5) 保密的义务。建设工程招标投标活动应当遵循公开原则，但对可能影响公平竞争的信息，招标人必须保密。如招标人不得向他人透露已获取招标文件的潜在投标人的名称、数量以及可能影响公平竞争的有关招标投标的其他情况。招标人设有标底的，标底必须保密。

6) 与中标人签订并履行合同的义务。招标投标的最终结果，是择优确定出招标人与之签订合同的投标人，即中标人。与中标人签订并履行合同，不仅是招标人的义务，更是招标投标的根本目的之所在。

7) 承担依法约定的其他各项义务。在建设工程招标投标过程中，招标人与投标人、代理人等可以在合法的前提下，经过互相协商，约定一定的义务。招标人与他人依法约定的义务，是招标人意志和利益的体现，招标人理应履行。

3. 工程招标人的招标资质

（1）工程招标人招标资质的定义。建设工程招标人的招标资质（又称招标资格），是指建设工程招标人能够自己组织招标活动所必须具备的条件和素质。由于招标人自己组织招标是通过其设立的招标组织进行的，因此招标人的招标资质，实质上就是招标人设立的招标组织的资质。对建设工程招标人的招标资质进行管理，主要就是政府主管机构对建设工程招标人设立的招标组织的资质，提出认定和划分标准，确定具体等级，发放相应证书，并对证书的使用进行监督检查。

（2）工程招标人的招标资质要求

1) 招标人必须有与招标工程相适应的技术、经济、管理人员。

2) 招标人必须有编制招标文件和标底（或招标控制价），审查投标人投标资格，组织开标、评标、定标的能力。

3) 招标人必须设立专门的招标组织，招标组织形式可以是基建处（办、科）、筹建处（办）、指挥部等。

凡符合上述要求的，经招标投标管理机构审查合格后发给招标组织资质证书。招标人不符合上述要求，未持有招标组织资质证书的，不得自行组织招标，只能委托具备相应资质的招标代理人代理组织招标。

（3）工程招标人的招标资质的分类

1) 甲级招标资质。

① 招标组织总人数不少于 20 人。

　　② 主要负责人具有高级职称，并有 8 年以上从事相关工程建设的经历。

　　③ 招标组织组成人员中，技术、经济、财务等人员配套，有相应专业职称人员数不少于 15 人，其中有中级以上职称的不少于 10 人。

　　④ 取得招标岗位合格证书的人员不少于 12 人，取得合同管理岗位合格证书的人员不少于 4 人，取得预算岗位合格证书的人员不少于 8 人，且专业配套。

　　2）乙级招标资质。

　　① 招标组织总人数不少于 15 人。

　　② 主要负责人具有中级以上职称，并有 5 年以上从事相关工程建设的经历。

　　③ 招标组织组成人员中，技术、经济、财务等人员配套，有相应专业职称人员不少于 10 人，其中有中级以上职称的人员不少于 8 人。

　　④ 取得招标岗位合格证书的人员不少于 9 人，取得合同管理岗位合格证书的人员不少于 3 人，取得预算岗位合格证书的人员不少于 6 人，且专业配套。

　　3）丙级招标资质。

　　① 招标组织总人数不少于 10 人。

　　② 主要负责人具有中级以上职称，并有 3 年以上从事相关工程建设的经历。

　　③ 招标组织组成人员中，技术、经济、财务等人员配套，有相应专业职称人员数不少于 8 人，其中有中级以上职称的不少于 5 人。

　　④ 取得招标岗位合格证书的人员不少于 6 人，取得合同管理岗位合格证书的人员不少于 2 人，取得预算岗位合格证书的人员不少于 4 人。

　　具有甲级招标资质的招标人，可以自行组织任何工程建设项目的招标工作；具有乙级招标资质的招标人，可以自行组织建筑物 30 层以下或构筑物高度 100m 以下、跨度 30m 以下的工程建设项目的招标工作；具有丙级招标资质的招标人，可以自行组织建筑物 12 层以下或构筑物高度 50m 以下、跨度 21m 以下的工程建设项目的招标工作。

二、工程投标人

1. 工程投标人的概念及条件

　　工程投标人是建设工程招标投标活动中的另一方当事人，它是指响应招标，并按照招标文件的要求参与工程任务竞争的法人或者其他组织及个人。

　　工程投标人的基本条件如下。

　　（1）必须有与招标文件要求相适应的人力、物力、财力。

　　（2）必须有符合招标文件要求的资质证书和相应的工作经验与业绩证明。

　　（3）符合法律、法规、规章和政策规定的其他条件。从实践来看，建设工程投标人的范围，主要有：勘察设计单位、施工企业、建筑装饰装修企业、工程材料设备供应（采购）单位、工程总承包单位以及咨询、监理单位等。

2. 工程投标人的权利及义务

　　（1）建设工程投标人的权利。建设工程投标人在建设工程招标投标活动中享有下列权利。

　　1）有权平等地获得利用招标信息。招标信息是投标决策的基础和前提。投标人不掌握招标信息，就不可能参加投标。投标人掌握的招标信息是否真实、准确、及时、完整，对投标工作具有非常重要的影响。投标人对招标信息主要通过招标人发布的招标公告获悉，也可以通过政府主管机构公布的工程报建登记获悉。保证投标人平等地获取招标信息，是招标人和政府主管机构的义务。

2）有权按照招标文件的要求自主投标或组成联合体投标。为了更好地把握投标竞争机会，提高中标率，投标人可以根据招标文件的要求和自身的实力，自主决定是独自参加投标竞争还是与其他投标人组成一个联合体，以一个投标人的身份共同投标。投标人组成投标联合体是一种联营方式，与串通投标是两个性质完全不同的概念。组成联合体投标，联合体各方均应当具备承担招标项目的相应能力和相应资质条件，并按照共同投标协议的约定就中标项目向招标人承担连带责任。

3）有权要求招标人或招标代理人对招标文件中的有关问题进行答疑。投标人参加投标，必须编制投标文件。而编制投标文件的基本依据，就是招标文件。正确理解招标文件，是正确编制投标文件的前提。对招标文件中不清楚的问题，投标人有权要求予以澄清，以利于准确领会、把握招标意图。对招标文件进行解释、答疑，既是招标人的权利，也是招标人的义务。

4）根据自己的经营情况和掌握的市场信息，有权确定自己的投标报价。投标人参加投标，是一场重要的市场竞争。投标竞争是投标人自主经营、自负盈亏、自我发展的强大动力。因此，招标投标活动必须按照市场经济的规律办事。对投标人的投标报价，由投标人依法自主确定，任何单位和个人不得非法干预。投标人根据自身经营状况、利润方针和市场行情，科学合理地确定投标报价，是整个投标活动中最关键的一环。

5）有权委托代理人进行投标。专门从事建设工程中介服务活动（包括投标代理业务）的机构，通常具有社会活动广、技术力量强、工程信息灵等优势。投标人委托他们代替自己进行投标活动，常常会取得意想不到的效果，获得更多的中标机会。

6）根据自己的经营情况有权参与投标竞争或放弃参与竞争。在市场经济条件下，投标人参加投标竞争的机会应当是均等的。参加投标是投标人的权利，放弃投标也是投标人的权利。对投标人来说，参加或不参加投标，是不是参加到底，完全是自愿的。任何单位或个人不能强制、胁迫投标人参加投标，更不能强迫或变相强迫投标人"陪标"，也不能阻止投标人中途放弃投标。

7）有权要求优质优价。价格（包括取费、酬金等）问题是招标投标中的一个核心问题。为了保证工程安全和质量，必须防止和克服只为争得项目中标而不切实际的盲目降级压价现象，实行优质优价，避免投标人之间的恶性竞争。允许优质优价，有利于真正信誉好、实力强的投标人多中标、中好标。

8）有权控告、检举招标过程中的违法、违规行为。投标人和其他利害关系人认为招标投标活动不合法的，有权向招标人提出异议或者依法向有关行政监督部门投诉。投标的生命在于公开、公正、平等竞争，招标过程中的任何违法、违规行为，都会背离这一根本原则和宗旨，损害其他投标人的切身利益。赋予投标人控告、检举、投诉权，有利于监督招标人的行为，防止和避免招标过程中的违法、违规现象，更好地实现招标投标制度的宗旨。

（2）工程投标人的义务

1）遵守法律、法规、规章和方针、政策。建设工程投标人的投标活动必须依法进行，违法或违规、违章的行为，不仅不受法律保护，而且还要承担相应的责任。遵纪守法是建设工程投标人的首要义务。比如，法律赋予投标人有自主决定是否参加投标竞争的权利，同时也规定了投标人不得串通投标，不得以行贿手段谋取中标，不得以低于成本的报价竞标，也不得以他人名义投标或以其他方式弄虚作假，骗取中标。投标人必须对自己的行为负责，不能妨碍招标人依法组织的招标活动，侵犯招标人和其他投标人的合法权益，扰乱正常的招标投标秩序。

2）接受招标投标管理机构的监督管理。为了保证建设工程招标投标活动公开、公正、平等竞争，建设工程招标投标活动必须在招标投标管理机构的监督管理下进行。接受招标投标管理机构的监督管理，是建设工程投标人必须履行的义务。

3）按招标人或招标代理人的要求对投标文件的有关问题进行答疑。投标文件是以招标文件为主要依据编制的。正确理解投标文件，是准确判断投标文件是否实质性响应招标文件的前提。对投标文件中不清楚的问题，招标人或招标代理人有权要求投标人予以澄清。投标人对投标文件进行解释、答疑，也是进一步维护自身投标权益的一个重要方面。

4）保证所提供的投标文件的真实性，提供投标保证金或其他形式的担保。投标文件是投标人投标意图、条件和方案的集中体现，是投标人对招标文件进行回应的主要方式，也是招标人评价投标人的主要依据。因此，投标人提供的投标文件必须真实、可靠，并对此予以保证。让投标人提供投标保证金或其他形式的担保，目的在于使投标人的保证落到实处，使投标活动保持应有的严肃性，促使投标人审慎从事，提高投标的责任心，建立和维护招标投标活动的正常秩序。

5）中标后与招标人签订合同并履行合同，不得转包合同，非经招标人同意不得分包合同。投标人参加投标竞争，意在中标。中标以后与招标人签订合同，并实际履行合同约定的全部义务，是实行招标投标制度的意义所在。中标的投标人必须亲自履行合同，不得将其中标的工程任务倒手转给他人承包。投标人根据招标文件载明的项目实际情况，拟在中标后将中标项目的部分非主体、非关键性工作进行分包的，应当在投标文件中载明。在总承包的情况下，除了总承包合同中约定的分包外，未经招标人认可不得再进行分包。

6）履行依法约定的其他各项义务。在建设工程招标投标过程中，投标人与招标人、代理人等可以在合法的前提下，经过互相协商，约定一定的义务。比如，投标人委托投标代理人进行投标时，就有下列义务。

① 投标人对于投标代理人在委托授权的范围内所办理的投标事务的后果直接接受并承担民事责任。

② 投标人应向投标代理人提供投标所需的有关资料，提供或者补偿为办理受托事务所必需的费用。

③ 投标人应向投标代理人支付委托费或报酬。支付委托费或报酬的标准和期限，依法律规定或合同的约定。

④ 投标人应向投标代理人赔偿投标代理人在执行受托任务中非因自己过错所造成的损失。

3. 工程投标人的投标资质

（1）工程投标人投标资质的定义。建设工程投标人的投标资质（又称投标资格）是指建设工程投标人参加投标所必须具备的条件和素质，包括资历、业绩、人员素质、管理水平、资金数量、技术力量、技术装备、社会信誉等几个方面的因素。对建设工程投入的投标资质进行管理，主要就是政府主管机构对建设工程投标人的投标资质，提出认定和划分标准，确定具体等级，发放相应证书，并对证书的使用进行监督检查。

（2）工程投标人投标资质的分类

1）工程勘察设计单位的投标资质。我国的工程勘察分为工程地质勘察、岩土工程、水文地质勘察和工程测量 4 个专业；工程设计分为电力、煤炭、石油和天然气、核工业、机械电子、兵器、船舶、航空航天、冶金、有色冶金、化工、石油化工、轻工、纺织、铁道、交通、邮电、水利、农业、林业、建筑工程、市政工程、商业、广播电影电视、民用航空、建材、医药及人防工程等 28 个专业。各专业勘察设计单位的资质分为甲、乙、丙、丁 4 级。各等级的标准，由国务院各有关行业主管部门综合考虑勘察设计单位的资历、技术力量、技术水平、技术装备水平、管理水平以及社会信誉等因素具体制定，经国家建设主管部门统一平衡后发布。

申请工程勘察设计资质证书的单位，必须具备下列条件。

① 有批准设立机构的文件，且该文件符合国家有关行业发展和机构设立程序的规定。

② 有明确的单位名称、固定的营业场所和相应的组织机构。

③ 有符合国家规定的注册资本。

④ 有与其从事的勘察设计活动相适应的具有法定执业资格的专业技术人员。

⑤ 有从事相关勘察设计活动所应有的技术装备。

⑥ 具备从事勘察设计活动所应具有的其他法定条件和与所申请的资质等级相符的其他资质条件。

工程勘察设计单位资质证书的申领程序一般是：

① 申请单位提出申请；

② 有关专业主管部门初步审查；

③ 工程勘察设计资格审定委员会综合审评；

④ 资质管理部门（建设行政主管部门）确认审查合格，发给相应等级的资质证书。

2）施工企业和项目经理的投标资质。施工企业是指从事土木工程、建筑工程、线路管道及设备安装工程、装饰装修工程等新建、扩建、改建活动的企业。我国的建筑业企业分为施工总承包企业、专业承包企业和劳务分包企业。施工总承包企业按工程性质分为房屋、公路、铁路、港口、水利、电力、矿山、冶金、化工石油、市政公用、通信、机电 12 个类别；专业承包企业根据工程性质和技术特点划分为 60 个类别；劳务分包企业按技术特点划分为 13 个类别。

工程施工总承包企业资质等级分为特、一、二、三级；施工专业承包企业资质等级分为一、二、三级；劳务分包企业资质分为一、二级。各类企业资质等级标准由国家建设主管部门统一组织制定与发布。

工程施工总承包企业和施工专业承包的资质实行分级审批：特级、一级资质由住房和城乡建设部审批；二级以下资质由企业注册所在地省、自治区、直辖市人民政府建设主管部门审批。经审批合格的，由有权的资质管理部门颁发相等级的建筑业企业资质证书。建筑业企业资质证书由国务院建设行政主管部门统一印制，分为正本（1 本）和副本（若干本），正本和副本具有同等的法律效力。任何单位和个人不得涂改、仿造出借、转让资质证书，复印的资质证书无效。

施工企业参加建设工程施工招标投标活动，应当按照其资质等级证书所许可的范围进行。少数市场信誉好、素质较高的企业，经征得业主同意和工程所在地省、自治区、直辖市建设行政主管部门批准后，可适度超出资质证书所核定的承包工程范围，投标承揽工程。施工企业的专业技术人员参加建设工程施工招标投标活动，应持有相应的执业资格证书，并在其执业资格证书许可的范围内进行。

3）建设监理单位的投标资质。建设监理单位，包括具有法人资格的监理公司、监理事务所和兼承监理业务的工程设计、科研和工程建设咨询的单位。监理单位的资质分为甲级、乙级和丙级。甲级资质由住房和城乡建设部审批。乙、丙级资质，监理单位属于地方的，由省级建设行政主管部门审批；属于国务院部门直属的，由国务院有关部门审批。经审核符合资质等级标准的，由资质管理部门发给住房和城乡建设部统一制定式样的相应的资质等级证书。

建设监理单位参加建设工程监理招标投标活动，必须持有相应的建设监理资质证书，并在其资质证书许可的范围内进行。建设监理单位的专业技术人员参加建设工程监理招标投标活动，应持有相应的执业资格证书，并在其执业资格证书许可的范围内进行。

4）建设工程材料设备供应单位的投标资质。建设工程材料设备供应单位，包括具有法人资格的建设工程材料设备生产、制造厂家、材料设备公司、设备成套承包公司等。目前，我国对建设工程材料设备供应单位实行资质管理的，主要是混凝土预制构件生产企业、商品混凝土生产企业和机电设备成套供应单位。

三、 工程招标投标代理人

1. 工程招标投标代理人的概念

建设工程招标投标代理人，是指受招标投标当事人的委托，在委托授权的范围内，以委托的招标投标当事人的名义和费用，从事招标投标活动的社会中介组织。它是依法成立，从事招标投标代理业务并提供相关服务，实行独立核算、自负盈亏，具有法人资格的企业事业单位，如工程招标公司、工程招标（代理）中心、工程咨询公司等。

建设工程招标投标代理人不是建设工程招标投标活动的当事人，但却是建设工程招标投标活动的重要参与者。由于一些建设工程招标投标当事人对招标投标了解较少，缺乏专业人才和技能，所以一批专门从事建设工程招标投标代理业务的社会中介机构便应运而生了。随着建设工程招标投标活动不断向社会化、市场化、专业化的方向发展，建设工程招标投标代理人日益成为一支不可替代的力量，在建设工程招标投标中发挥着越来越重要的作用。

2. 工程招投标代理人的权利和义务

（1）建设工程招标投标代理人的权利

1）组织和参与招标或投标活动。招标人或投标人委托代理人的目的，是让其代替自己办理有关招标或投标事务。组织和参与招标或投标活动，既是代理人的权利，也是代理人的义务。

2）依据招标文件要求，审查或报送投标人资质。资质审查是招标投标中的一项重要的基础工作。审查或报送投标人的资质，是招标投标当事人委托代理的重要内容。招标文件对投标的资质要求有明确的规定，资质审查就是要查验投标人已取得的相应资质等级证书是否完全满足招标文件对资质的要求。代理人受委托后即有权按照招标文件的规定，审查或报送投标人资质。

3）按规定标准收取代理费用。建设工程招标投标代理人从事招标投标代理活动，是一种有偿的经济行为。代理人要收取代理费用。代理费用由当事人与代理人按照有关规定在委托代理合同中协商确定。代理费用的收取标准，通常按工程造价或中标价的一定比例约定。

4）招标人或投标人授予的其他权利。招标投标代理人的权利，从根本上说，来源于当事人的合法的委托授权。在建设工程招标投标过程中，凡招标人或投标人授予给代理人的权利，代理人都有权独立行使，但当事人对其代理人提出的建议和意见也有采纳与否定的权利。

（2）建设工程招标投标代理人的义务

1）遵守法律、法规、规章和方针、政策。建设工程招标投标代理人的代理活动必须依法进行，违法或违规、违章的行为，不仅不受法律保护，而且还要承担相应的责任。遵纪守法是建设工程招标投标代理人的首要义务。

2）维护委托的招标人或投标人的合法权益。代理人从事代理活动，必须以维护委托的招标人或投标人的合法的权利和利益为根本出发点和基本的行为准则。代理人损害委托的招标人或投标人的利益，有违代理制度的宗旨和意义，使代理的设定失去必要性。

3）组织编制、解释招标文件或投标文件，对代理过程中提出的技术方案、计算数据、技术经济分析结论等的科学性、正确性负责。代编招标文件或投标文件，是代理人的主要义务之一。代理人代编招标文件或投标文件的，必须采取认真负责的态度，对其中不清楚的问题要做出合理解释，保证提出的技术方案、计算数据、技术经济分析结论等的科学合理、准确可靠、切实可行。

4）接受招标投标管理机构的监督管理和招标投标行业协会的指导。为了保证建设工程招标投标活动公开、公正、平等竞争，建设工程招标投标代理活动必须在招标投标管理机构的监督管理下进行。同时，随着政府职能的转变和建筑市场的发展，招标投标行业协会的自律作用将日益发挥出来。

5）履行依法约定的其他义务。受招标人或投标人委托的代理人依委托代理合同进行代理活动，必须履行代理合同约定的义务。通常，按照委托代理合同，代理人应履行的义务主要包括以下几个方面。

① 代理人应依照委托的招标人或投标人的指标和要求忠实地办理受托的招标投标事务。

② 代理人应亲自办理受托的事务。

③ 代理人应及时报告受托事务办理的情况。

④ 代理人应将办理受托事务所得的利益，及时交给委托的招标人或投标人。

⑤ 代理人对在代理招标投标中接触到的各种数据和资料应当保密，不得擅自引用、发表或提供给第三者。

⑥ 代理人对在实施代理行为过程中因自己的故意或过失给委托的招标人或投标人造成损害的，应承担赔偿责任。

3. 工程招投标代理人的资质

（1）工程招投标代理人资质的概念。招标投标代理人的代理资质是指从事招标投标代理活动应当具备的条件和素质，包括技术力量、专业技能、人员素质、技术装备、服务业绩、社会信誉、组织机构和注册资金等几个方面的要求。招标投标代理人从事招标投标代理业务，必须依法取得相应的招标投标资质等级证书，并在其资质等级证书许可的范围内，开展相应的招标投标代理业务。由于招标与投标相互对应，所以招标代理和投标代理不能同时发生在同一个工程项目的同一个代理人身上，即一个代理人不能在同一个工程项目中既当招标代理人，又当投标代理人。

（2）工程招投标代理人的资质条件。国家对招标代理人（招标代理机构）的条件和资格已有专门规定，按规定招标代理人应当具备下列条件。

1）有从事招标代理业务的营业场所和相应资金。

2）有能够编制招标文件和组织评标的相应专业力量。

3）有从事相关领域工作满 8 年并具有高级职称或者具有同等专业水平，可以作为评标组织成员人选的技术、经济等方面的专家库。

（3）工程招投标代理人资质的分类。从一些地方的实践来看，招标投标代理人的代理资质等级，可以分为甲、乙、丙三级。

1）甲级代理资质。招标投标代理人甲级代理资质的标准如下。

① 有机构组织章程，固定的办公地点和完善的管理制度，工作人员总数不少于 20 人（也有规定不少于 30 人）。

② 技术、经济负责人必须具有高级职称，并有 8 年以上从事相关工程建设的经历。

③ 技术、经济、财务等人员配套，有职称人员数不少于 15 人，其中高级职称不少于 2 人，中初级职称不少于 13 人。

④ 取得招标岗位证书的人员不少于 15 人，其中取得合同管理岗位证书的人员不少于 5 人，取得预算岗位证书的人员不少于 10 人。

⑤ 自有资金不少于 20 万元，其中流动资金不少于 5 万元。

2）乙级代理资质。招标投标代理人乙级代理资质的标准如下。

① 有机构组织章程，固定的办公地点和完善的管理制度，工作人员总数不少于 15 人（也有规定不少于 20 人）。

② 技术、经济负责人必须具有高级职称，并有 5 年以上从事相关工程建设的经历。

③ 技术、经济、财务等人员配套，有职称人员数不少于 10 人，其中高级职称不少于 1 人，中初级职称不少于 9 人。

④ 取得招标岗位证书的人员不少于 10 人，其中取得合同管理岗位证书的人员不少于 3 人，取得预算岗位证书的人员不少于 8 人。

⑤ 自有资金不少于 15 万元，其中流动资金不少于 4 万元。

3）丙级代理资质。招标投标代理人丙级代理资质的标准如下。

① 有机构组织章程，固定的办公地点和完善的管理制度，工作人员总数不少于 10 人。

② 技术、经济负责人必须具有中级以上职称，并有 3 年以上从事相关工程建设的经历。

③ 技术、经济、财务等人员配套，有职称人员数不少于 8 人，其中中级以上职称不少于 4 人。

④ 取得招标岗位证书的人员不少于 8 人，其中取得合同管理岗位证书的人员不少于 2 人，取得预算岗位证书的人员不少于 5 人。

⑤ 自有资金不少于 10 万元，其中流动资金不少于 3 万元。

• 第二章 •

园林工程招标

一、园林工程招标的分类

1. 按工程项目建设程序分类

根据园林工程项目建设程序，招标可分为三类，即园林工程项目开发招标、园林工程勘察设计招标和园林工程施工招标。

（1）园林工程项目开发招标。园林工程项目开发招标是建设单位（业主）邀请工程咨询单位对建设项目进行可行性研究，其"标的物"是可行性研究报告。中标的工程咨询单位必须对自己提供的研究成果认真负责，可行性研究报告应得到建设单位认可。

（2）园林工程勘察设计招标。园林工程勘察设计招标是指招标单位就拟建园林工程勘察和设计任务发布通告，以法定方式吸引勘察单位或设计单位参加竞争。经招标单位审查获得投标资格的勘察、设计单位，按照招标文件的要求，在规定的时间内向招标单位填报投标书，招标单位从中择优确定中标单位完成工程勘察或设计任务。

（3）园林工程施工招标。园林工程施工招标投标则是针对园林工程施工阶段的全部工作开展的招投标，根据园林工程施工范围大小及专业不同，可分为全部工程招标、单项工程招标和专业工程招标等。

2. 按工程承包的范围分类

（1）园林项目总承包招标。这种招标可分为两种类型：一种是园林工程项目实施阶段的全过程招标，另一种是园林工程项目全过程招标。前者是在设计任务书已经审完，从项目勘察、设计到交付使用进行一次性招标。后者是从项目的可行性研究到交付使用进行一次性招标，业主提供项目投资和使用要求及竣工、交付使用期限。其可行性研究、勘察设计、材料和设备采购、施工安装、职工培训、生产准备和试生产、交付使用都由一个总承包商负责承包，即所谓"交钥匙工程"。

（2）园林专项工程承包招标。这种招标是指在对园林工程承包招标中，对其中某项比较复杂或专业性强，施工和制作要求特殊的单项工程，可以单独进行招标的，称为专项工程承包招标。

3. 按园林工程建设项目的构成分类

按照园林工程建设项目的构成，可以将园林建设工程招标投标分为全部园林工程招标投标、单项工程招标投标、单位工程招标投标、分部工程招标投标及分项工程招标投标。全部园林工程招标投标，是指对园林工程建设项目的全部工程进行的招标投标。单项工程招标投标，是指对园林工程建设项目中所包含的若干单项工程进行的招标投标。单位工程招标投标，是指对一个园林单项工程所包含的若干单位工程进行的招标投标。分部工程招标投标，是指对一个园林单位工程所包含的若干分部工程进行的招标投标。分项工程招标投标，是指对一个园林分部工程所包含的若干分项工程进行的招标投标。

二、 园林工程招标的条件

园林工程项目招标必须符合主管部门规定的条件。这些条件分为招标人即建设单位应具备的条件和招标的工程项目应具备的条件。

1. 建设单位招标应当具备的条件

（1）招标单位是法人或依法成立的其他组织。

（2）有与招标工程相适应的经济、技术、管理人员。

（3）有组织招标文件的能力。

（4）有审查投标单位资质的能力。

（5）有组织开标、评标、定标的能力。

不具备上述第（2）～（5）项条件的，须委托具有相应资质的咨询、监理等单位代理招标。上述五条中，第（1）、（2）两条是对招标单位资格的规定，第（3）～（5）条则是对招标人能力的要求。

2. 招标的工程项目应当具备的条件

（1）概算已获批准。

（2）建设项目已经正式列入国家、部门或地方的年度固定资产投资计划。

（3）建设用地的征用工作已经完成。

（4）有能够满足施工需要的施工图纸及技术资料。

（5）建设资金和主要建筑材料、设备的来源已经落实。

（6）已经建设项目所在地规划部门批准，施工现场"三通一平"已经完成或一并列入施工招标范围。对于不同性质的园林工程项目，招标的条件可有所不同或有所偏重。

（1）园林建设工程勘察设计招标的条件，一般应主要侧重于：

1）设计任务书或可行性研究报告已获批准；

2）具有设计所必需的可靠基础资料。

（2）园林工程施工招标的条件，一般应主要侧重于：

1）园林工程已列入年度投资计划；

2）建设资金（含自筹资金）已按规定存入银行；

3）园林工程施工前期工作已基本完成；

4）有持证设计单位设计的施工图纸和有关设计文件。

（3）园林工程监理招标的条件，一般应主要侧重于：

1）设计任务书或初步设计已获批准；

2）工程建设的主要技术工艺要求已确定。

（4）园林工程材料设备供应招标的条件，一般应主要侧重于：

1）建设项目已列入年度投资计划；

2）建设资金（含自筹资金）已按规定存入银行；

3）具有批准的初步设计或施工图设计所附的设备清单，专用、非标设备应有设计图纸、技术资料等。

（5）园林工程总承包招标的条件，一般应主要侧重于：

1）计划文件或设计任务书已获批准；

2）建设资金和地点已经落实。

第二节　园林工程招标的方式与工作机构

一、园林工程招标的方式

1. 公开招标

公开招标是指招标人在指定的报刊、电子网络或其他媒体上发布招标公告，吸引众多的投标人参加投标竞争，招标人从中择优选择中标单位的招标方式。公开招标是一种无限制的竞争方式，按竞争程度又可以分为国际竞争性招标和国内竞争性招标。

这种招标方式可为所有的承包商提供一个平等竞争的机会，业主有较大的选择余地，有利于降低工程造价、提高工程质量和缩短工期。但由于参与竞争的承包商可能很多，增加资格预审和评标的工作量，也有可能出现故意压低投标报价的投机承包商以低价挤掉对报价严肃认真而报价较高的承包商。因此采用此种招标方式时，业主要加强资格预审，认真评标。

2. 邀请招标

邀请招标也称选择性招标或有限竞争投标，是指招标人以投标邀请书的方式邀请特定的法人或者其他组织投标，选择一定数目的法人或其他组织（不少于三家）。邀请招标的优点在于：经过选择的投标单位在施工经验、技术力量、经济和信誉上都比较可靠，因而一般能保证进度和质量要求。此外，参加投标的承包商数量少，因而招标时间相对缩短，招标费用也较少。

由于邀请招标在价格、竞争的公平性方面仍存在一些不足之处，因此《招标投标法》规定，国家重点项目和省、自治区、直辖市的地方重点项目不宜进行公开招标的，经过批准后可以进行邀请招标。

公开招标与邀请招标在招标程序上的主要区别如下。

1）招标信息的发布方式不同。公开招标是利用招标公告发布招标信息，而邀请招标则是采用向三家以上具备实施能力的投标人发出投标邀请书，请他们参与投标竞争。

2）对投标人资格预审的时间不同。进行公开招标时，由于投标响应者较多，为了保证投标人具备相应的实施能力以及缩短评标时间，突出投标的竞争性，通常设置资格预审程序。而邀请招标由于竞争范围小，且招标人对邀请对象的能力有所了解，不需要再进行资格预审，但评标阶段还要对各投标人的资格和能力进行审查和比较，通常称为"资格后审"。

3）邀请的对象不同。邀请招标邀请的是特定的法人或者其他组织，而公开招标则是向不特定的法人或者其他组织邀请投标。

3. 议标

议标（有的地方也称协商议标、邀请议标），又称非竞争性招标或谈判招标，是指由招标人选择两家以上的承包商，以议标文件或拟议合同草案为基础，分别与其直接协商谈判，选择自己满意的一家，达成协议后将工程任务委托给这家承包商承担。

议标是一种特殊的招标方式，是公开招标、邀请招标的例外情况。一个规范、完整的议标概念，在其适用范围和条件上，应当同时具备以下四个基本要点。

1）有保密性要求或者专业性、技术性较高等特殊情况。

2）不适宜采用公开招标和邀请招标的工程项目。

3）必须经招标投标管理机构审查同意。

4）参加投标者为一家，一家不中标再寻找下一家。

议标应按下列程序进行。

1）招标人向有权的招标投标管理机构提出议标申请。申请中应当说明发包工程任务的内容、申请议标的理由、对议标投标人的要求及拟邀请的议标投标人等，并且应当同时提交能证明其要求议标的工程符合规定的有关证明文件和材料。

2）招标投标管理机构对议标申请进行审批。招标投标管理机构在接到议标申请之日起15日内，调查核实招标人的议标申请、证明文件和材料、议标投标人的条件等，对照有关规定，确认其是否符合议标条件。符合条件的，方可批准议标。

3）议标文件的编制与审查。议标申请批准后，招标人编写议标文件或者拟议合同草案，并报招标投标管理机构审查。招标投标管理机构应在5日内审查完毕，并给予答复。

4）协商谈判。招标人与议标投标人在招标投标管理机构的监督下，就议标文件的要求或者拟议合同草案进行协商谈判。招标人以议标方式发包施工任务，应编制标底，作为议标文件或者拟议合同草案的组成部分，并经招标投标管理机构审定。议标工程的中标价格原则上不得高于审定后的标底价格。招标人不得以垫资、垫材料作为议标的条件，也不允许以一个议标投标人的条件要求或者限制另一个议标投标人。

5）授标。议标双方达成一致意见后，招标投标管理机构在自收到正式合同草案之日起2日内进行审查，确认其与议标结果一致后，签发《中标通知书》。未经招标投标管理机构审查同意，擅自进行议标或者议标双方在议标过程中弄虚作假的，议标结果无效。

二、 园林工程招标方式的选择

为了符合市场经济要求和规范招标人的行为，《中华人民共和国建筑法》（以下简称《建筑法》）规定"依法必须进行施工招标的工程，全部使用国有资金投资或者国有资金投资占控股或主导地位的，应当公开招标"。《招标投标法》进一步明确规定："国务院发展计划部门确定的国家重点项目和省、自治区、直辖市人民政府确定的地方重点项目不适宜公开招标的，经国务院发展计划部门或者省、自治区、直辖市人民政府批准，可以进行邀请招标。"

公开招标与邀请招标相比，可以在较大的范围内优选中标人，有利于投标竞争，但招标花费的费用较高、时间较长。采用邀请招标的项目一般属于以下几种情况之一。

（1）涉及保密的工程项目。

（2）专业性要求较强的工程，一般施工企业缺少技术、设备和经验，采用公开招标响应者较少。

（3）工程量较小、合同金额不高的施工项目，对实力较强的施工企业缺少吸引力。

（4）地点分散且属于劳动密集型的施工项目，对外地域的施工企业缺少吸引力。

（5）工期要求紧迫的施工项目，没有时间进行公开招标。

三、 园林工程招标的工作机构

1. 园林招标工作机构人员组成

园林招标工作机构人员通常由以下三类人员构成。

（1）决策人，即主管部门任命的招标人或授权代表。

（2）专业技术人员，包括建筑师，结构、设备、工艺等专业工程师和估算师等，他们的职责是向决策人提供咨询意见和进行招标的具体事务工作。

（3）助理人员，即决策和专业技术人员的助手，包括秘书、资料、档案、计算、绘图等工作人员。

2. 我国招标工作机构的主要形式

我国招标工作机构主要有三种形式。

（1）由招标人的基本建设主管部门（处、科、室、组）或实行建设项目业主责任制的业主单位负责有关招标的全部工作。这些机构的工作人员一般是从各有关部门临时抽调的，项目建设成后往往转入生产或其他部门工作。

（2）由政府主管部门设立"招标领导小组"或"招标办公室"之类的机构，统一处理招标工作。这种机构常常因政府主管部门过多干预而使其具有较多行政色彩。

（3）招标代理机构，受招标人委托，组织招标活动。这种做法对保证招标质量、提高招标效益起到有益作用。招标代理机构与行政机关和其他国家机关不得存在隶属关系或者其他利益关系。

3. 园林招标工作小组需具备的条件

园林招标工作小组由建设单位或建设单位委托的具有法人资格的建设工程招标代理机构负责组建。园林招标工作小组必须具备以下条件。

（1）有建设单位法人代表或其委托的代理人参加。

（2）有与园林工程规模相适应的技术、财务人员。

（3）有对投标企业进行评审的能力。

园林招标工作小组成员组成要与园林工程规模和技术复杂程度相适应，一般以 5～7 人为宜。招标工作小组组长应由建设单位法人代表或其委托的代理人担任。

第二节 园林工程招标的程序

一、 园林工程招标的一般程序

依法必须进行园林施工招标的工程，一般应遵循下列程序。

（1）招标单位自行办理招标事宜的，应当建立专门的招标工作机构。

（2）招标单位在发布招标公告或发出投标邀请书的 5 日前，向工程所在地县级以上地方人民政府建设行政主管部门备案。

（3）准备招标文件和标底（或招标控制价），报建设行政主管部门审核或备案。

（4）发布招标公告或发出投标邀请书。

（5）投标单位申请投标。

（6）招标单位审查申请投标单位的资格，并将审查结果通知申请投标单位。

（7）向合格的投标单位分发招标文件。

（8）组织投标单位踏勘现场，召开答疑会，解答投标单位就招标文件提出的问题。

（9）建立评标组织，制定评标、定标办法。

（10）召开开标会，当场开标。

（11）组织评标，决定中标单位。

（12）发出中标和未中标通知书，收回发给未中标单位的图纸和技术资料，退还投标保证金或保函。

（13）招标单位与中标单位签订施工承包合同。

园林工程施工招标的程序如图 2-1 所示。

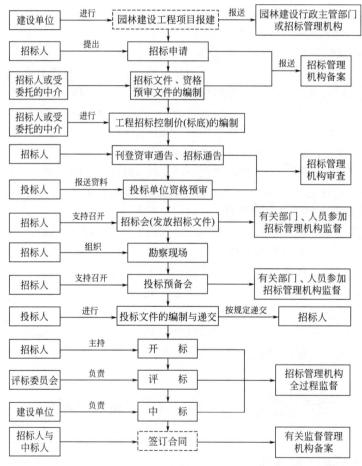

图 2-1　园林工程施工招标程序

二、 园林工程招标程序的内容

我国规定，依法应当公开招标的园林工程，必须在主管部门指定的媒介上发布招标公告。招标公告的发布应当充分公开，任何单位和个人不得非法限制招标公告的发布地点和发布范围。指定媒介发布依法必须发布的招标公告，不得收取费用。

1. 招标公告发布或投标邀请书发送

公开招标的投标机会必须通过公开广告的途径予以通告，使所有合格的投标者都有同等的机会了解投标要求，以形成尽可能广泛的竞争局面。世界银行贷款项目采用国际竞争性招标，要求招标广告送交世界银行，免费安排在联合国出版的《发展商务报》上刊登，送交世界银行的时间最迟不应晚于招标文件将向投标人公开发售前 60 日。

园林工程招标公告的内容主要包括以下几项内容。

（1）招标人名称、地址、联系人姓名、电话，委托代理机构进行招标的，还应注明该机构的名称和地址。

（2）园林工程情况简介，包括项目名称、建设规模、工程地点、质量要求、工期要求。

（3）承包方式，材料、设备供应方式。

（4）对投标人资质的要求及应提供的有关文件。

（5）招标日程安排。

（6）招标文件的获取办法，包括发售招标文件的地点、文件的售价及开始和截止出售的时间。

（7）其他要说明的问题。

依法实行邀请招标的工程项目，应由招标人或其委托的招标代理机构向拟邀请的投标人发送投标邀请书。邀请书的内容与招标公告大同小异。

原建设部在〔2002〕256 号文《房屋建筑和市政基础设施工程施工招标文件范本》中推荐使用的招标公告和投标邀请书的样式如下所示，园林工程招标公告和投标邀请书的样式可参照此进行。

招 标 公 告

（采用资格预审方式）

招标工程项目编号：_____

1. （招标人名称）的（招标工程项目名称），已由（项目批准机关名称）批准建设。现决定对该项目的工程施工进行公开招标，选定承包人。

2. 本次招标工程项目的概况如下：

2.1 （说明招标工程项目的性质、规模、结构类型、招标范围、标段及资金来源和落实情况等）。

2.2 工程建设地点为_____。

2.3 计划开工日期为__年__月__日，计划竣工日期为__年__月__日，工期__日历天。

2.4 工程质量要求符合（《工程施工质量验收规范》）标准。

3. 凡具备承担招标工程项目的能力并具备规定的资格条件的施工企业，均可对上述（一个或多个）招标工程项目（标段）向招标人提出资格预审申请，只有资格预审合格的投标申请人才能参加投标。

4. 投标申请人须是具备建设行政主管部门核发的（建筑业企业资质类别、资质等级）级及以上资质的法人或其他组织。自愿组成联合体的各方均应具备承担招标工程项目的相应资质条件；相同专业的施工企业组成的联合体，按照资质等级低的施工企业的业务许可范围承揽工程。

5. 投标申请人可从（地点和单位名称）处获取资格预审文件，时间为__年__月__日至__年__月__日，每天上午__时__分至__时__分，下午__时__分至__时__分（公休日、节假日除外）。

6. 资格预审文件每套售价为（币种，金额，单位），售后不退。如需邮购，可以书面形式通知招标人，并另加邮费每套（币种，金额，单位）。招标人在收到邮购款后日内，以快递方式向投标申请人寄送资格预审文件。

7. 资格预审申请书封面上应清楚地注明"（招标工程项目名称和标段名称）投标申请人资格预审申请书"字样。

8. 资格预审申请书须密封后，于＿年＿月＿日＿时＿分以前送至＿处，逾期送达的或不符合规定的资格预审申请书将被拒绝。

9. 资格预审结果将及时告知投标申请人，并预计于＿年＿月＿日发出资格预审合格通知书。

10. 凡资格预审合格的投标申请人，请按照资格预审合格通知书中确定的时间、地点和方式获取招标文件及有关资料。

招标人：＿＿＿＿＿＿＿＿＿＿＿＿（盖章）

办公地址：＿＿＿＿＿＿＿＿＿＿

邮政编码：＿＿＿＿＿＿ 联系电话：＿＿＿＿＿

传真：＿＿＿＿＿＿＿ 联系人：＿＿＿＿

招标代理机构＿＿＿＿＿＿＿＿＿（盖章）

办公地址：＿＿＿＿＿＿＿＿＿＿

邮政编码：＿＿＿＿＿＿ 联系电话：＿＿＿＿＿

传真：＿＿＿＿＿＿＿ 联系人：＿＿＿＿

日期：＿年＿月＿日

投标邀请书

（采用资格预审方式）

招标工程项目编号：＿＿＿＿＿＿＿＿＿＿＿

致：（投标人名称）

1. （招标人名称）的（招标工程项目名称），已由（项目批准机关名称）批准建设。现决定对该项目的工程施工进行邀请招标，选定承包人。

2. 本次招标工程项目的概况如下：

2.1 （说明招标工程项目的性质、规模、结构类型、招标范围、标段：及资金来源和落实情况等）。

2.2 工程建设地点为＿＿＿＿＿＿＿＿＿＿。

2.3 计划开工日期为＿年＿月＿日，计划竣工日期为＿年＿月＿日，工期＿日历天。

2.4 工程质量要求符合（《工程施工质量验收规范》）标准。

3. 如你方对本工程上述（一个或多个）招标工程项目（标段）感兴趣，可向招标人提出资格预审申请，只有资格预审合格的投标申请人才有可能被邀请参加投标。

4. 请你方从（地点和单位名称）处获取资格预审文件，时间为＿年＿月＿日至＿年＿月＿日，每天上午＿时＿分至＿时＿分，下午＿时＿分至＿时＿分（公休日、节假日除外）。

5. 资格预审文件每套售价为（币种，金额，单位），售后不退。如需邮购，可以书面形式通知招标人，并另加邮费每套（币种，金额，单位）。招标人在收到邮购款后日内，以快递方式向投标申请人寄送资格预审文件。

6. 资格预审申请书封面上应清楚地注明"（招标工程项目名称和标段名称）投标申请人

资格预审申请书"字样。

7. 资格预审申请书须密封后，于__年__月__日__时__分以前送至（地点和单位名称），逾期送达的或不符合规定的资格预审申请书将被拒绝。

8. 资格预审结果将及时告知投标申请人，并预计于__年__月__日发出资格预审合格通知书。

9. 凡资格预审合格并被邀请参加投标的投标申请人，请按照资格预审合格通知书中确定的时间、地点和方式获取招标文件及有关资料。

招标人：＿＿＿＿＿＿＿＿＿（盖章）

办公地址：＿＿＿＿＿＿＿＿＿＿

邮政编码：＿＿＿＿＿　联系电话：＿＿＿＿＿

传真：＿＿＿＿＿＿＿＿　联系人：＿＿＿＿

招标代理机构：＿＿＿＿＿＿＿＿＿（盖章）

办公地址：＿＿＿＿＿＿＿＿＿＿

邮政编码：＿＿＿＿＿　联系电话：＿＿＿＿＿

传真：＿＿＿＿＿＿＿＿　联系人：＿＿＿＿

日期：__年__月__日

2. 园林工程招标资格预审

（1）资格预审的概念和意义

1）资格预审的概念。资格预审，是指招标人在招标开始前或者开始初期，由招标人对申请参加的投标人进行资格审查。认定合格后的潜在投标人，得以参加投标。一般来说，对于大中型建设项目、"交钥匙"项目和技术复杂的项目，资格预审程序是必不可少的。

2）资格预审的意义

① 招标人可以通过资格预审程序了解潜在投标人的资信情况。

② 资格预审可以降低招标人的采购成本，提高招标工作的效率。

③ 通过资格预审，招标人可以了解到潜在的投标人对项目的招标有多大兴趣。如果潜在的投标人兴趣大大低于招标人的预料，招标人可以修改招标条款，以吸引更多的投标人参加投标。

④ 资格预审可吸引实力雄厚的承包商或者供应商进行投标，而通过资格预审程序，不合格的承包商或者供应商便会被筛选掉。这样，真正有实力的承包商和供应商也愿意参加合格的投标人之间的竞争。

（2）园林工程招标资格预审的种类。园林工程招标资格预审可分为定期资格预审和临时资格预审。

1）定期资格预审，是指在固定的时间内集中进行全面的资格预审。大多数国家的政府采购使用定期资格预审的办法。审查合格者被资格审查机构列入资格审查合格者名单。

2）临时资格预审，是指招标人在招标开始之前或者开始之初，由招标人对申请参加投标的潜在投标人进行资质条件、业绩、信誉、技术、资金等方面的情况进行资格审查。

（3）园林工程招标资格预审的程序。园林工程招标资格预审主要包括以下几个程序：一是资格预审公告；二是编制、发出资格预审文件；三是对投标人资格的审查和确定合格者名单。

1）资格预审公告。是指招标人向潜在的投标人发出的参加资格预审的广泛邀请。该公告可以在购买资格预审文件前一周内至少刊登两次，也可以考虑通过规定的其他媒介发出资格预审公告。

2）发出资格预审文件。资格预审公告后，招标人向申请参加资格预审的申请人发放或者出售资格预审查文件。资格预审文件通常由资格预审须知和资格预审表两部分组成。

① 资格预审须知内容一般为：比招标广告更详细的工程概况说明，资格预审的强制性条件，发包的工作范围，申请人应提供的有关证明和材料。

② 资格预审表是招标单位根据发包工作内容特点，需要对投标单位资质条件、实施能力、技术水平、商业信誉等方面的情况进行全面了解，以应答式表格形式给出的调查文件。资格预审表中开列的内容应能反映投标单位的综合素质。

只要投标申请人通过了资格预审，就说明他具备承担发包工作的资质和能力，凡资格预审中评定过的条件在评标的过程中就不再重新加以评定，因此资格预审文件中的审查内容要完整、全面，避免不具备条件的投标人承担项目的建设任务。

3）评审资格预审文件。对各申请投标人填报的资格预审文件评定，大多采用加权打分法。

① 依据工程项目特点和发包工作的性质，划分出评审的几大方面，如资质条件、人员能力、设备和技术能力、财务状况、工程经验、企业信誉等，并分别给予不同的权重。

② 对各方面再细划分评定内容和分项打分标准。

③ 按照规定的原则和方法逐个对资格预审文件进行评定和打分，确定各投标人的综合素质得分。为了避免出现投标人在资格预审表中出现夸大事实的情况，有必要时还可以对其已实施过的园林工程现场进行调查。

④ 确定投标人短名单。依据投标申请人的得分排序，以及预定的邀请投标人数目，从高分向低分录取。此时还需注意，若某一投标人的总分排在前几名之内，但某一方面的得分偏低较多，招标单位应适当考虑若他一旦中标后，实施过程中会有哪些风险，最终再确定他是否有资格进入短名单之内。对短名单之内的投标单位，招标单位分别发出投标邀请书，并请他们确认投标意向。如果某一通过资格预审单位又决定不再参加投标，招标单位应以得分排序的下一名投标单位递补。对没有通过资格预审的单位，招标单位也应发出相应通知，他们就无权再参加投标竞争。

（4）园林工程招标资格复审。园林工程招标资格复审，是为了使招标人能够确定投标人在资格预审时提交的资格材料是否仍然有效和准确。如果发现承包商和供应商有不轨行为，比如做假账、违约或者作弊，采购人可以中止或者取消承包商或者供应商的资格。

园林工程招标资格后审，是指在确定中标后，对中标人是否有能力履行合同义务进行最终审查。

（5）园林工程招标资格预审的评审方法。资格预审的评审标准必须考虑到评标的标准，一般凡属评标时考虑的因素，资格预审评审时可不必考虑。反之，也不应该把资格预审中已包括的标准再列入评标的标准（对合同实施至关重要的技术性服务，工作人员的技术能力除外）。

园林工程招标资格预审的评审方法一般采用评分法。将预审应该考虑的各种因素分类，确定它们在评审中应占的比分。如：人员 15 分；经验 30 分；财务状况 30 分；机构及组织 10 分；设备、车辆 15 分。

一般申请人所得总分在 70 分以下，或其中有一类得分不足最高分的 50% 者，应视为不合格。各类因素的权重应根据项目性质以及它们在项目实施中的重要性而定。

评审时，在每一因素下面还可以进一步分若干参数，常用的参数如下。

1）组织及计划

① 总的项目实施方案。

② 分包给分包商的计划。

③ 以往未能履约导致诉讼、损失赔偿及延长合同的情况。

④ 管理机构情况以及总部对现场实施指挥的情况。

2）人员

① 主要人员的经验和胜任的程度。

② 专业人员胜任的程度。

3）主要施工设施及设备

① 适用性（型号、工作能力、数量）。

② 已使用年份及状况。

③ 来源及获得该设施的可能性。

4）经验（过去 3 年）

① 技术方面的介绍。

② 所完成相似工程的合同额。

③ 在相似条件下完成的合同额。

④ 每年工作量中作为承包商完成的百分比平均数。

5）财务状况

① 银行介绍的函件。

② 保险公司介绍的函件。

③ 平均年营业额。

④ 流动资金。

⑤ 流动资产与目前负债的比值。

⑥ 过去 5 年中完成的合同总额。

资格预审的评审标准应视项目性质及具体情况而定。如财务状况中，为了说明申请人在实施合同期间现金流动的需要，也可以采用申请人能取得银行信贷额多少来代替流动资金或其他参数的办法。

3. 园林工程招标文件编制与发售

《招标投标法》第十九条规定："招标人应当根据招标项目的特点和需要编制招标文件。招标文件应当包括招标项目的技术要求、对投标人资格审查的标准、投标报价要求和评标标准等所有实质性要求和条件以及拟签订合同的主要条款。""国家对招标项目的技术、标准有规定的，招标人应当按照其规定在招标文件中提出相应要求。""招标项目需要划分标段确定工期的，招标人应当合理划分标段确定工期，并在招标文件中载明"。招标文件的编制将在下一章详细讨论。

在需要资格预审的招标中，招标文件只发售给资格合格的厂商。在不拟进行资格预审的招标中，招标文件可发给对招标通告做出反应并有兴趣参加投标的所有承包商。

在招标通告上要清楚地规定发售招标文件的地点、起止时间以及发售招标文件的费用。对发售招标文件的时间，要相应规定得长一些，以使投标者有足够的时间获得招标文件。根据世界银行的要求，发售招标文件的时间可延长到投标截止时间。

在招标文件收费的情况下，招标文件的价格应定得合理，一般只收成本费，以免投标者因价格过高失去购买招标文件的兴趣。

另外，要做好购买记录，内容包括购买招标文件厂商的详细名称、地址、电话、招标文件编号、招标号等。目的是为了便于掌握购买招标文件的厂商的情况，便于将购买招标文件的厂商与日后投标厂商进行对照。对于未购买招标文件的投标者，将取消其投标。同时，便于在需要时与投标者进行联系，如在对招标文件进行修改时，能够将修改文件准确、及时地发给购买招标文件的厂商。

4. 勘察现场

招标单位组织投标单位勘察现场的目的在于了解工程场地和周围环境情况，以获取投标单位认为有必要的信息。勘察现场一般安排在投标预备会的前1～2日。

投标单位在勘察现场中如有疑问，应在投标预备会前以书面形式向招标单位提出，但应给招标单位留有解答时间。

勘察现场主要涉及如下内容。

（1）施工现场是否达到招标文件规定的条件。

（2）施工现场的地理位置、地形和地貌。

（3）施工现场的地质、土质、地下水位、水文等情况。

（4）施工现场的气候条件，如气温、湿度、风力、年雨雪量等。

（5）现场环境，如交通、饮水、污水排放、生活用电、通信等。

（6）园林工程在施工现场的位置与布置。

（7）临时用地、临时设施搭建等。

5. 园林工程招标标前会议

标前会议，是指在投标截止日期以前，按招标文件中规定的时间和地点，召开的解答投标人质疑的会议，又称交底会。在标前会议上，招标单位负责人除了向投标人介绍园林工程概况外，还可对招标文件中的某些内容加以修改（但须报请招标投标管理机构核准）或予以补充说明，并口头解答投标人书面提出的各种问题，以及会议上即席提出的有关问题。会议结束后，招标单位应将其口头解答的会议记录加以整理，用书面补充通知（又称"补遗"）的形式发给每一位投标人。补充文件作为招标文件的组成部分，具有同等的法律效力。补充文件应在投标截止日期前一段时间发出，以便让投标者有时间做出反应。

园林工程标前会议主要议程如下。

（1）介绍参加会议的单位和主要人员。

（2）介绍问题解答人。

（3）解答投标单位提出的问题。

（4）通知有关事项。

在有的招标中，对于既不参加现场勘察，又不前往参加标前会议的投标人，可以认为他已中途退出，因而取消投标的资格。

6. 开标、评标与定标

投标截止日期以后，业主应在投标的有效期内开标、评标和授予合同。

投标有效期是指从投标截止之日起到公布中标之日为止的一段时间。有效期的长短根据工程的大小、繁简而定。按照国际惯例，一般为90～120日，我国在施工招标管理办法中规定10～30日。投标有效期是要保证招标单位有足够的时间对全部投标进行比较和评价。如世界银行贷款项目需考虑报世界银行审查和报送上级部门批准的时间。

投标有效期一般不应该延长，但在某些特殊情况下，招标单位要求延长投标有效期是可以的，但必须征得投标者的同意。投标者有权拒绝延长投标有效期，业主不能因此而没收其投标保证金。同意延长投标有效期的投标者不得要求在此期间修改其投标书，而且投标者必须同时相应延长其投标保证金的有效期，对于投标保证金的各有关规定在延长期内同样有效。

（1）开标。开标是指招标人将所有投标人的投标文件启封揭晓。我国《招标投标法》规定，开标应当在招标通告中约定的地点，招标文件确定的提交投标文件截止时间的同一时间公开进行。开标由招标人主持，邀请所有投标人参加。开标时，要当众宣读投标人名称、投标价格、有无撤标情况以及招标单位认为其他合适的内容。

开标一般应按照下列程序进行。

1）主持人宣布开标会议开始，介绍参加开标会议的单位、人员名单及园林工程项目的有关情况。

2）请投标单位代表确认投标文件的密封性。

3）宣布公证、唱标、记录人员名单和招标文件规定的评标原则、定标办法。

4）宣读投标单位的名称、投标报价、工期、质量目标、主要材料用量、投标担保或保函以及投标文件的修改、撤回等情况，并做当场记录。

5）与会的投标单位法定代表人或者其代理人在记录上签字，确认开标结果。

6）宣布开标会议结束，进入评标阶段。

投标单位法定代表人或授权代表未参加开标会议的视为自动弃权。投标文件有下列情形之一的将视为无效。

1）投标文件未按照招标文件的要求予以密封的。

2）投标文件中的投标函未加盖投标人的企业及企业法定代表人印章的，或者企业法定代表人委托代理人没有合法、有效的委托书（原件）及委托代理人印章的。

3）投标文件的关键内容字迹模糊、无法辨认的。

4）投标人未按照招标文件的要求提供投标保函或者投标保证金的。

5）组成联合体投标的，投标文件未附联合体各方共同投标协议的。

6）逾期送达。对未按规定送达的投标书，应视为废标，原封退回。但对于因非投标者的过失（因邮政、战争、罢工等原因）而在开标之前未送达的，投标单位可考虑接受该迟到的投标书。

（2）评标。开标后进入评标阶段。评标采用统一的标准和方法，对符合要求的投标进行评比，来确定每项投标对招标人的价值，最后达到选定最佳中标人的目的。

1）评标机构。《招标投标法》规定，评标由招标人依法组建的评标委员会负责。依法必须招标的项目，评标委员会由招标人的代表和有关技术、经济等方面的专家组成，成员人数为5人以上的单数，其中技术、经济等方面的专家不得少于成员总数的2/3。技术、经济等专家应当从事相关领域工作满8年且具有高级职称或具有同等专业水平，由招标人从国务院有关部门或省、自治区、直辖市人民政府有关部门提供的专家名册或者招标代理机构的专家库内的相关专业的专家名单中确定；一般招标项目可以采取随机抽取方式，特殊招标项目可以由招标人直接确定。与投标人有利害关系的人不得进入相关项目的评标委员会，已经进入的应当更换。评标委员会成员的名单在中标结果确定前应当保密。

2）评标的保密性与独立性。按照我国《招标投标法》，招标人应当采取必要措施，保证评标在严格保密的情况下进行。所谓评标的严格保密，是指评标在封闭状态下进行，评标委员会在评标过程中有关检查、评审和授标的建议等情况均不得向投标人或与该程序无关的人员透露。

由于招标文件中对评标的标准和方法进行了规定，列明了价格因素和价格因素之外的评标因素及其量化计算方法，因此，所谓评标保密，并不是在这些标准和方法之外另用一套标准和方法进行评审和比较，而是这个评审过程是招标人及其评标委员会的独立活动，有权对整个过程保密，以免投标人及其他有关人员知晓其中的某些意见、看法或决定，进行干扰评标的活动，造成评标不公。

3）投标文件的澄清和说明。评标时，评标委员会可以要求投标人对投标文件中含义不明确的内容做必要的澄清或者说明，比如投标文件有关内容前后不一致、明显打字（书写）错误或纯属计算上的错误等，评标委员会应通知投标人做出澄清或说明，以确认其正确的内容。澄清的要求和投标人的答复均应采用书面形式，且投标人的答复必须经法定代表人或授权代表人签字，作为投标文件的组成部分。

但是，投标人的澄清或说明，仅仅是对上述情形的解释和补正，不得有下列行为。

① 超出投标文件的范围。比如，投标文件中没有规定的内容，澄清时加以补充；投标文件提出的某些承诺条件与解释不一致等。

② 改变或谋求、提议改变投标文件中的实质性内容。所谓实质性内容，是指改变投标文件中的报价、技术规格或参数、主要合同条款等内容。这种实质性内容的改变，其目的就是为了使不符合要求的或竞争力较差的投标变成竞争力较强的投标。实质性内容的改变将会引起不公平的竞争，因此是不允许发生的。

在实际操作中，部分地区采取"询标"的方式来要求投标单位进行澄清和解释。询标一般由受委托的中介机构来完成，通常包括审标、提出书面询标报告、质询与解答、提交书面询标经济分析报告等环节。提交的书面询标经济分析报告将作为评标委员会进行评标的参考，有利于评标委员会在较短的时间内完成对投标文件的审查、评审和比较。

4）评标原则和程序。为保证评标的公正、公平性，评标必须按照招标文件确定的评标标准、步骤和方法进行，不得采用招标文件中未列明的任何评标标准和方法，也不得改变招标文件确定的评标标准和方法。设有标底的，应当参考标底。评标委员会完成评标后，应当向招标人提交书面评标报告，并推荐合格的中标候选人。招标人根据评标委员会提出的书面评标报告和推荐的中标候选人确定中标人。招标人也可授权评标委员会直接确定中标人。

① 评标原则。评标只对有效投标进行评审。在园林工程中，评标应遵循以下原则。

a. 平等竞争，机会均等。制定评标定标办法要对各投标人一视同仁，在评标定标的实际操作和决策过程中，要用一个标准衡量，保证投标人能平等地参加竞争。对投标人来说，在评标定标办法中不存在对某一方有利或不利的条款，在定标结果正式出来之前，中标的机会是均等的，不允许针对某一特定的投标人在某一方面的优势或弱势而在评标定标具体条款中带有倾向性。

b. 客观公正，科学合理。对投标文件的评价、比较和分析，要客观公正，不以主观好恶为标准，不带成见，真正在投标文件的响应性、技术性、经济性等方面评出客观的差别和优劣。采用的评标定标方法，对评审指标的设置和评分标准的具体划分，都要在充分考虑招标项目的具体特点和招标人的合理意愿的基础上，尽量避免和减少人为因素，做到科学合理。c. 实事求是，择优定标。对投标文件的评审，要从实际出发，实事求是。评标定标活动既要全面，也要有重点，不能泛泛进行。任何一个招标项目都有自己的具体内容和特点，招标人作为合同的一方主体，对合同的签订和履行负有其他任何单位和个人都无法替代的责任。所以，在其他条件同等的情况下，应该允许招标人选择更符合招标工程特点和自己招标意愿的投标人中标。招标评标办法可根据具体情况，侧重于工期或价格、质量、信誉等一两个招标工程客观上需要照顾的重点，在全面评审的基础上作出合理取舍。这应该说是招标人的一项重要权利，招标投标管理机构对此应予尊重。但招标的根本目的在于择优，而择优决定了评标定标办法中的突出重点、照顾工程特点和招标人意图，只能是在同等的条件下，针对实际存在的客观因素而不是纯粹招标人主观上的需要，才被允许，才是公正合理的。所以，在实践中，也要注意避免将招标人的主观好恶掺入评标定标办法中，防止影响和损害招标的择优宗旨。

② 中标人的投标应当符合的条件。《招标投标法》规定，中标人的投标应当符合下列条件之一。

a. 能够最大限度地满足招标文件中规定的各项综合评价标准。

b. 能够满足招标文件的实质性要求，并经评审的投标价格最低，但是投标价格低于成本的除外。

③ 评标程序。评标程序一般分为初步评审和详细评审两个阶段。

a. 初步评审。包括对投标文件的符合性评审、技术性评审和商务性评审。

符合性评审包括商务符合性评审和技术符合性鉴定。投标文件应实质性响应招标文件的所有条款、条件，无显著差异和保留。所谓显著差异和保留包括以下情况：对园林工程的范围、质量以及使用性能产生实质性影响；对合同中规定的招标单位的权利及投标单位的责任造成实质性限制；而且纠正这种差异或保留，将会对其他实质性响应的投标单位的竞争地位产生不公正的影响。

技术性评审主要包括对投标人所报的方案或组织设计、关键工序、进度计划，人员和机械设备的配备，技术能力，质量控制措施，临时设施的布置和临时用地情况，施工现场周围环境污染的保护措施等进行评估。

商务性评审是指对确定为实质上响应招标文件要求的投标文件进行投标报价评估，包括对投标报价进行校核，审查全部报价数据是否有计算上或累计上的算术错误，分析报价构成的合理性。发现报价数据上有算术错误，修改的原则是：如果用数字表示的数额与用文字表示的数额不一致时，以文字数额为准；当单价与工程量的乘积与合价之间不一致时，通常以标出的单价为准，除非评标组织认为有明显的小数点错位，此时应以标出的合价为准，并修改单价。按上述原则调整投标书中的投标报价，经投标人确认同意后，将对投标人起约束作用。如果投标人不接受修正后的投标报价，则其投标将被拒绝。

初步评审中，评标委员应当根据招标文件，审查并逐项列出投标文件的全部投标偏差。投标偏差分为重大偏差和细微偏差。出现重大偏差视为未能实质性响应招标文件，作废标处理；细微偏差指实质上响应招标文件要求，但在个别地方存在漏项或者提供了不完整的技术信息和资料等情况，且补正这些遗漏或不完整不会对其他投标人造成不公正的结果。细微偏差不影响投标文件的有效性。

b. 详细评审。经过初步评审合格的投标文件，评标委员会应当根据招标文件确定的评标标准和方法对其技术部分和商务部分作进一步评审、比较。

5) 评标方法。对于通过资格预审的投标者，对他们的财务状况、技术能力和经验及信誉在评标时可不必再评审。评标时主要考虑报价、工期、施工方案、施工组织、质量保证措施、主要材料用量等方面的条件。对于在招标过程中未经过资格预审的投标者在评标中首先进行资格后审，剔除在财务、技术和经验方面不能胜任的投标者。在招标文件中应加入资格审查的内容，投标者在递交投标书时，同时递交资格审查的资料。

评标方法的科学性对于实施平等的竞争、公正合理地选择中标者是极端重要的。评标涉及的因素很多，应在分门别类、有主有次的基础上，结合工程的特点确定科学的评标方法。

评标的方法，目前国内外采用较多的是专家评议法、低标价法和打分法。

① 专家评议法。评标委员会根据预先确定的评审内容，如报价、工期、施工方案、企业的信誉和经验以及投标者所建议的优惠条件等，对各标书进行认真的分析比较后，评标委员会的各成员进行共同的协商和评议，以投票的方式确定中选的投标者。这种方法实际上是定性的优选法。由于缺少对投标书的量化的比较，因而易产生意见难以统一的现象。但是其评标过程比较简单，在较短时间内即可完成，一般适用于小型工程项目。

② 低标价法。所谓低标价法，也就是以标价最低者为中标者的评标方法，世界银行贷款项目多采用这种方法。但该标价是指评估标价，也就是考虑了各评审要素以后的投标报价，而非投标者投标书中的投标报价。采用这种方法时，一定要采用严谨的招标程序、严格的资格预审，所编制招标文件一定要严密，详评时对标书的技术评审等工作要扎实全面。

这种评标办法有两种方式：一种方式是将所有投标者的报价依次排队，取其 3～4 个，对其低报价的投标者进行其他方面的综合比较，择优定标；另一种方式是"$A+B$ 值评标法"，即以低于招标控制价一定百分数以内的报价的算术平均值为 A，以标底或评标小组确定的更合理的标价为 B，然后以"$A+B$"的均值为评标标准价，选出低于或高于这个标准价的某个百分数的报价的投标者进行综合分析比较，择优选定。

③ 打分法。这种方法是由评标委员会事先将评标的内容进行分类，并确定其评分标准，然后由每位委员无记名打分，最后统计投标者的得分。得分超过及格标准分最高者为中标单位。这种定量的评标方法，是在评标因素多而复杂，或投标前未经资格预审就投标时，常采用的一种公正、科学的评标方法。这种方法能充分体现平等竞争、一视同仁的原则，定标后分歧意见较小。

6) 评标中注意的几个问题

① 标价合理。当前一般是以标底价格为中准价，采用接近标底的价格的报价为合理标价。如果采用低的报价中标者，应弄清下列情况：一是是否采用了先进技术确实可以降低造价，或有自己的廉价建材采购基地，能保证得到低于市场价的建筑材料，或是在管理上有什么独到的方法；二是了解企业是否出于竞争的长远考虑，在一些非主要工程上让利承包，以便提高企业知名度和占领市场，为今后在竞争中获利打下基础。

② 工期适当。国家规定的建设工程工期定额是建设工期参考标准，对于盲目追求缩短工期的现象要认真分析其是否经济合理。要求提前工期，必须要有可靠的技术措施和经济保证。要注意分析投标企业是否存在为了中标而迎合业主无原则要求缩短工期的情况。

③ 尊重业主的自主权。在社会主义市场经济的条件下，特别是在建设项目实行业主负责制的情况下，业主不仅是园林工程项目的建设者，是投资的使用者，而且也是资金的偿还者。评标组织是业主的参谋，要对业主负责，业主要根据评标组织的评标建议做出决策，这是理所当然的。但是评标组织要防止来自行政主管部门和招标管理部门的干扰。政府行政部门、招投标管理部门应尊重业主的自主权，不应参加评标决标的具体工作，主要从宏观上监督和保证评标决标工作公正、科学、合理、合法，为招投标市场的公平竞争创造一个良好的

环境。

④ 研究科学的评标方法。评标组织要依据本工程特点，研究科学的评标方法，保证评标不"走过场"，防止假评暗定等不正之风。

（3）定标和签订合同。评标结束后，评标小组应写出评标报告，提出中标单位的建议，交业主或其主管部门审核。评标报告一般由下列内容组成。

1）招标情况。主要包括园林工程说明，招标过程等。

2）开标情况。主要包括开标时间、地点、参加开标会议人员、唱标情况等。

3）评标情况。主要包括评标委员会的组成及评标委员会人员名单、评标工作的依据及评标内容等。

4）推荐意见。

5）附件。主要包括评标委员会人员名单，投标单位资格审查情况表，投标文件符合情况鉴定表，投标报价评比报价表，投标文件质询澄清的问题等。

• 第三章 •

➡ **园林工程招标文件的编制**

第一节 **园林工程招标文件概论及任务工作**

园林工程招标文件是整个招标过程所遵循的基础性文件，是投标和评标的基础，也是合同的重要组成部分。一般情况下，招标人与投标人之间不进行或进行有限的面对面交流，投标人只能根据招标文件的要求编写投标文件，因此，招标文件是联系、沟通招标人与投标人的桥梁。能否编制出完整、严谨的招标文件，直接影响到招标的质量，也是招标成败的关键。

一、 招标文件的编制原则

编制招标文件的工作是一项十分细致、复杂的工作，必须做到系统、完整、准确、明了，提出要求的目标要明确，使投标者一目了然。编制招标文件依据的原则如下。

（1）建设单位和建设项目必须具备招标条件。

（2）必须遵守国家的法律、法规及有关贷款组织的要求。

（3）应公正、合理地处理业主和承包商之间的关系，保护双方的利益。

（4）正确、详尽地反映项目的客观、真实情况。

（5）招标文件各部分的内容要力求统一，避免各份文件之间有矛盾。

二、 招标文件的组成

招标文件包括以下内容。

（1）招标公告（或投标邀请书）。

（2）投标人须知。

（3）评标办法。

（4）合同条款及格式。

（5）工程量清单。

（6）图纸。

（7）技术标准和要求。

（8）投标文件格式。

（9）投标人须知前附表规定的其他材料。

三、 招标文件的澄清

投标人应仔细阅读和检查招标文件的全部内容。如发现缺页或附件不全，应及时向招标人提出，以便补齐。如有疑问，应在投标人须知前附表规定的时间前以书面形式（包括信函、电报、传真等可以有形地表现所载内容的形式，下同），要求招标人对招标文件予以澄清。

招标文件的澄清将在投标人须知前附表规定的投标截止时间 15 日前以书面形式发给所有购买招标文件的投标人，但不指明澄清问题的来源。如果澄清发出的时间距投标截止时间不足 15 日，相应延长投标截止时间。

投标人在收到澄清后，应在投标人须知前附表规定的时间内以书面形式通知招标人，确认已收到该澄清。

四、 招标文件的修改

在投标截止时间 15 天前，招标人可以书面形式修改招标文件，并通知所有已购买招标文件的投标人。如果修改招标文件的时间距投标截止时间不足 15 天，相应延长投标截止时间。投标人收到修改内容后，应在投标人须知前附表规定的时间内以书面形式通知招标人，确认已收到该修改。

第二节 园林工程投标文件的内容

一、 总则

1. 项目概况

根据《中华人民共和国招标投标法》等有关法律、法规和规章的规定，本招标项目已具备招标条件，现对本标段施工进行招标。

2. 资金来源和落实情况

3. 招标范围、 计划工期和质量要求

4. 投标人资格要求（适用于已进行资格预审的）

投标人应是收到招标人发出投标邀请书的单位。投标人应具备承担本标段施工的资质条件、能力和信誉。投标人不得存在下列情形之一。

（1）为招标人不具有独立法人资格的附属机构（单位）。

（2）为本标段前期准备提供设计或咨询服务的，但设计施工总承包的除外。

（3）为本标段的监理人。

（4）为本标段的代建人。

（5）为本标段提供招标代理服务的。

（6）与本标段的监理人或代建人或招标代理机构同为一个法定代表人的。

（7）与本标段的监理人或代建人或招标代理机构相互控股或参股的。

（8）与本标段的监理人或代建人或招标代理机构相互任职或工作的。

（9）被责令停业的。

（10）被暂停或取消投标资格的。

（11）财产被接管或冻结的。

（12）在最近三年内有骗取中标或严重违约或重大工程质量问题的。

5. 费用承担

投标人准备和参加投标活动发生的费用自理。

6. 保密

参与招标投标活动的各方应对招标文件和投标文件中的商业和技术等秘密保密，违者应对由此造成的后果承担法律责任。

7. 语言文字

除专用术语外，与招标投标有关的语言均使用中文。必要时专用术语应附有中文注释。

8. 计量单位

所有计量均采用中华人民共和国法定计量单位。

9. 踏勘现场

投标人须知前附表规定组织踏勘现场的，招标人按投标人须知前附表规定的时间、地点组织投标人踏勘项目现场。

投标人踏勘现场发生的费用自理。

除招标人的原因外，投标人自行负责在踏勘现场中所发生的人员伤亡和财产损失。

招标人在踏勘现场中介绍的工程场地和相关的周边环境情况，供投标人在编制投标文件时参考，招标人不对投标人据此做出的判断和决策负责。

10. 投标预备会

投标人须知前附表规定召开投标预备会的，招标人按投标人须知前附表规定的时间和地点召开投标预备会，澄清投标人提出的问题。

投标人应在投标人须知前附表规定的时间前，以书面形式将提出的问题送达招标人，以便招标人在会议期间澄清。

投标预备会后，招标人在投标人须知前附表规定的时间内，将对投标人所提问题的澄清，以书面方式通知所有购买招标文件的投标人。该澄清内容为招标文件的组成部分。

11. 分包

投标人拟在中标后将中标项目的部分非主体、非关键性工作进行分包的，应符合投标人须知前附表规定的分包内容、分包金额和接受分包的第三人资质要求等限制性条件。

12. 偏离

投标人须知前附表允许投标文件偏离招标文件某些要求的，偏离应当符合招标文件规定的偏离范围和幅度。

二、 投标文件

1. 投标文件的组成

投标文件应包括下列内容。

（1）投标函及投标函附录。

（2）法定代表人身份证明或附有法定代表人身份证明的授权委托书。

（3）联合体协议书。

（4）投标保证金。

（5）已标价工程量清单。

（6）施工组织设计。

（7）项目管理机构。

（8）拟分包项目情况表。

（9）资格审查资料。

（10）投标人须知前附表规定的其他材料。

2. 投标报价

投标人应按"工程量清单"的要求填写相应表格。

3. 投标有效期

在投标人须知前附表规定的投标有效期内，投标人不得要求撤销或修改其投标文件。

出现特殊情况需要延长投标有效期的，招标人以书面形式通知所有投标人延长投标有效期。投标人同意延长的，应相应延长其投标保证金的有效期，但不得要求或被允许修改或撤销其投标文件；投标人拒绝

4. 投标保证金

投标人在递交投标文件的同时，应按投标人须知前附表规定的金额、担保形式"投标文件格式"规定的投标保证金格式递交投标保证金，并作为其投标文件的组成部分。联合体投标的，其投标保证金由牵头人递交，并应符合投标人须知前附表的规定。

招标人与中标人签订合同后5个工作日内，向未中标的投标人和中标人退还投标保证金。

有下列情形之一的，投标保证金将不予退还：

① 投标人在规定的投标有效期内撤销或修改其投标文件；

② 中标人在收到中标通知书后，无正当理由拒签合同协议书或未按招标文件规定提交履约担保。

5. 资格审查资料（适用于已进行资格预审的）

投标人在编制投标文件时，应按新情况更新或补充其在申请资格预审时提供的资料，以证实其各项资格条件仍能继续满足资格预审文件的要求，具备承担本标段施工的资质条件、能力和信誉。

"投标人基本情况表"应附投标人营业执照副本及其年检合格的证明材料、资质证书副本和安全生产许可证等材料的复印件。

"近年财务状况表"应附经会计师事务所或审计机构审计的财务会计报表，包括资产负债表、现金流量表、利润表和财务情况说明书的复印件，具体年份要求见投标人须知前附表。

"近年完成的类似项目情况表"应附中标通知书和（或）合同协议书、工程接收证书（工程竣工验收证书）的复印件，具体年份要求见投标人须知前附表。每张表格只填写一个项目，并标明序号。

"正在施工和新承接的项目情况表"应附中标通知书和（或）合同协议书复印件。每张表格只填写一个项目，并标明序号。

"近年发生的诉讼及仲裁情况"应说明相关情况，并附法院或仲裁机构做出的判决、裁决等有关法律投标人须知前附表规定接受联合体投标的。

6. 备选投标方案

除投标人须知前附表另有规定外，投标人不得递交备选投标方案。允许投标人递交备选投标方案的，只有中标人所递交的备选投标方案方可予以考虑。评标委员会认为中标人的各选投标方案优于其按照招标文件要求编制的投标方案的，招标人可以接受该备选投标方案。

7. 投标文件的编制

投标文件应按"投标文件格式"进行编写，如有必要，可以增加附页，作为投标文件的组成部分。其中，投标函附录在满足招标文件实质性要求的基础上，可以提出比招标文件要求更有利于招标人的承诺。

投标文件应当对招标文件有关工期、投标有效期、质量要求、技术标准和要求、招标范围等实质性内容做出响应。

投标文件应用不褪色的材料书写或打印，并由投标人的法定代表人或其委托代理人签字或盖单位章。委托代理人签字的，投标文件应附法定代表人签署的授权委托书。投标文件应尽量避免涂改、行间插字或删除。如果出现上述情况，改动之处应加盖单位章或由投标人的法定代表人或其授权的代理人签字确认。签字或盖章的具体要求见投标人须知前附表。

投标文件正本一份，副本份数见投标人须知前附表。正本和副本的封面上应清楚地标记"正本"或"副本"的字样。当副本和正本不一致时，以正本为准。

投标文件的正本与副本应分别装订成册，并编制目录，具体装订要求见投标人须知前附表规定。

三、 投标

1. 投标文件的密封和标记

投标文件的正本与副本应分开包装，加贴封条，并在封套的封口处加盖投标人单位章。

投标文件的封套上应清楚地标记"正本"或"副本"字样，封套上应写明的其他内容见投标人须知前附表。

2. 投标文件的递交

投标人递交投标文件的地点：见投标人须知前附表。

除投标人须知前附表另有规定外，投标人所递交的投标文件不予退还。

招标人收到投标文件后，向投标人出具签收凭证。

逾期送达的或者未送达指定地点的投标文件，招标人不予受理。

3. 投标文件的修改与撤回

在规定的投标截止时间前，投标人可以修改或撤回已递交的投标文件，但应以书面形式通知招标人。

投标人修改或撤回已递交投标文件的书面通知的要求签字或盖章。招标人收到书面通知后，向投标人出具签收凭证。

修改的内容为投标文件的组成部分。修改的投标文件应按照规定进行编制、密封、标记和递交，并标明"修改"字样。

四、 开标

1. 开标时间和地点

招标人在规定的投标截止时间（开标时间）和投标人须知前附表规定的地点公开开标，

并邀请所有投标人的法定代表人或其委托代理人准时参加。

2. 开标程序

主持人按下列程序进行开标：

① 宣布开标纪律；

② 公布在投标截止时间前递交投标文件的投标人名称，并点名确认投标人是否派人到场；

③ 宣布开标人、唱标人、记录人、监标人等有关人员姓名；

④ 按照投标人须知前附表规定检查投标文件的密封情况；

⑤ 按照投标人须知前附表的规定确定并宣布投标文件开标顺序；

⑥ 设有标底的，公布标底；

⑦ 按照宣布的开标顺序当众开标，公布投标人名称、标段名称、投标保证金的递交情况、投标报价、质量目标、工期及其他内容，并记录在案；

⑧ 投标人代表、招标人代表、监标人、记录人等有关人员在开标记录上签字确认；

⑨ 开标结束。

五、 评标

1. 评标委员会

评标由招标人依法组建的评标委员会负责。评标委员会由招标人或其委托的招标代理机构熟悉相关业务的代表，以及有关技术、经济等方面的专家组成。评标委员会成员人数以及技术、经济等方面专家的确定方式见投标人须知前附表。

评标委员会成员有下列情形之一的，应当回避。

① 招标人或投标人的主要负责人的近亲属；

② 项目主管部门或者行政监督部门的人员；

③ 与投标人有经济利益关系，可能影响对投标公正评审的；

④ 曾因在招标、评标以及其他与招标投标有关活动中从事违法行为而受过行政处罚或刑事处罚的。

2. 评标原则

评标活动遵循公平、公正、科学和择优的原则。

3. 评标

评标委员会按照"评标办法"规定的方法、评审因素、标准和程序对投标文件进行评审。"评标办法"没有规定的方法、评审因素和标准，不作为评标依据。

六、 合同授予

1. 定标方式

除投标人须知前附表规定评标委员会直接确定中标人外，招标人依据评标委员会推荐的中标候选人确定中标人，评标委员会推荐中标候选人的人数见投标人须知前附表。

2. 中标通知

在规定的投标有效期内，招标人以书面形式向中标人发出中标通知书，同时将中标结果通知未中标的投标人。

3. 履约担保

在签订合同前，中标人应按投标人须知前附表规定的金额、担保形式和招标文件规定的履约担保格式向招标人提交履约担保。联合体中标的，其履约担保由牵头人递交，并应符合投标人须知前附表规定的金额、担保形式和招标文件第四章"合同条款及格式"规定的履约担保格式要求。

中标人不能按要求提交履约担保的，视为放弃中标，其投标保证金不予退还，给招标人造成的损失超过投标保证金数额的，中标人还应当对超过部分予以赔偿。

4. 签订合同

招标人和中标人应当自中标通知书发出之日起 30 天内，根据招标文件和中标人的投标文件订立书面合同。中标人无正当理由拒签合同的，招标人取消其中标资格，其投标保证金不予退还；给招标人造成的损失超过投标保证金数额的，中标人还应当对超过部分予以赔偿。

发出中标通知书后，招标人无正当理由拒签合同的，招标人向中标人退还投标保证金；给中标人造成损失的，还应当赔偿损失。

七、 重新招标和不再招标

1. 重新招标

有下列情形之一的，招标人将重新招标：

① 投标截止时间止，投标人少于 3 个的；

② 经评标委员会评审后否决所有投标的。

2. 不再招标

重新招标后投标人仍少于 3 个或者所有投标被否决的，属于必须审批或核准的工程建设项目，经原审批或核准部门批准后不再进行招标。

八、 纪律和监督

1. 对招标人的纪律要求

招标人不得泄露招标投标活动中应当保密的情况和资料，不得与投标人串通损害国家利益、社会公共利益或者他人合法权益。

2. 对投标人的纪律要求

投标人不得相互串通投标或者与招标人串通投标，不得向招标人或者评标委员会成员行贿谋取中标，不得以他人名义投标或者以其他方式弄虚作假骗取中标；投标人不得以任何方式干扰、影响评标工作。

3. 对评标委员会成员的纪律要求

评标委员会成员不得收受他人的财物或者其他好处，不得向他人透漏对投标文件的评审和比较、中标候选人的推荐情况以及评标有关的其他情况。在评标活动中，评标委员会成员不得擅离职守，影响评标程序正常进行，不得使用第三章"评标办法"没有规定的评审因素和标准进行评标。

4. 对与评标活动有关的工作人员的纪律要求

与评标活动有关的工作人员不得收受他人的财物或者其他好处，不得向他人透漏对投标文件的评审和比较、中标候选人的推荐情况以及评标有关的其他情况。在评标活动中，与评标活动有关的工作人员不得擅离职守，影响评标程序正常进行。

5. 投诉

投标人和其他利害关系人认为本次招标活动违反法律、法规和规章规定的，有权向有关行政监督部门投诉。

九、 需要补充的其他内容

需要补充的其他内容见表 3-1～表 3-6。

表 3-1　开标记录表

____（项目名称）_____标段施工开标记录表　　　　　　开标时间：__年__月__日__时__分

序号	投标人	密封情况	投标保证金	投标报价(元)	质量目标	工期	备注	签名
招标人编制的标底								

招标人代表：_____　记录人：_____　监标人：_____

__年__月__日

表 3-2　问题澄清通知

问题澄清

编号：_____

投标人名称：_____

____（项目名称）_____标段施工招标的评标委员会，对你方的投标文件进行了仔细的审查，现需你方对下列问题以书面形式予以澄清：

1. _____

2. _____

……

请将上述问题的澄清于__年__月__日__时前递交至_____（详细地址）或传真至_____（传真号码）。采用传真方式的，应在__年__月__日__时前将原件递交至_____（详细地址）。

评标工作组负责人：_____（签字）

__年__月__日

表 3-3　问题的澄清

问题的澄清

编号：_____

____（项目名称）_____标段施工招标评标委员会：

问题澄清通知（编号：_____）已收悉，现澄清如下：

1. _____

2. _____

……

投标人：_____（盖单位章）

法定代表人或其委托代理人：_____（签字）

__年__月__日

表 3-4　中标通知书

中标通知书

中标人名称：_____

你方于_____（投标日期）所递交的_____（项目名称）_____标段施工投标文件已被我方接受，被确定为中标人。

中标价：_____元。

工期：_____日历天。

工程质量：符合_____标准。

项目经理：_____（姓名）。

请你方在接到本通知书后的__日内到_____（指定地点）与我方签订施工承包合同，在此之前按招标文件第二章"投标人须知"第7.3款规定向我方提交履约担保。

特此通知。

招标人：_____（盖单位章）

法定代表人：_____（签字）

__年__月__日

表 3-5　中标结果通知书

中标结果通知书

未中标人名称：_____

我方已接受_____（中标人名称）于_____（投标日期）所递交的_____（项目名称）_____标段施工投标文件，确定_____（中标人名称）为中标人。

感谢你单位对我们工作的大力支持！

招标人：_____（盖单位章）

法定代表人：_____（签字）

__年__月__日

表 3-6　确认通知

确认通知

招标人名称：_____

我方已接到你方__年__月__日发出的_____（项目名称）_____标段施工招标关于_____的通知，我方已于__年__月__日收到。

特此确认。

投标人：_____（盖单位章）

__年__月__日

第四章

园林工程招标控制价的编制

招标控制价是招标人根据国家或省级、行业建设主管部门颁发的有关计价依据和办法，按设计施工图纸计算的，对招标工程限定的最高工程造价。国有资金投资的工程建设项目应实行工程量清单招标，并应编制招标控制价。

第一节 园林工程招标控制价概述

工程量招标控制价也称拦标价，是指招标人根据国家或省级、行业建设主管部门颁发的有关计价依据和办法，按设计施工图纸计算，在招标过程中向投标人公示的工程项目总价格的最高限额，也是招标人期望价格的最高标准，要求投标人投标报价不得超过它，否则视为废标。在国有资金投资的工程进行招标时。根据《中华人民共和国招投标法》第二十二条二款的规定："招标人设有标底的，标底必须保密"。但实行工程量清单招标后，由于招标方式的改变，标底保密这一法律规定已不能起到有效遏制哄抬标价作用。因此，为有利于客观、合理地评审投标报价和避免哄抬标价，造成国有资产流失，招标人应编制招标控制价，作为招标人能够接受的最高交易价格。招标控制价体现了招标人的主观意愿，明确表达了招标人购买建筑产品品质要求及其经济承受能力。

建设工程工程量清单计价规范中，提出了招标控制价的概念。招标控制价是事先设置的工程报价最高限价，招标人只有将招标控制价编制的高低合适才能体现优秀企业的竞争力，提高招标效率并降低工程造价，因此招标人如何在工程量清单计价模式下准确、快速地预测招标控制价对招标工作有重要的意义。根据灰色系统理论，深入考虑了招标控制价各主要变量之间的相互影响，建立了灰色预测模型对招标控制价进行预测，并对模型的构造、计算、误差精度进行了详细说明，最后通过工程实例进行了验证。

第二节　园林工程招标控制价的编制

一、招标控制价的作用

在编制招标控制价前，首先应全面熟悉设计图纸，从总体布置图到细部构造图都应逐一认真阅读。由于目前工程招标都采用的工程量清单计价，设计文件中有些工程量的表述与工程量清单中计量与支付所包含的内容不一致，因此，招标控制价编制人员应在阅图的同时，仔细阅读招标文件的技术规范。熟悉设计图纸、核对工程数量及与设计人员的良好沟通是提高招标控制价编制质量的基础。编制人员应认真核对设计图纸及有关表格，做计价基础资料的各种工程量基本反映在图、表上，但有些又隐含于图纸中。对影响较大的关键部位或量大价高的工程量，必要时应在充分熟悉各种设计图集的基础上，重新进行复核计算是必不可少的。

招标人通过招标控制价，可以清除投标人间合谋超额利益的可能性，有效遏制围标串标行为，投标人通过招标控制价，可以避免投标决策的盲目性，增强投标活动的选择性和经济性。工程量清单招标实质上是市场确定价格的一个规则，招标控制价提前向所有投标人公布，使投标人间的竞争更加透明，向各投标人提供公平竞争的平台。招标控制价与经评审的合理最低价评标配合，能促使投标人加快技术革新和提高管理水平。经评审的合理最低价中标的评标办法是工程量清单计价规范的基本准则。经评审的最低投标价法，是在满足招标文件实质性要求，并且在投标价格高于成本价的前提下，经评审的投标价格最低的投标作为中标人。招标控制价能够有效割裂围标串标利益链条，提高招投标活动的透明度，避免招投标活动中的暗箱操作，改变投标人不惜一切代价围着标底转的怪圈，有效遏制摸标底、泄露标底等违法行为的发生，而依据市场合理低价中标，能够在有效控制国家投资、遏制工程"三超"现象、防止工程腐败等方面发挥积极作用。

二、编制招标控制价应遵循的基本原则

为使招标控制价能够实现编制的根本目的，能够起到真实反映市场价格机制作用，从根本上真正保护招标人的利益，在编制的过程中应遵循以下几个原则。

（1）社会平均水平原则。目前招标控制价是招标人按照各省制定的消耗量定额，依据市场价格并参照造价主管部门发布的指导价格来确定的。消耗量定额是由建设行政主管部门根据合理的施工组织设计，按照正常施工条件下制定的，生产一个规定计量单位工程合格产品所需人工、材料、机械台班的社会平均消耗量，反映的是社会平均水平。在招标控制价编制的过程中，招标人希望通过招标选择到具有成熟的先进技术和先进经验的承包人，显然企业应该在技术和管理上具有一定的优势，在工程成本管理和控制方面也应具有更强的竞争性，反映社会平均先进水平。因此，作为投标报价的最高限制价，遵循社会平均水平原则，一方面可以对因围标和串标行为而哄抬标价起到良好的制约作用；另一方面可以使得投标人能够看到获得合理利润的前提下积极参加竞投标，并在经评审的合理低价中标的评标方法下进行竞争胜出。

（2）诚实信用原则。招标控制价是根据具体工程的内容、范围、技术特点、施工条件、

工程质量和工期要求、社会常规施工管理和通用技术情况确定的价格，肩负着衡量和评审投标人报价是否满足造价控制计划的尺度的使命。招标控制价的编制必须遵循诚实信用的原则，严格执行工程量清单计价规范，合理反映拟建工程项目市场价格水平，才能从根本上保护招标人的长期利益。在编制招标控制价时，消耗量水平、人资单价、有关费用标准应按各省级建设主管部门颁发的计价表、定额和计价办法执行；材料价格应按工程所在地造价管理机构发布的市场指导价取定，市场指导价没有的应按市场信息价或市场询价；措施项目费用应考虑工程所在地常用的施工技术和施工方案计取。从整体上来说，应在拟订好招标文件的前提下，以工程量清单为基础，力求费用完整，符合施工条件情况与工程特点、质量和工期要求；充分利用市场价格信息，追求与市场实际价格变化相合，同时考虑风险因素，包干明确，牢记造价控制的目的，以不低于社会常规施工管理和通用技术水平，鼓励先进施工管理和技术发展为准则，达到增加投资效益的目标。

（3）公平公正公开原则。招标控制价的作用和特点不同于标底，决定了招标控制价无需保密。为保证招标的公开、公平、公正性，防止招标人有意抬高或压低工程造价，给投标人以错误信息，因此规定招标人应在招标文件中如实公布招标控制价，不得对编制的招标控制价进行上浮或下调。招标人在招标文件中公布招标控制价时，应公布招标控制价各组成部分的详细内容，不得只公布招标控制价总价，并应将招标控制价报工程所在地工程造价管理机构备查。尽管招标控制价编制的主动权掌握在招标人一方，但招标控制价的设定有严格的计价规范，对国有资金投资的工程建设项目采用工程量清单计价，必须根据市场可控和不可控因素合理制定出招标控制价，在充分考虑到节约资金的同时，要给承包人留有一定的合理利润空间；经评审的合理最低价中标法相结合原则。招标控制价是在发放招标文件时就公开的，这在一定程度上为投标人合谋进行围标和串标提供了便利，以最接近招标控制价的方式进行投标报价，在清单计价模式下，对投标报价进行设限；采取经评审的合理最低价中标法，可以在一定程度上加剧投标人之间的竞争性。经评审的最低投标价法只有一个符合这样条件的投标人，无充分理由否定的情况下只能由这个单位中标。由于投标价格最低并不一定是最经济的投标，而选定中标人可达到招标的目的，即招标人可以获得最为经济的投标。采用经评审的最低投标价法后的价格也都下降，不仅大大节省了投资，也成功地克服了概算超估算、预算超概算、结算超预算的顽症。

第五章

园林工程投标

投标是指承建单位依据有关规定和招标单位拟定的招标文件参与竞争，并按照招标文件的要求，在规定的时间内向招标人填报投标书，并争取中标，以便与建设工程项目法人单位达成协议的经济法律活动。

投标是施工企业取得工程施工合同的主要途径，投标文件就是对业主发出的要约的承诺。投标人一旦提交了投标文件，就必须在招标文件规定的期限内信守其承诺，不得随意退出投标竞争。因为投标是一种法律行为，投标人必须承担中途反悔撤出的经济和法律责任。

投标又是施工企业经营决策的重要组成部分，它是一种针对招标的工程项目，力求实现投标活动最优化的活动。投标决策有两个关键优化目标：一是关于参加哪个招标项目的决策；二是投标的项目确定后，如何争取中标，以取得合理的效益。

第一节 园林工程投标的机构与程序

一、园林工程投标的组织机构

为了在投标竞争中获胜，园林工程施工企业应设置投标工作机构，平时掌握市场动态信息，积累有关资料；遇有招标工程项目，则办理参加投标手续，研究投标报价策略，编制和递送投标文件，以及参加定标前后的谈判等，直至定标后签订合同协议。

在园林工程承包招标投标竞争中，对于业主来说，招标就是择优。由于工程的性质和业主的评价标准的不同，择优可能有不同的侧重面，但一般包含如下四个主要方面。

（1）较低的价格。承包商投标报价的高低，直接影响业主的投资效益，在满足招标实质要求的前提下，报价往往是决定承包商能否中标的关键。

（2）优良的质量。园林工程具有投资额度大、影响面广、时间周期长等特点，工程质量直接关系到产品的使用价值的大小，因而质量问题是业主在招标中关注的焦点。

（3）较短的工期。在市场经济条件下，速度与效益成正比，施工工期直接影响业主在产品使用中的经济效益。在同等报价、质量水平下，承包商施工工期的长短，往往会成为决定能否中标的主要矛盾，特别是工期要求急的特殊工程。

（4）先进的技术。科学技术是第一生产力，承包商的技术水平是其生产能力的标志，也是实现较低的价格、优良的质量和较短的工期的基础与前提。

业主通过招标，从众多的投标者中进行评选，既要从其突出的侧重面进行衡量，又要综合考虑上述四个方面的因素，最后确定中标者。

对于承包商来说，投标竞争不仅比报价的高低，而且比技术、经验、实力和信誉。特别是当前国际承包市场上，工程越来越多的是技术密集型项目，将会给承包商带来两方面的挑战：一方面是技术上的挑战，要求承包商具有先进的科学技术，能够完成"高"、"新"、"尖"、"难"工程；另一方面是管理上的挑战，要求承包商具有现代先进的组织管理水平，能够以较低价中标，靠管理和索赔获利。

为迎接技术和管理方面的挑战，在竞争中取胜，承包商的投标班子应该由如下三种类型的人才组成：专业技术类人才；商务金融类人才；经营管理类人才。

（1）专业技术类人才是指建筑师、结构工程师、设备工程师等各类专业技术人员，他们应具备熟练的专业技能，丰富的专业知识，能从本公司的实际技术水平出发，制定投标用的专业实施方案。

（2）商务金融类人才是指概预算、财务、合同、金融、保函、保险等方面的人才，在国际工程投标竞争中这类人才的作用尤其重要。

（3）经营管理类人才是指制定和贯彻经营方针与规划，负责工作的全面筹划和安排、具有决策能力的人，它包括经理、副经理和总工程师、总经济师等具有决策权的人，以及其他经营管理人才。

园林工程投标工作机构不但要做到个体素质良好，更重要的是做到共同参与，协同作战，发挥群体力量。

在参加园林工程投标的活动中，以上各类人才相互补充，形成人才整体优势。另外，由于项目经理是未来项目施工的执行者，为使其更深入地了解该项目的内在规律，把握工作要点，提高项目管理的水平，在可能的情况下，应吸收项目经理人选进入投标班子。

一般说来，承包商的投标工作机构应保持相对稳定，这样有利于不断提高工作班子中各成员及整体的素质和水平，提高投标的竞争力。

二、 园林工程投标的程序

1. 向招标人申报资格审查， 提供有关文件资料

投标人在获悉招标公告或投标邀请后，应当按照招标公告或投标邀请书所提出的资格审查要求，向招标人申报资格审查。资格审查是投标过程中的第一关。

资格预审文件应包括以下主要内容。

（1）投标人组织与机构。

（2）近 3 年完成工程的情况。

（3）目前正在履行的合同情况。

（4）过去 2 年经审计过的财务报表。

（5）过去 2 年的资金平衡表和负债表。

（6）下一年度财务预测报告。

（7）施工机械设备情况。

（8）各种奖励或处罚资料。

（9）与本合同资格预审有关的其他资料。如是联合体投标应填报联合体每一成员的以上资料。

邀请招标一般是通过对投标人按照投标邀请书的要求提交或出示的有关文件和资料进行验证，确认自己的经验和所掌握的有关投标人的情况是否可靠、有无变化。邀请招标资格审查的主要内容，一般应当包括以下几项。

（1）投标人组织与机构、营业执照、资质等级证书。

（2）近 3 年完成工程的情况。

（3）目前正在履行的合同情况。

（4）资源方面的情况，包括财务、管理、技术、劳力、设备等情况。

（5）受奖罚的情况和其他有关资料。

2. 购领招标文件和有关资料，缴纳投标保证金

投标人经资格审查合格后，便可向招标人申购园林工程招标文件和有关资料，同时要缴纳投标保证金。

投标保证是为防止投标人对其投标活动不负责任而设定的一种担保形式，是招标文件中要求投标人向招标人缴纳的一定数额的金钱。投标保证金的收取和缴纳办法应在招标文件中说明，并按招标文件的要求进行。一般来说，投标保证金可以采用现金，也可以采用支票、银行汇票，还可以是银行出具的银行保函。银行保函的格式应符合招标文件提出的格式要求。投标保证金的额度，根据工程投资大小由业主在招标文件中确定。

3. 组成投标班子，委托投标代理人

投标人在通过资格审查、购领了招标文件和有关资料之后，就要按招标文件确定的投标准备时间着手开展各项投标准备工作。投标准备时间是指从开始发放招标文件之日起至投标截止时间为止的期限，它由招标人根据工程项目的具体情况确定，一般为 28 日之内。而为按时进行投标，并尽最大可能使投标获得成功，投标人在购领招标文件后就需要有一个有经验的投标小组，以便对投标的全部活动进行通盘筹划、多方沟通和有效组织实施。承包商的投标小组一般都是常设的，但也有的是针对特定项目临时设立的。

投标人委托投标代理人必须签订代理合同，办理有关手续，明确双方的权利和义务关系。投标代理人的一般职责，主要如下。

（1）向投标人传递并帮助分析招标信息，协助投标人办理、通过招标文件所要求的资格审查。

（2）以投标人名义参加招标人组织的有关活动，传递投标人与招标人之间的对话。

（3）提供当地物资、劳动力、市场行情及商业活动经验，提供当地有关政策法规咨询服务，协助投标人做好投标书的编制工作，帮助递交投标文件。

（4）在投标人中标时，协助投标人办理各种证件申领手续，做好有关承包工程的准备工作。

（5）按照协议的约定收取代理费用。

通常，如代理人协助投标人中标的，所收的代理费用会高些，一般为合同总价的 1%～3%。

4. 参加踏勘现场和投标预备会

投标人拿到招标文件后，应进行全面细致的调查研究。若有疑问或不清楚的问题需要招标人予以澄清和解答的，应在收到招标文件后的 7 日内以书面形式向招标人提出。为获取与编制投标文件有关的必要的信息，投标人要按照招标文件中注明的现场踏勘（亦称现场勘察、现场考察）和投标预备会的时间和地点，积极参加现场踏勘和投标预备会。

投标人进行现场踏勘的内容，主要包括以下几个方面。

（1）园林工程的范围、性质以及与其他园林工程之间的关系。

（2）投标人参与投标的那一部分园林工程与其他承包商或分包商之间的关系。

（3）现场地貌、地质、水文、气候、交通、电力、水源等情况，有无障碍物等。

（4）进出现场的方式，现场附近有无食宿条件、料场开采条件、其他加工条件、设备维修条件等。

（5）现场附近治安情况。

5. 编制和递交投标文件

经过现场踏勘和投标预备会后，投标人可以着手编制投标文件。投标人着手编制和递交投标文件的具体步骤和主要要求如下。

（1）结合现场踏勘和投标预备会的结果，进一步分析招标文件。招标文件是编制投标文件的主要依据。

（2）校核招标文件中的工程量清单。投标人是否校核招标文件中的工程量清单或校核得是否准确，直接影响到投标报价和中标的机会。

（3）根据园林工程类型编制施工规划或施工组织设计。施工规划和施工组织设计都是关于施工方法、施工进度计划的技术经济文件，是指导施工生产全过程组织管理的重要设计文件，是确定施工方案、施工进度计划和进行现场科学管理的主要依据之一。

（4）根据园林工程价格构成进行工程估价，确定利润方针，计算和确定报价。投标报价是投标的一个核心环节，投标人要根据园林工程价格构成对园林工程进行合理估价，确定切实可行的利润方针，正确计算和确定投标报价。投标人不得以低于成本的报价竞标。

（5）形成、制作投标文件。投标文件应完全按照招标文件的各项要求编制。投标文件应当对招标文件提出的实质性要求和条件作出响应，一般不能带任何附加条件，否则将导致投标无效。

（6）递送投标文件。递送投标文件，也称递标，是指投标人在招标文件要求提交投标文件的截止时间前，将所有准备好的投标文件密封送达投标地点。招标人收到投标文件后，应当签收保存，不得开启。投标人在递交投标文件以后，投标截止时间之前，可以对所递交的投标文件进行补充、修改或撤回，并书面通知招标人；但所递交的补充、修改或撤回通知必须按招标文件的规定编制、密封和标志。补充、修改的内容为投标文件的组织部分。

6. 出席开标会议，参加评标期间的澄清会议

投标人在编制、递交了投标文件后，要积极准备出席开标会议。参加开标会议对投标人来说，既是权利也是义务。

在评标期间，评标组织要求澄清投标文件中不清楚问题的，投标人应积极予以说明、解释、澄清招标文件，一般可以采用向投标人发出书面询问，由投标人书面作出说明或澄清的方式，也可以采用召开澄清会的方式。澄清会是评标组织为有助于对投标文件的审查、评价和比较，而个别地要求投标人澄清其投标文件（包括单价分析表）而召开的会议。在澄清会上，评标组织有权对投标文件中不清楚的问题，向投标人提出询问。有关澄清的要求和答复，最后均应以书面形式进行。

7. 接受中标通知书，签订合同，提供履约担保，分送合同副本

经评标，投标人被确定为中标人后，应接受招标人发出的中标通知书。未中标的投标人有权要求招标人退还其投标保证金。中标人收到中标通知书后，应在规定的时间和地点与招标人签订合同。在合同正式签订之前，应先将合同草案报招标投标管理机构审查。经审查

后，中标人与招标人在规定的期限内签订合同。

8. 园林工程投标程序

园林工程投标程序如图 5-1 所示。

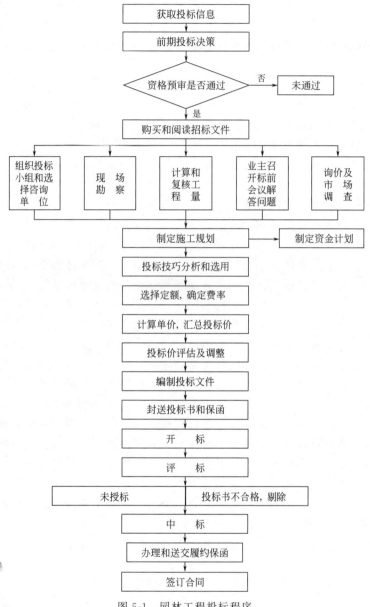

图 5-1　园林工程投标程序

第二节　园林工程投标的准备工作

一、　研究园林工程招标文件

资格预审合格，取得了园林工程招标文件，即进入投标实战的准备阶段。首要的准备工作是仔细认真地研究园林工程招标文件，充分了解其内容和要求，以便安排投标工作的部署，并发现应提请招标单位予以澄清的疑点。研究招标文件的着重点，通常放在以下几方面。

（1）研究园林工程综合说明，借以获得对园林工程全貌的轮廓性了解。

（2）熟悉并详细研究园林工程设计图纸和规范（技术说明），目的在于弄清园林工程的技术细节和具体要求，使制定施工方案和报价有确切的依据。为此，要详细了解设计规定的各部位做法和对材料品种规格的要求；对整个建筑物及其各部件的尺寸，各种图纸之间的关系（建筑图与结构图、平面、立面与剖面图、设备图与建筑图、结构图的关系等）都要了解清楚，发现不清楚或互相矛盾之处，要提请招标单位解释或订正。

（3）研究合同主要条款，明确中标后应承担的义务和责任及应享有的权利，重点是承包方式，开竣工时间及工期奖罚，材料供应及价款结算办法，预付款的支付和工程款结算办法，园林工程变更及停工、窝工损失处理办法等。

（4）熟悉园林工程投标须知，明确了解在投标过程中，投标单位应在各规定的时间做相应的事，目的在于提高效率，避免造成废标，徒劳无功。

全面研究了园林工程招标文件，对园林工程本身和招标单位的要求有了基本的了解之后，投标单位才便于制定自己的投标工作计划，以中标为目标，有秩序地开展工作。

二、 投标信息的收集与分析

在投标竞争中，投标信息是一种非常宝贵的资源，正确、全面、可靠的信息，对于投标决策起着至关重要的作用。投标信息包括影响投标决策的各种主观因素和客观因素。

1. 主观因素

（1）企业技术方面的实力。即投标者是否拥有各类专业技术人才、熟练工人、技术装备以及类似工程经验，来解决园林工程施工中所遇到的技术难题。

（2）企业经济方面的实力。包括垫付资金的能力、购买项目所需新的大型机械设备的能力、支付施工用款的周转资金的多少、支付各种担保费用以及办理纳税和保险的能力等。

（3）管理水平。是指是否拥有足够的管理人才、运转灵活的组织机构、各种完备的规章制度、完善的质量和进度保证体系等。

（4）社会信誉。企业拥有良好的社会信誉，是获取承包合同的重要因素，而社会信誉的建立不是一朝一夕的事，要靠平时的保质、按期完成工程项目来逐步建立。

2. 客观因素

（1）业主和监理工程师的情况。是指业主的合法地位、支付能力及履约信誉情况；监理工程师处理问题的公正性、合理性、是否易于合作等。

（2）项目的社会环境。主要是国家的政治经济形势，建筑市场是否繁荣，竞争激烈程度，与建筑市场或该项目有关的国家的政策、法令、法规、税收制度以及银行贷款利率等方面的情况。

（3）项目的自然条件。指项目所在地及其气候、水文、地质等对项目进展和费用有影响的一些因素。

（4）项目的社会经济条件。包括交通运输、原材料及构配件供应、水电供应、工程款的支付、劳动力的供应等各方面条件。

（5）竞争环境。竞争对手的数量，其实力与自身实力的对比，对方可能采取的竞争策略等。

（6）园林工程项目的难易程度。如园林工程的质量要求、施工工艺难度的高低，是否采用了新结构、新材料，是否有特种结构施工，以及工期的紧迫程度等。

第三节　园林工程投标的决策与技巧

一、园林工程投标的决策

1. 园林工程投标决策的含义

决策是指为实现一定的目标，运用科学的方法，在若干可行方案中寻找满意的行动方案的过程。

园林工程投标决策即是寻找满意的投标方案的过程。其内容主要包括如下三个方面。

（1）针对园林工程招标决定是投标或是不投标。

一定时期内，企业可能同时面临多个项目的投标机会，受施工能力所限，企业不可能实践所有的投标机会，而应在多个园林项目中进行选择；就某一具体项目而言，从效益的角度看有盈利标、保本标和亏损标，企业需根据项目特点和企业现实状况决定采取何种投标方式，以实现企业的既定目标，如获取盈利、占领市场、树立企业新形象等。

（2）决定投什么性质的标。

按性质划分，投标有风险标和保险标。从经济学的角度看，某项事业的收益水平与其风险程度成正比，企业需在高风险的可能的高收益与低风险的低收益之间进行抉择。

（3）投标中企业需制定如何采取扬长避短的策略与技巧，达到战胜竞争对手的目的。

投标决策是投标活动的首要环节，科学的投标决策是承包商战胜竞争对手，并取得较好的经济效益与社会效益的前提。

2. 投标决策阶段的划分

园林工程投标决策可以分为两阶段进行。这两阶段就是园林工程投标决策的前期阶段和园林工程投标决策的后期阶段。

园林工程投标决策的前期阶段必须在购买投标人资格预审资料前后完成。决策的主要依据是招标广告，以及公司对招标工程、业主的情况的调研和了解的程度。前期阶段必须对投标与否做出论证。通常情况下，下列招标项目应放弃投标。

（1）本施工企业主管和兼营能力之外的项目。

（2）工程规模、技术要求超过本施工企业技术等级的项目。

（3）本施工企业生产任务饱满，而招标工程的盈利水平较低或风险较大的项目。

（4）本施工企业技术等级、信誉、施工水平明显不如竞争对手的项目。

如果决定投标，即进入投标决策的后期阶段，它是指从申报资格预审至投标报价（封送投标书）前完成的决策研究阶段。主要研究是投什么性质的标，以及在投标中采取的策略问题。

3. 投标类型

（1）投标按性质分类

1）风险标。是指明知工程承包难度大、风险大，且技术、设备、资金上都有未解决的问题，但由于队伍窝工，或因为工程盈利丰厚，或为了开拓新技术领域而决定参加投标，同时设法解决存在的问题，即为风险标。投标后，如果问题解决得好，可取得较好的经济效益，锻炼出一支好的施工队伍，使企业更上一层楼。反之，企业的信誉、效益就会因此受到损害，严重者将导致企业严重亏损甚至破产。因此，投风险标必须审慎从事。

2）保险标。是指对可以预见的情况从技术、设备、资金等重大问题方面都有了解决的

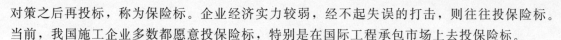

对策之后再投标，称为保险标。企业经济实力较弱，经不起失误的打击，则往往投保险标。当前，我国施工企业多数都愿意投保险标，特别是在国际工程承包市场上去投保险标。

（2）投标按效益分类

1）盈利标。如果招标工程既是本企业的强项，又是竞争对手的弱项；或建设单位意向明确；或本企业任务饱满、利润丰厚，才考虑让企业超负荷运转，此种情况下的投标，称投盈利标。

2）保本标。当企业无后继工程，或已出现部分窝工，必须争取投标中标。但招标的工程项目对于本企业又无优势可言，竞争对手又是实力较强的企业，此时，宜投保本标，至多投薄利标，称为保本标。

3）亏损标。亏损标是一种非常手段，一般是在下列情况下采用，即本企业已大量窝工，严重亏损，若中标后至少可以使部分人工、机械运转、减少亏损；或者为在对手林立的竞争中夺得头标，不惜血本压低标价；或是为了占领市场，取得拓宽市场的立足点而压低标价。以上这些，虽然是不正常的，但在激烈的投标竞争中有时也这样做。

4. 影响园林工程投标决策的主要因素

（1）影响园林工程投标决策的企业外部因素

1）业主和监理工程师的情况。主要应考虑业主的合法地位、支付能力、履约信誉；监理工程师处理问题的公正性、合理性及与本企业间的关系等。

2）竞争对手和竞争形势。是否投标，应注意竞争对手的实力、优势及投标环境的优劣情况。另外，竞争对手的在建园林工程情况也十分重要。如果对手的在建园林工程即将完工，可能急于获得新承包项目，投标报价不会很高；如果对手在建工程规模大、时间长，如仍参加投标，则标价可能很高。从总的竞争形势来看，大型工程的承包公司技术水平高，善于管理大型复杂园林工程，其适应性强，可以承包大型园林工程；中小型园林工程由中小型工程公司或当地的工程公司承包可能性大。因为当地的中小型公司在当地有自己熟悉的材料、劳力供应渠道，管理人员相对比较少，有自己惯用的特殊施工方法等优势。

3）法律、法规的情况。对于国内园林工程承包，自然适用本国的法律和法规。而且，其法制环境基本相同。因为，我国的法律、法规具有统一或基本统一的特点。法律适用的原则有以下五条。

① 强制适用工程所在地法的原则。

② 意思自治原则。

③ 最密切联系原则。

④ 适用国际惯例原则。

⑤ 国际法效力优于国内法效力的原则。

4）风险问题。园林工程承包，由于影响因素众多，因而存在很大的风险性，从来源的角度看风险可分为政治风险、经济风险、技术风险、商务及公共关系风险和管理方面的风险等。投标决策中对拟投标项目的各种风险进行深入研究，进行风险因素辨识，以便有效规避各种风险，避免或减少经济损失。

（2）影响投标决策的企业内部因素。影响投标决策的企业内部因素主要包括如下四个方面。

1）技术方面的实力

① 有精通本行业的估算师、建筑师、工程师、会计师和管理专家组成的组织机构。

② 有园林工程项目设计、施工专业特长，能解决技术难度大的问题和各类园林工程施工中的技术难题的能力。

③ 具有同类工程的施工经验。

④ 有一定技术实力的合作伙伴，如实力强的分包商、合营伙伴和代理人等。

技术实力是实现较低的价格、较短的工期、优良的园林工程质量的保证，直接关系到企业投标中的竞争能力。

2）经济方面的实力

① 具有一定的垫付资金的能力。

② 具有一定的固定资产和机具设备，并能投入所需资金。

③ 具有一定的资金周转用来支付施工用款。因为，对已完成的工程量需要监理工程师确认后并经过一定手续、一定的时间后才能将工程款拨入。

④ 具有支付各种担保的能力。

⑤ 具有支付各种纳税和保险的能力。

⑥ 由于不可抗力带来的风险。即使是属于业主的风险，承包商也会有损失；如果不属于业主的风险，则承包商损失更大。要有财力承担不可抗力带来的风险。

⑦承担国际工程往往需要重金聘请有丰富经验或有较高地位的代理人，以及其他"佣金"，也需要承包商具有这方面的支付能力。

3）管理方面的实力。具有高素质的项目管理人员，特别是懂技术、会经营，善管理的项目经理人选。能够根据合同的要求，高效率地完成项目管理的各项目标，通过项目管理活动为企业创造较好的经济效益和社会效益。

4）信誉方面的实力。承包商一定要有良好的信誉，这是投标中标的一条重要标准。要建立良好的信誉，就必须遵守法律和行政法规，或按国际惯例办事。同时，要认真履约，保证园林工程的施工安全、工期和质量，而且各方面的实力要雄厚。

5. 园林工程投标策略确定

承包商参加投标竞争，能否战胜对手而获得施工合同，在很大程度上取决于自身能否运用正确灵活的投标策略来指导投标全过程的活动。

正确的投标策略来自于实践经验的积累，对客观规律不断深入的认识以及对具体情况的了解。同时，决策者的能力和魄力也是不可缺少的。概括起来讲，投标策略可以归纳为四大要素，即"把握形势，以长胜短，掌握主动，随机应变"。具体地讲，常见的投标策略有以下几种。

（1）靠经营管理水平高取胜。这主要靠做好园林施工组织设计，采取合理的园林施工技术和施工机械，精心采购材料、设备、选择可靠的分包单位，安排紧凑的施工进度，力求节省管理费用等，从而有效地降低工程成本而获得较高的利润。

（2）低利政策。主要适用于承包商任务不足时，以低利承包到一些园林工程，对企业仍是有利的。此外，承包商初到一个新的地区，为了打入这个地区的承包市场，建立信誉，也往往采用这种策略。

（3）靠缩短建设工期取胜。即采取有效措施，在招标文件要求的工期基础上，再提前若干个月或若干天完工，从而使工程早投产、早收益，这也是能吸引业主的一种策略。

（4）虽报低价，但可以通过施工索赔，从而得到高额利润。即利用图纸、技术说明书与合同条款中不明确之处寻找索赔机会。一般索赔金额可达标价的 10%～20%。不过这种策略很有局限性。

（5）靠改进园林工程设计取胜。即仔细研究原设计图纸，发现有不够合理之处，提出能降低造价的措施。

（6）着眼于发展，谋求将来的优势。承包商为了掌握某种有发展前途的园林工程施工技术，就可能采用这种策略。

在选择投标对象时要注意避免以下两种情况：一是园林工程项目不多时，为争夺园林工程任务而压低标价，结果使得盈利的可能性很小，甚至要亏损；二是园林工程项目较多时，企业想多得标而到处投标，结果造成投标工作量大大增加而导致考虑不周，承包了一些盈利可能性甚微或本企业并不擅长的园林工程，而失去可能盈利较多的园林工程。

二、 园林工程投标的技巧

园林工程投标技巧研究，其实质是在保证园林工程质量与工期条件下，寻求一个好的报价的技巧问题。

投标人为了中标和取得期望的效益，必须在保证满足招标文件各项要求的条件下，研究和运用投标技巧，这种研究与运用贯穿在整个投标程序过程中。一般以开标作为分界，将投标技巧研究分为开标前和开标后两个阶段。

1. 开标前的投标技巧研究

（1）不平衡报价。不平衡报价指在总价基本确定的前提下，如何调整内部各个子项的报价，以其既不影响总报价，又可以使投标人在中标后可尽早收回垫支于园林工程中的资金和获取较好的经济效益。但要注意避免不正常的调高或压低现象，避免失去中标机会。通常采用的不平衡报价有下列几种情况。

1）对能早期结账收回工程款的项目（如土方、基础等）的单价可报以较高价，以利于资金周转；对后期项目（如装饰、电气设备安装等）单价可适当降低。

2）估计今后工程量可能增加的项目，其单价可提高，而工程量可能减少的项目，其单价可降低。

但上述两点要统筹考虑。对于工程量数量有错误的早期园林工程，如不可能完成工程量表中的数量，则不能盲目抬高单价，需要具体分析后再确定。

3）园林图纸内容不明确或有错误，估计修改后工程量要增加的，其单价可提高；而工程内容不明确的，其单价可降低。

4）暂定项目又称为任意项目或选择项目，对这类项目要作具体分析。因为这一类项目要开工后由发包人研究决定是否实施，由哪一家承包人实施。如果工程不分标，只由一家承包人施工，则其中肯定要做的单价可高些，不一定要做的则应低些。如果工程分标，该暂定项目也可能由其他承包人施工时，则不宜报高价，以免抬高总报价。

5）单价包干混合制合同中，发包人要求有些项目采用包干报价时，宜报高价。一则这类项目多半有风险，二则这类项目在完成后可全部按报价结账，即可以全部结算回来。而其余单价项目则可适当降低。

6）有的招标文件要求投标者对工程量大的项目报"单价分析表"，投标时可将单价分析表中的人工费及机械设备费报得较高，而将材料费报得较低。这主要是为了在今后补充项目报价时可以参考选用"单价分析表"中的较高的人工费和机械设备费，而材料则往往采用市场价，因而可获得较高的收益。

7）在议标时，承包人一般都要压低标价。这时应该首先压低那些园林工程量小的单价，这样即使压低了很多个单价，总的标价也不会降低很多，而给发包人的感觉却是工程量清单上的单价大幅度下降，承包人很有让利的诚意。

8）如果是单纯报计日工或计台班机械单价，则可以高些，以便在日后发包人用工或使用机械时可多盈利。但如果计日工表中有一个假定的"名义工程量"时，则需要具体分析是否报高价，以免抬高总报价。总之，要分析发包人在开工后可能使用的计日工数量，然后确定报价技巧。

不平衡报价一定要建立在对工程量表中工程量风险仔细核对的基础上。特别是对于报低单价的项目，如工程量一旦增多，将造成承包人的重大损失。同时一定要控制在合理幅度内（一般可在10％左右），以免引起发包人反对，甚至导致废标。如果不注意这一点，有时发包人会挑选出报价过高的项目，要求投标者进行单价分析，而围绕单价分析中过高的内容压价，以致承包人得不偿失。

（2）计日工的报价。分析业主在开工后可能使用的计日工数量确定报价方针。较多时则可适当提高，可能很少时，则下降。另外，如果是单纯报计日工的报价，可适当报高，如果关系到总价水平则不宜提高。

（3）多方案报价法。有时招标文件中规定，可以提一个建议方案；或对于一些招标文件，如果发现园林工程范围不很明确，条款不清楚或很不公正，或技术规范要求过于苛刻时，则要在充分估计风险的基础上，按多方案报价法处理。即先按原招标文件报一个价，然后再提出如果某条款作某些变动，报价可降低的额度。这样可以降低总价，吸引发包人。

投标者这时应组织一批有经验的园林设计和施工工程师，对原招标文件的设计和园林施工方案仔细研究，提出更理想的方案以吸引发包人，促成自己的方案中标。这种新的建议可以降低总造价或提前竣工或使工程运用更合理，但要注意的是对原招标方案一定也要报价，以供发包人比较。

增加建议方案时，不要将方案写得太具体，保留方案的技术关键，防止发包人将此方案交给其他承包人。同时要强调的是，建议方案一定要比较成熟，或过去有这方面的实践经验。因为投标时间往往较短，如果仅为中标而提出一些没有把握的建议方案，可能引起很多后患。

（4）突然袭击法。由于投标竞争激烈，为迷惑对方，有意泄露一些假情报。如不打算参加投标，或准备投高标，表现出无利可图不干等假象，到投标截止之前几个小时，突然前往投标，并压低投标价，从而使对手措手不及而失败。

（5）低投标价夺标法。此种方法是非常情况下采用的非常手段。比如企业大量窝工，为减少亏损；或为打入某一建筑市场；或为挤走竞争对手保住自己的地盘，于是制定了严重亏损标，力争夺标。若企业无经济实力，信誉不佳，此法也不一定会奏效。

（6）先亏后盈法。对大型分期建设工程，在第一期工程投标时，可以将部分间接费分摊到第二期工程中去，少计算利润以争取中标。这样在第二期工程投标时，凭借第一期工程的经验、临时设施以及创立的信誉，比较容易拿到第二期工程。但第二期工程遥遥无期时，则不宜这样考虑，以免承担过高的风险。

（7）开口升级法。把报价视为协商过程，把园林工程中某项造价高的特殊工作内容从报价中减掉，使报价成为竞争对手无法相比的"低价"。利用这种"低价"来吸引发包人，从而取得了与发包人进一步商谈的机会，在商谈过程中逐步提高价格。当发包人明白过来当初的"低价"实际上是个钓饵时，往往已经在时间上处于谈判弱势，丧失了与其他承包人谈判的机会。利用这种方法时，要特别注意在最初的报价中说明某项工作的缺项，否则可能会弄巧成拙，真的以"低价"中标。

（8）联合保标法。在竞争对手众多的情况下，可以采取几家实力雄厚的承包商联合起来的方法来控制标价，一家出面争取中标，再将其中部分项目转让给其他承包商二包，或轮流相互保标。但此种报价方法实行起来难度较大，一方面要注意到联合保标几家公司间的利益均衡，又要保密；否则一旦被业主发现，有取消投标资格的可能。

2. 开标后的投标技巧研究

投标人通过公开开标这一程序可以得知众多投标人的报价，但低报价并不一定中标，需要综合各方面的因素、反复考虑，并经过议标谈判，方能确定中标者。所以，开标只是选定中标候选人，而非已确定中标者。投标人可以利用议标谈判施展竞争手段，从而改变自己原投标书中的不利因素而成为有利因素，以增加中标的机会。

第四节　园林工程投标文件编制

一、投标文件的组成

建设工程投标文件，是建设工程投标人单方面阐述自己响应招标文件要求，旨在向招标人提出愿意订立合同的意思，是投标人确定和解释有关投标事项的各种书面表达形式的统称。从合同订立过程来分析，建设工程投标文件在性质上属于一种要约，其目的在于向招标人提出订立合同的意愿。

建设工程投标文件是由一系列有关投标方面的书面资料组成的。一般来说，投标文件由以下部分组成。

1. 投标函

投标函（表 5-1）主要内容为投标报价、质量、工期目标、履约保证金数额等。

表 5-1　投标函

_____（招标人名称）：
1. 我方已仔细研究 _____（项目名称）_____ 标段施工招标文件的全部内容，愿意以人民币（大写）_____元（￥_____）的投标总报价，工期日历天，按合同约定实施和完成承包工程，修补工程中的任何缺陷，工程质量达到_____。
2. 我方承诺在投标有效期内不修改、撤销投标文件。
3. 随同本投标函提交投标保证金一份，金额为人民币（大写）_____元（￥_____）。
4. 如我方中标：
（1）我方承诺在收到中标通知书后，在中标通知书规定的期限内与你方签订合同。
（2）随同本投标函递交的投标函附录属于合同文件的组成部分。
（3）我方承诺按照招标文件规定向你方递交履约担保。
（4）我方承诺在合同约定的期限内完成并移交全部合同工程。
5. 我方在此声明，所递交的投标文件及有关资料内容完整、真实和准确，且不存在第二章"投标人须知"第 1. 4. 3 项规定的任何一种情形。
6. _____（其他补充说明）。
投标人：_____（盖单位章）
法定代表人或其委托代理人：_____（签字）
地址：_____
网址：_____
电话：_____
传真：_____
邮政编码：_____

2. 投标函附录

投标函附录（表5-2、表5-3）内容为投标人对开工日期、履约保证金、违约金以及招标文件规定其他要求的具体承诺。

表 5-2　项目投标函附录

序号	条款名称	合同条款号	约定内容	备注
1	项目经理	1.4	姓名：＿＿	
2	工期	1.1.4.3	天数：＿＿日历天	
3	缺陷责任期	1.1.4.5		
4	分包	4.3.4		
5	价格调整的差额计算	16.1.1	见价格指数权重表	

表 5-3　价格指数权重表

名称		基本价格指数		权重			价格指数来源
		代号	指数值	代号	允许范围	投标人建议值	
定值部分				A			
变值部分	人工费	F_{01}		B_1	至		
	钢材	F_{02}		B_2	至		
	水泥	F_{03}		B_3	至		
	…	…		…	…		
合计						1.00	

3. 授权委托书

授权委托书（表5-4），在诉讼中，是指委托代理人取得诉讼代理资格给被代理人进行诉讼的证明文书，其记载的内容主要包括委托事项和代理权限，并由委托人签名或盖章。

表 5-4　授权委托书

本人＿＿＿＿（姓名）系 ＿＿＿＿（投标人名称）的法定代表人，现委托＿＿＿＿（姓名）为我方代理人。代理人根据授权，以我方名义签署、澄清、说明、补正、递交、撤回、修改 ＿＿＿＿（项目名称）＿＿＿＿标段施工投标文件、签订合同和处理有关事宜，其法律后果由我方承担。 　　委托期限：＿＿＿＿＿＿＿＿＿＿＿＿＿ 　　代理人无转委托权。 　　附：法定代表人身份证明 　　　　　　　　　　　　　　　　投标人：＿＿＿＿＿＿＿＿（盖单位章） 　　　　　　　　　　　　　　　　法定代表人：＿＿＿＿＿＿＿＿（签字） 　　　　　　　　　　　　　　　　身份证号码：＿＿＿＿＿＿＿＿＿ 　　　　　　　　　　　　　　　　法定代表人：＿＿＿＿＿＿＿＿（签字） 　　　　　　　　　　　　　　　　身份证号码：＿＿＿＿＿＿＿＿＿ 　　　　　　　　　　　　　　　　　　　　　　　　　＿年＿月＿日

4. 投标保证金

投标保证金（表 5-5）的形式有现金、支票、汇票和银行保函，但具体采用何种形式应根据招标文件规定。

表 5-5 投标保证金

_____（招标人名称）：

鉴于 _____（投标人名称）（以下称"投标人"）于__年__月__日参加 _____（项目名称）_____标段施工的投标，____（担保人名称，以下简称"我方"）无条件地、不可撤销地保证：投标人在规定的投标文件有效期内撤销或修改其投标文件的，或者投标人在收到中标通知书后无正当理由拒签合同或拒交规定履约担保的，我方承担保证责任。收到你方书面通知后，在 7 日内无条件向你方支付人民币（大写）_____元。

本保函在投标有效期内保持有效。要求我方承担保证责任的通知应在投标有效期内送达我方。

担保人名称：_____（盖单位章）

法定代表人或其他委托代理人：_____（签字）

地址：_____

邮政编码：_____

电话：_____

传真：_____

__年__月__日

5. 法定代表人资格证明书（表 5-6）

表 5-6 法定代表人身份证明

投保人名称：_____

单位性质：_____

地址：_____

成立时间：____年____月____日

经营期限：_____

姓名：____ 性别：____ 年龄：____ 职务：____

系 _____（投标人名称）的法定代表人。

特此证明。

投标人：_____（盖章单位）

__年__月__日

6. 联合体协议书（表 5-7）

表 5-7　联合体协议书

_____（所有成员单位名称）自愿组成 _____（联合体名称）联合体，共同参加 _____（项目名称）_____ 标段施工投标。现就联合体投标事宜订立如下协议。

1. ____（某成员单位名称）为 _____（联合体名称）牵头人。

2. 联合体牵头人合法代表联合体各成员负责本招标项目投标文件编制和合同谈判活动，并代表联合体提交和接收相关的资料、信息及指示，并处理与之有关的一切事务，负责合同实施阶段的主办、组织和协调工作。

3. 联合体将严格按照招标文件的各项要求，递交投标文件，履行合同，并对外承担连带责任。

4. 联合体各成员单位内部的职责分工如下：_____。

5. 本协议书自签署之日起生效，合同履行完毕后自动失效。

6. 本协议书一式___份，联合体成员和招标人各执一份。

注：本协议书由委托代理人签字的，应附法定代表人签字的授权委托书。

　　　　　　　　　　　　　　　　牵头人名称：_____（盖单位章）
　　　　　　　　　　　　　　　　法定代表人或其委托代理人：_____（签字）
　　　　　　　　　　　　　　　　成员一名称：_____（盖单位章）
　　　　　　　　　　　　　　　　法定代表人或其委托代理人：_____（签字）
　　　　　　　　　　　　　　　　成员二名称：_____（盖单位章）
　　　　　　　　　　　　　　　　法定代表人或其委托代理人：_____（签字）
　　　　　　　　　　　　　　　　__年__月__日

7. 施工组织设计

投标人编制施工组织设计的要求：编制时应采用文字并结合图表形式说明施工方法；拟投入本标段的主要施工设备情况、拟配备本标段的试验和检测仪器设备情况、劳动力计划等；结合工程特点提出切实可行的工程质量、安全生产、文明施工、工程进度、技术组织措施，同时应对关键工序、复杂环节重点提出相应技术措施，如冬雨期施工技术、减少噪声、降低环境污染、地下管线及其他地上地下设施的保护加固措施等。

二、 投标文件的编制要求

1. 一般要求

（1）投标人编制投标文件时必须使用招标文件提供的投标文件表格格式，但表格可以按同样格式扩展。投标保证金、履约保证金的方式，按招标文件有关条款的规定可以选择。投标人根据招标文件的要求和条件填写投标文件的空格时，凡要求填写的空格都必须填写，不得空着不填，否则即被视为放弃意见。实质性的项目或数字如工期、质量等级、价格等未填写的，将被为无效或作废的投标文件处理。将投标文件按规定的日期送交招标人，等待开标、决标。

（2）应当编制的投标文件"正本"仅一份，"副本"则按招标文件前附表所述的份数提供，同时要在标书封面标明"投标文件正本"和"投标文件副本"字样。投标文件正本和副本如有不一致之处，以正本为准。

（3）投标文件正本和副本均应使用不能擦去的墨水打印或书写，各种投标文件的填写字迹都要清晰、端正，补充设计图纸要整洁、美观。

（4）所有投标文件均由投标人的法定代表人签署、加盖印鉴，并加盖法人单位公章。

（5）填报投标文件应反复校核，保证分项和汇总计算均无错误。全套投标文件均应无涂改和行间插字，除非这些删改是根据招标人的要求进行的，或者是投标人造成的必须修改的错误。修改处应由投标文件签字人签字证明并加盖印鉴。

（6）如招标文件规定投标保证金为合同总价的某百分比时，开投标保函不要太早，以防泄露乙方报价。但有的投标商提前开出并故意加大保函金额，以麻痹竞争对手的情况也是存在的。

（7）投标人应将投标文件的技术标和商务标分别密封在内层包封，再密封在一个外层包封中，并在内封上标明"技术标"和"商务标"。标书包封的封口处都必须加贴封条，封条贴缝应全部加盖密封章或法人章。内层和外层包封都应由投标人的法定代表人签署、加盖印鉴，并加盖法人单位公章。内层和外层包封都应写明投标人名称和地址、工程名称、招标编号，并注明开标时间以前不得开封。在内层和外层包封上还应写明投标人的名称与地址、邮政编码，以便投标出现逾期送达时能原封退回。如果内外层包封没有按上述规定密封并加写标志，投标文件将被拒绝，并退还给投标人。投标文件应按时递交至招标文件前附表所述的单位和地址。

（8）投标文件的打印应力求整洁、悦目，避免评标专家产生反感。投标文件的装订也要力求精美，使评标专家从侧面产生对投标人企业实力的认可。

2. 技术标编制要求

技术标的重要组成部分是施工组织设计，虽然二者在内容上是一致的，但在编制要求上却有一定差别。施工组织设计的编制一般注重管理人员和操作人员对规定和要求的理解和掌握。而技术标则要求能让评标委员会的专家们在较短的时间内，发现标书的价值和独到之处，从而给予较高的评价。因此，编制技术标时应注意以下问题。

（1）针对性。在评标过程中，常常会发现为了使标书比较"上规模"，以体现投标人的水平，投标人往往把技术标做得很厚。而其中的内容往往都是对规范标准的成篇引用，或对其他项目标书的成篇抄袭，因而使标书毫无针对性。该有的内容没有，无需有的内容却充斥标书。这样的标书容易引起评标专家的反感，最终导致技术标严重失分。

（2）全面性。对技术标的评分标准一般都分为许多项，这些项目都分别被赋予一定的评分分值。这就意味着这些项目不能发生缺项，一旦发生缺项，该项目就可能被评为零分，这样中标概率将会大大降低。

另外，对一般项目而言，评标的时间往往有限，评标专家没有时间对技术标进行深入分析。因此，只要有关内容齐全，且无明显的低级错误或理论上的错误，技术标一般不会扣很多分。所以，对一般工程来说，技术标内容的全面性比内容的深入细致更重要。

（3）先进性。技术标要获得高分，一般来说也不容易。没有技术亮点，没有特别吸引招标人的技术方案，是不大可能得高分的。因此，标书编制时，投标人应仔细分析招标人的热衷点，在这些点上采用先进的技术、设备、材料或工艺，使标书对招标人和评标专家产生更强的吸引力。

（4）可行性。技术标的内容最终都是要付诸实施的，因此，技术标应有较强的可行性。为了突出技术标的先进性，盲目提出不切实际的施工方案、设备计划，都会给今后的具体实施带来困难，甚至导致建设单位或监理工程师提出违约指控。

（5）经济性。投标人参加投标承揽业务的最终目的都是为了获取最大的经济利益，而施工方案的经济性，直接关系到投标人的效益，因此必须十分慎重。另外，施工方案也是投标报价的一个重要影响因素，经济合理的施工方案能降低投标报价，使报价更具竞争力。

三、 投标文件的递交

递交投标文件也称递标，是指投标商在规定的投标截止日期之前，将准备好的所有投标文件密封递送到招标单位的行为。

所有的投标文件必须经反复校核、审查并签字盖章，特别是投标授权书要由具有法人地位的公司总经理或董事长签署、盖章；投标保函在保证银行行长签字盖章后，还要由投标人签字确认。然后按投标须知要求，认真细致地分装密封包装起来，由投标人亲自在截标之前送交招标的收标单位；或者通过邮寄递交。邮寄递交要考虑路途中的时间，并且注意投标文件的完整性，逾期递交、迟交或文件不完整都将导致文件作废。

　　有许多工程项目的截止收标时间和开标时间几乎同时进行，交标后立即组织当场开标。迟交的标书即宣布为无效。因此，不论采用什么方法送交标书，一定要保证准时送达。对于已送出的标书若发现有错误要修改时，可致函、发紧急电报或电传通知招标单位，修改或撤销投标书的通知不得迟于招标文件规定的截止时间。总而言之，要避免因为细节的疏忽与技术上的缺陷使投标文件失效或无利中标。

　　至于招标者，在收到投标商的投标文件后，应签收或通知投标商已收到其投标文件，并记录收到日期和时间；同时，在收到投标文件到开标之前，所有投标文件均不得启封，并应采取措施确保投标文件的安全。

第五节　园林工程投标报价的编制

一、招投标相关概念及内涵

　　招投标是在市场经济条件下，进行大宗商品买卖、工程建设项目发包以及服务项目提供时采取的一种交易方式。

　　招投标的目的是鼓励和促进公平竞争，其具有四个特征。

　　（1）平等性，即在招投标过程中投标人与招标人、投标人与投标人之间彼此平等，享有对等的权利和义务。

　　（2）竞争性，即不同招标人、不同投标人之间在报价、服务、实力等方面展开竞争，优胜者中标。

　　（3）开放性，即招投标一般情况下应打破地区、行业、所有制等方面的封锁和垄断，实现自由竞争。

　　（4）严肃性，即招投标行为必须严格遵守相关法律法规，投标书、评标都应具有要约和承诺的法律效力，招投标过程的展开必须严格按照招投标文件执行。

　　对于园林施工企业来说，投标过程主要包括以下几个步骤。

　　（1）投标前期准备，该阶段主要为收集招标信息，对园林项目进行经济评价，决定是否参与投标；

　　（2）投标方案拟订，该阶段主要为投标项目施工方案拟订，投标报价初步测算，投标报价竞争情况分析及决策，投标文件编制；

　　（3）投标实施，即最终参与投标。

二、园林工程投标及报价策略

1. 积极搜集园林工程项目信息，选取参与投标的项目

　　园林施工企业应建立招标信息数据库，深入了解企业可选择的园林招标项目，并对这些项目进行科学分析，最终选取参与投标的项目。具体说来，主要包括三方面的工作。

　　（1）自身分析。即对企业自身的资金、人力、技术水平、任务饱满度、中标成功率进行

分析，决定是否参与投标。

（2）项目分析。园林施工企业应在投标前充分了解园林工程的相关信息，对项目风险、潜在盈利水平进行分析，从项目效益角度决定是否参与投标。

（3）竞争对手分析。园林施工企业在投标前必须充分了解竞争对手的情况及其可能采用的投标策略，并在此基础上提出对策，以确保自身投标行为的合理性。

2. 制定合理的园林工程施工方法及计划

园林施工企业的施工组织设计编制是否科学合理，是能否中标的关键所在。要制定合理的施工方法及计划可从以下几个方面入手。

（1）提高企业招标工作的组织决策水平。成立投标小组，细致分析招标文件，明确招标要求及合同条款，勘探施工项目现场，为施工计划的编制打好基础。

（2）选择合理的施工方法和设备。根据施工现场的条件、交通状况、工程规模等具体情况，按照招标文件的工程质量等级和工期要求，认真研究园林项目施工设计图纸，结合企业自身的施工技术水平、管理能力等因素，合理选择施工方法，恰当选择施工设备。对于简单的土方工程、房建工程、灌溉工程、混凝土工程等，可在保障质量的前提下努力节省成本，加快进度；对于大型复杂工程则应综合考虑多方面的影响，如对水利工程中的施工导流方式、地质资料要进行细致分析，最终确定最合适的施工方法。

（3）编制合理的施工进度计划。紧密结合施工方法和施工设备，根据招标文件的要求，在施工方案中提出各阶段具体应完成的工程量及限定日期。

3. 确定合理的投标价格

在获得工程项目招标信息后，园林施工企业应全力研究投标报价。编制投标报价要在充分研究招标文件的各项规定及工程量的基础上，根据工程性质确定报价的具体依据。以当前的苗木市场及人工市场价格为基础，以国家、地方及行业规范为准则，按照国家统一工程项目划分、统一计量方法及计量单位，参考同类园林工程计价定额、计费标准及行业市场价格和企业内部定额等要素，科学分析园林工程报价和标底，最终确定合理的工程造价。

在预算造价的确定中，企业应从静态分析和动态分析两个方面入手。预算造价的静态分析即利用经济指标来分析报价的合理性，如乔木栽植可按棵选价、篱栽植按米造价、草坪种植按平方米造价计算等；同时，根据各项费用之间的比例关系以及单位工程的用工量和用料量，分析预算造价的各项费用是否合理。预算选价的动态分析，即从各种不可预知的因素来分析造价的合理性，如工期延误的影响、物价和工资上涨的影响及其他可变因素的影响。

三、 园林建设工程投标报价技巧

园林建设工程投标技巧是指园林建设工程承包商在投标过程中所形成的各种操作技能和诀窍。建设工程投标活动的核心和关键是报价问题，因此，建设工程投标报价的技巧至关重要。常见的投标报价技巧主要有以下几种。

1. 扩大标价法

扩大标价法是指除按正常的已知条件编制标价外，对工程中变化较大或没有把握的工作项目，采用增加不可预见费的方法，扩大标价，以减少风险。这种做法的优点是中标价即为结算价，减少了价格调整等麻烦；缺点是总价过高。

2. 不平衡报价法

不平衡报价法又称为前重后轻法，是指在总报价基本确定的前提下，调整内部各个分项的报价，以期既不影响总报价，又可在中标后满足资金周转的需要，获得较理想的经济效益。不平衡报价法的做法通常有以下几种。

（1）对能早日结账收回工程款的土方、基础等前期工程项目，单价可适当报高些；而对水电设备安装、装饰等后期工程项目，单价可适当报低些。

（2）对预计今后工程量可能会增加的项目，单价可适当报高些；而对工程量可能减少的项目，单价可适当报低些。

（3）对设计图样内容不明确或有错误，估计修改后工程量要增加的项目，单价可适当报高些；而对工程内容明确的项目，单价可适当报低些。

（4）对没有工程量只填单价的项目，或招标人要求采用包干报价的项目，单价宜报高些；对其余的项目，单价可适当报低些。

（5）对暂定项目（任意项目或选择项目）中实施的可能性较大的项目，单价可报高些；预计不一定实施的项目，单价可适当报低些。

3. 多方案报价法

多方案报价法即同一个招标项目除了按招标文件的要求编制一个投标报价以外，还编制一个或几个建议方案。多方案报价法有时是招标文件中规定采用的，有时是承包商根据需要决定采用的。

4. 突然降价法

突然降价法是指为迷惑竞争对手而采用的一种竞争方法。通常的做法是，在准备投标报价的过程中预先考虑好降价的幅度，然后有意散布一些假情报，如打算弃标，按一般情况报价或准备报高价等，等临近投标截止日期时，突然前往投标，并降低报价，以期战胜竞争对手。

四、 工程量清单投标报价的编制

1. 投标报价封面编制

投标人编制投标报价时，由投标人单位注册的造价人员编制。投标人盖单位公章，法定代表人或其授权人签字或盖章；编制的造价人员（造价工程师或造价员）签字盖执业专用章。

某园区园林绿化工程投标报价封面编制填写示例如下。

投标总价
招标人： ××开发区管委会
工程名称： 某园区园林绿化工程
投标总价（小写）：187911.91 元
（大写）：壹拾捌万柒仟玖佰壹拾壹元玖角壹分
投标人： ××园林公司
（单位盖章）
法定代表人或其授权人： ××园林公司法定代表人
（签字或盖章）
编制人： ×××签字盖造价工程师或造价员
（造价人员签字盖专用章）
编制时间：××××年××月××日

2. 总说明

投标报价总说明的内容应包括以下几项。

（1）采用的计价依据。

（2）采用的施工组织设计。

（3）综合单价中包含的风险因素、风险范围（幅度）。

（4）措施项目的依据。

（5）其他有关内容的说明等。

某园区园林绿化工程投标报价总说明编制填写示例如下。

总说明

工程名称：某园区园林绿化工程　　　　　　　　　　　　　　　　　第 页 共 页

1. 工程概况：本园区位于××区，交通便利园区中建筑与市政建设均已完成。园林绿化面积约为 850m²，整个工程由圆形花坛、伞亭、连座花坛、花架、八角花坛以及绿地等组成。栽种的植物主要有桧柏、垂柳、龙爪槐、大叶黄杨、金银木、珍珠海、月季等。

2. 招标范围：绿化工程、庭院工程。

3. 招标质量要求：优良工程。

4. 工程量清单编制依据：本工程依据《建设工程工程量清单计价规范》编制工程量清单，依据××单位设计的本工程施工设计图纸计算实物工程量。

5. 投标人在投标文件中应按《建设工程工程量清单计价规范》规定的统一格式，提供"分部分项工程量清单综合单价分析表"、"措施项目费分析表"。

其他：略

3. 工程项目投标报价汇总表（表5-8）

工程项目投标报价汇总表适用于工程项目投标报价的汇总。某园区绿化工程项目投标报价汇总表编制填写示例如下。

表 5-8　工程项目投标报价汇总表

工程名称：某园区园林绿化工程　　　　　　　　　　　　　　　　　第 页 共 页

序号	单项工程名称	金额/元	其中		
			暂估价/元	安全文明施工费/元	规费/元
1	某园区园林绿化工程	187911.91	11560.00	4141.17	6308.39
	合计	187911.91	11560.00	4141.17	6308.39

4. 单项工程投标报价汇总表（表5-9）

单项工程投标报价汇总表适用于单项工程投标报价的汇总。暂估价包括分部分项工程中的暂估价和专业工程暂估价。某园区园林绿化工程单项工程投标报价汇总表编制填写示例如下。

表 5-9　单项工程投标报价汇总表

工程名称：某园区园林绿化工程　　　　　　　　　　　　　　　　　第 页 共 页

序号	单项工程名称	金额/元	其中		
			暂估价/元	安全文明施工费/元	规费/元
1	某园区园林绿化工程	187911.91	11560.00	4141.17	6308.39
	合计	187911.91	11560.00	4141.17	6308.39

5. 单位工程投标报价汇总表（表 5-10）

单位工程投标报价汇总表适用于单位工程投标报价的汇总，如无单位工程划分，单项工程也使用本表汇总。某园区园林绿化工程单位工程投标报价汇总表编写示例如下。

表 5-10　单位工程投标报价汇总表

工程名称：某园区园林绿化工程　　　　　　　　　　　　　　　　标段：　　第　页　共　页

序号	汇总内容	金额/元	其中:暂估价/元
1	分部分项	69019.41	11560.00
1.1	E.1 绿化工程	23860.88	11560.00
1.2	E.2 园路、园桥、假山工程	20673.88	
1.3	E.3 园林景观工程	24484.65	
2	措施项目	37382.34	
2.1	安全文明施工费	4141.17	
3	其他项目	69000.00	
3.1	暂列金额	50000.00	
3.2	计日工	19000.00	
3.3	总承包服务费	0.00	
4	规费	6308.39	
5	税金	6201.77	
投标报价合计＝1＋2＋3＋4＋5		187911.91	11560.00

6. 分部分项工程量清单与计价表（表 5-11）

编制投标招标报价时，投标人对表中的"项目编码"、"项目名称"、"项目特征"、"计量单位"、"工程量"均不应做改动。

（1）分部分项综合单价的确定主要依据之一是该清单项目的特征描述，投标人投标报价时应依据招标文件中分部分项工程量清单项目的特征描述确定清单项目的综合单价。在招标投标过程中，当出现招标文件中分部分项工程量清单特征描述与设计图纸不符时，投标人应以分部分项工程量清单的项目特征描述为准，确定投标报价的综合单价。当施工中施工图纸或设计变更与工程量清单项目特征描述不一致时，发、承包双方应按实际施工的项目特征，依据合同约定重新确定综合单价。

招标文件中要求投标人承担的风险费用，投标人应考虑进入综合单价在施工过程中，当出现的风险内容及其范围（幅度）在招标文件规定的范围（幅度）内时，综合单价不得变动，工程价款不作调整。

（2）招标文件中提供了暂估单价的材料，按暂估的单价进入综合单价。某园区园林绿化工程投标报价阶段分部分项工程量清单与计价表的编制填写示例如下。

表 5-11　分部分项工程量清单与计价表

工程名称：某园区园林绿化工程　　　　　　　　　　　　　　　　标段：　　第　页　共　页

序号	项目编码	项目名称	项目特征描述	计量单位	工程量	综合单价	合价	其中:暂估价
			E.1 绿化工程					
1	050101006001	整理绿化用地	整理绿化用地,普坚土	m²	834.32	1.21	1009.53	
2	050102001001	栽植乔木	桧柏,高 1.2～1.5m,土球苗木	株	3	69.54	208.62	180.00
3	050102001002	栽植乔木	垂柳,胸径 4.0～5.0m,露根乔木	株	6	50.63	303.78	250.00
4	050102001003	栽植乔木	龙爪槐,胸径 3.5～4m,露根乔木	株	5	72.11	360.55	300.00

续表

序号	项目编码	项目名称	项目特征描述	计量单位	工程量	金额/元 综合单价	金额/元 合价	金额/元 其中：暂估价
5	050102001004	栽植乔木	大叶黄杨,胸径1～1.2m,露根乔木	株	5	80.24	401.20	300.00
6	050102004001	栽植灌木	金银木,高1.5～1.8m,露根灌木	株	90	28.58	2572.20	2000.00
7	050102004002	栽植灌木	珍珠海,高1～1.2m,露根灌木	株	60	22.18	1330.80	1000.00
8	050102008001	栽植花卉	月季,各色月季,二年生,露地花卉	株	120	18.50	2220.00	2000.00
9	050102010001	铺种草皮	野牛草,草皮	m²	466.00	19.15	8923.90	5530.00
10	050103001001	喷灌设施	主线管1m,支线管挖土深度1m,支线管深度0.6m,二类土。主管75UPVC管长21m,直径40YPVC管长35m;支管直径32UPVC管长98.6m。美国雨鸟喷头5004型41个,美国雨鸟快速取水阀P33型10个。水表1组,截止阀(DN75)2个	m	154.60	42.24	6530.30	6000.00
			分部小计				23860.88	11560.00
	E.2园路、园桥、假山工程							
11	050201001001	园路	200mm厚砂垫层,150mm厚3∶7灰土垫层,水泥方格砖路面	m²	180.25	60.23	10856.46	
12	010101002001	挖土方	普坚土,挖土平均厚度350mm,弃土运距100m	m³	61.79	26.18	1617.66	
13	050201002001	路牙铺设	3∶7灰土垫层150mm厚,花岗石	m³	96.23	85.21	8199.76	
			分部小计				20573.88	
	E.3园林景观工程							
14	050303001001	现浇混凝土花架柱、梁	柱6根,高2.2m	m³	2.22	375.36	833.30	
15	050304005001	预制混凝土桌凳	C20预制混凝土桌凳,水磨石面	个	7	34.05	238.35	
16	020203001001	零星项目一般抹灰	檩架抹水泥砂浆	m²	60.04	15.88	953.44	
17	010101003001	挖基础土方	挖八角花坛土方,人工挖地槽,土方运距100m	m³	10.64	29.55	314.41	
18	010407001001	其他构件	八角花坛混凝土池壁,C10混凝土现浇	m³	7.30	350.24	2556.75	
19	020204001001	石材墙面	圆形花坛混凝土壁贴大理石	m²	11.02	284.80	3138.50	
20	010101003002	挖基础土方	连座花坛土方,平均挖土深度870mm,普坚土,弃土运距100m	m³	9.22	29.22	269.41	
21	010401002001	现浇混凝土独立基础	3∶7灰土垫层,100mm厚	m³	1.06	452.32	479.46	
22	020202001001	柱面一般抹灰	混凝土柱水泥砂浆抹面	m²	10.13	13.03	131.99	
23	010302001001	实心砖墙	M5混合砂浆砌筑,普通砖	m³	4.87	195.06	949.94	
24	010407001002	其他构件	连座花坛混凝土花池,C25混凝土现浇	m³	2.68	318.25	852.91	
25	010101003003	挖基础土方	挖坐凳土方,平均挖土深度80mm,普坚土,弃土运距100mm	m³	0.03	24.10	0.72	
26	010101003004	挖基础土方	挖花台土方,平均挖土深度640mm,普坚土,弃土运距100mm	m³	6.65	24.00	159.60	
27	010401002002	现浇混凝土独立基础	3∶7灰土垫层,300mm厚	m³	1.02	10.00	10.20	
28	010302001002	实心砖墙	砖砌花台,M5混合砂浆,普通砖	m³	2.37	195.48	463.87	
29	010407001003	其他构件	花台混凝土花池,C25混凝土现浇	m³	2.72	324.21	881.85	
30	020204001002	石材墙面	花台混凝土花池池面贴花岗石	m²	4.56	286.23	1305.21	
31	010101003005	挖基础土方	挖花墙花台土方,平均深度940mm,普坚土,弃土运距100m	m³	11.73	28.25	331.37	

续表

序号	项目编码	项目名称	项目特征描述	计量单位	工程量	综合单价	合价	其中：暂估价
32	010401001001	带形基础	花墙花台混凝土基础，C25混凝土现浇	m³	1.25	234.25	292.81	
33	010302001003	实心砖墙	砖砌花台，M5混合砂浆，普通砖	m³	8.19	194.54	1593.28	
34	020204001003	石材墙面	花墙花台墙面贴青石板	m²	27.73	100.88	2797.40	
35	010606012001	零星钢构件	花墙花台铁花式3/46062.83kg/m	t	0.11	4525.23	497.78	
36	010101003006	挖基础土方	挖圆形花坛土方，平均深度800mm，普坚土，弃土运距100m	m³	3.82	26.99	103.10	
37	010407001004	其他构件	圆形花坛混凝土池壁，C25混凝土现浇	m³	2.63	364.58	958.85	
38	020204001004	石材墙面	圆形花坛混凝土池壁贴大理石	m²	10.05	286.45	2878.82	
39	010402001001	矩形柱	钢筋混凝土柱，C25混凝土现浇	m³	1.80	309.56	557.21	
40	020202001002	柱面一般抹灰	混凝土柱水泥砂浆抹面	m²	10.20	13.02	132.80	
41	020507001001	刷喷涂料	混凝土柱面刷白色涂料	m²	10.20	38.56	393.31	

7. 工程量清单综合单价分析表（表5-12）

编制投标报价时，使用工程量清单综合单价分析表可填写使用的省级或行业建设主管部门发布的计价定额，如不使用，不填写。

某园区园林绿化工程投标报价阶段工程量清单综合单价分析表编写示例如下。

表5-12　工程量清单综合单价分析表

工程名称：某园区园林绿化工程　　　　　　　　　　　　　　　　　　标段：　第　页　共　页

项目编码	050102001002		项目名称	栽植乔木，垂柳		计量单位		株	
清单综合单价组成明细									
定额编号	定额名称	定额单位	数量	单价/元				合价/元	
				人工费	材料费	机械费	管理费和利润	人工费	材料费	机械费	管理费和利润
EA0921	普坚土种植垂柳	株	1	5.30	12.85	0.31	2.17	5.30	12.85	0.31	2.17
EA0961	垂柳后期管理费	株	1	11.50	12.13	2.13	4.24	11.50	12.13	2.13	4.24
人工单价		小计						16.88	24.98	2.44	6.33
41.8元/工日		未计价材料费									
清单项目综合单价								50.63			
材料明细	主要材料名称、规格、型号		单位		数量		单价/元	合价/元		暂估单价/元	暂估合价/元
	垂柳		株		1		9.60	9.60		—	—
	毛竹竿		根		1.100		12.54	12.54		—	—
	水		t		0.680		3.20	2.18		—	—
	其他材料费							0.66			
	材料费小计							24.98		—	—

注：1. 如不使用省级或行业建设主管部门发布的计价依据，可不填定额项目、编号等。

　　2. 招标文件提供了暂估材料，按暂估的单价填入表内"暂估单价"栏及"暂结合价"栏。

8. 措施项目清单与计价表（表5-13、表5-14）

措施项目清单与计价表本表适用于以"项"计价的措施项目，编制投标报价时，由于各投标人拥有的施工装备、技术水平和采用的施工方法有所差异，招标人提出的措施项目清单是根据一般情况确定的，没有考虑不同投标人的"个性"，投标人投标时应根据自身编制的投标施工组织设计（或施工方案）确定措施项目，并对招标人提供的措施项目进行调整。投标人根据投标施工组织设计（或施工方案）调整和确定的措施项目应通过评标委员会的评审。措施项目费的计算包括以下几项。

（1）措施项目的内容应依据招标人提供的措施项目清单和投标人投标时拟定的施工组织设计或施工方案。

（2）措施项目费的计价方式应根据招标文件的规定，可以计算工程量的措施清单项目采用综合单价方式报价，其余的措施清单项目采用以"项"为计量单位的方式报价。

（3）措施项目费由投标人自主确定，但其中安全文明施工费应按国家或省级、行业建设主管部门的规定确定。

表 5-13　措施项目清单与计价表（一）

工程名称：某园区园林绿化工程　　　　　标段：　　　　　　　　第　页　共　页

序号	项目名称	计算基础	费率/%	金额/元
1	安全文明施工费	人工费	15	4141.17
2	冬雨期施工费	人工费	5	1380.39
3	夜间施工增加费			8000.00
4	二次搬运费			1400.00
合计				24921.56

注：1. 本表适用于以"项"计价的措施项目。

2. 根据建设部、财政部发布的《建筑安装工程费用项目组成》（建标［2003］206 号）的规定，"计算基础"可为"直接费"、"人工费"或"人工费＋机械费"。

表 5-14　措施项目清单与计价表（二）

工程名称：某园区园林绿化工程　　　　　　　　　　标段：　第　页　共　页

序号	项目编码	项目名称	项目特征描述	计量单位	工程量	金额/元	
						综合单价	合价
1	AB001	脚手架费	柱面一般抹灰	m²	11.00	6.53	71.83
		（其他略）					
本页小计							12460.78
合计							12460.78

注：本表适用于以综合单价形式计价的措施项目。

9. 其他项目清单表（表 5-15～表 5-18）

其他项目清单表适用于以分部分项工程量清单项目综合单价方式计价的措施项目。

（1）暂列金额应按照其他项目清单中列出的金额填写，不得变动。

（2）暂估价不得变动和更改。暂估价中的材料必须按照暂估单价计入综合单价；专业工程暂估价必须按照其他项目清单中列出的金额填写。

（3）计日工应按照其他项目清单列出的项目和估算的数量，自主确定各项综合单价并计算费用。

（4）总承包服务费应依据招标人在招标文件中列出的分包专业工程内容和供应材料、设备情况，按照招标人提出的协调、配合与服务要求和施工现场管理需要自主确定。

表 5-15　其他项目清单与计价汇总表

工程名称：某园区园林绿化工程　　　　　　　　标段：　　　　　　　　　　　　第　页　共　页

序号	项目名称	计量单位	金额/元	备注
1	暂列金额	项	50000.00	明细见表-5-16
2	暂估价		0.00	
2.1	材料暂估价		—	明细见表-5-17
2.2	专业工程暂估价	项	0.00	
3	计日工		19000.00	明细见表-5-418
4	总承包服务费		0.00	
			69000.00	

　　注：材料暂估单价进入清单项目综合单价，此处不汇总。

表 5-16　暂列金额明细表

工程名称：某园区园林绿化工程　　　　　　　　标段：　　　　　　　　　　　　第　页　共　页

序号	项目名称	计量单位	暂列金额/元	备注
1	工程量清单中工程量变更和设计变更	项	15000.00	
2	策性调整和材料价格风险	项	25000.00	
3	其他	项	10000.00	
			50000.00	

　　注：此表由招标人填写，也可只列暂定金额总额，投标人应将上述暂列金额计入投标总价中。

表 5-17　材料暂估单价表

工程名称：某园区园林绿化工程　　　　　　　　标段：　　　　　　　　　　　　第　页　共　页

序号	材料名称	计量单位	单价/元	备注
1	桧柏	株	9.50	
2	龙爪槐	株	30.20	
	其他:(略)			

　　注：1. 此表由招标人填写，并在备注栏说明暂估价的材料拟用在哪些清单项目上，投标人应将上述材料暂估单价计入工程量清单综合单价报价中。

　　2. 材料包括原材料、燃料、构配件以及按规定应计入建筑安装工程造价的设备。

表 5-18　计日工表

工程名称：某园区园林绿化工程　　　　　　　　标段：　　　　　　　　　　　　第　页　共　页

编号	项目名称	单位	暂定数量	综合单价/元	合价/元
一	人工				
1	技工	工日	40	50.00	2000.00
	人工小计				2000.00
二	材料				
1	级普通水泥	t	15.000	300.00	4500.00
	材料小计				4500.00
三	施工机械				
1	汽车起重机	台班	5	2500.00	19000.00
	施工机械小计				12500.00
	总计				12500.00

10. 规费和税金项目清单与计价表（表 5-19）

　　规费和税金的计取标准是依据有关法律、法规和政策规定制定的，具有强制性。投标人是法律、法规和政策的执行者，不能改变，更不能制定，而必须按照法律、法规、政策的有关规定执行。因此投标人在投标报价时必须按照国家或省级、行业建设主管部门的有关规定计算规费和税金。

某园区园林绿化工程投标报价阶段规费、税金项目清单与计价表编制填写示例如下。

表 5-19　规费、税金项目清单与计价表

工程名称：某园区园林绿化工程　　　　　　　　标段：　　　　　　　　第　页　共　页

序号	项目名称	计算基础	费率/%	金额/元
1	规费			6308.39
1.1	工程排污费规费	按工程所在地环保部门规定按实计算		—
1.2	社会保障费	(1)+(2)+(3)		4417.25
(1)	养老保险	人工费	8	2208.62
(2)	失业保险	人工费	2	552.16
(3)	医疗保险	人工费	6	1056.47
	住房公积金	人工费	6	1056.47
	危险作业意外伤害保险	人工费	0.5	138.04
	工程定额测定费	税前工程造价	0.14	96.63
	税金	分部分项工程费+措施项目+其他项目费+规费	3.431	6201.77
	合计			12510.16

注：根据建设部、财政部发布的《建筑安装工程费用项目组成》（建标〔2003〕206号）的规定，"计算基础"可为"直接费"、"人工费"或"人工费+机械费"。

第六章

园林工程施工合同

第一节　园林工程施工合同的基本内容

一、园林工程施工合同的特点

1. 合同标的的特殊性

园林工程施工合同的标的是园林工程各类产品。园林工程产品是不动产，建造过程中往往受到各种因素的影响。这就决定了每个施工合同的标的物不同于工厂批量生产的产品，具有单件性的特点。所谓"单件性"指不同地点建造的相同类型和级别的建筑，施工过程中所遇到的情况不尽相同，在甲工程施工中遇到的困难在乙工程不一定发生，而在乙工程施工中可能出现甲工程没有发生过的问题。这就决定了每个施工合同的标的都是特殊的，相互间具有不可替代性。

2. 合同履行期限的长期性

由于园林工程产品施工周期都较长，施工工期少则几个月，一般都是几年甚至十几年。在合同实施过程中不确定影响因素多，受外界自然条件影响大，合同双方承担的风险高。当主观和客观情况变化时，就有可能造成施工合同的变化，因此施工合同的变更较频繁，施工合同争议和纠纷也比较多。

3. 合同内容的多样性和复杂性

与大多数合同相比较，施工合同的履行期限长、标的额大，涉及的法律关系则包括了劳动关系、保险关系、运输关系、购销关系等，具有多样性和复杂性。这就要求施工合同的条款应当尽量详尽。

4. 合同管理的严格性

合同管理的严格性主要体现在以下几个方面：对合同签订管理的严格性；对合同履行管理的严格性；对合同主体管理的严格性。

施工合同的这些特点，使得施工合同无论在合同文本结构，还是合同内容上，都要反映相适应其特点，符合工程项目建设客观规律的内在要求，以保护施工合同当事人的合法权益，促使当事人严格履行自己的义务和职责，提高工程项目的综合社会、经济效益。

二、 园林工程施工合同的作用

园林工程施工合同的作用主要体现在以下几个方面。

1. 明确建设单位和施工企业在园林工程施工中的权利和义务

园林工程施工合同一经签订，即具有法律效力，是合同双方在履行合同中的行为准则，双方都应以施工合同作为行为的依据。

2. 有利于对园林工程施工的管理

合同当事人对园林工程施工的管理应以合同为依据。有关的国家机关、金融机构对施工的监督和管理，也是以园林施工合同为其重要依据的。

3. 有利于建筑市场的培育和发展

随着社会主义市场经济新体制的建立，建设单位和施工单位将逐渐成为建筑市场的合格主体，建设项目实行真正的业主负责制，施工企业参与市场公平竞争。在建筑商品交换过程中，双方都要利用合同这一法律形式，明确规定各自的权利和义务，以最大限度地实现自己的经济目的和经济效益。施工合同作为建筑商品交换的基本法律形式，贯穿于建筑交易的全过程。建设工程合同的依法签订和全面履行，是建立一个完善的建筑市场的最基本条件。

4. 是进行监理的依据和推行监理制的需要

在监理制度中，建设单位（业主）、施工企业（承包商）、监理单位三者的关系是通过园林工程建设施工合同和监理合同来确立的。国内外实践经验表明，园林工程建设监理的主要依据是合同。园林监理工程师在园林工程监理过程中要做到坚持按合同办事，坚持按规范办事，坚持按程序办事。园林监理工程师必须根据合同秉公办事，监督业主和承包商都履行各自的合同义务。因此承发包双方签订一个内容合法，条款公平、完备，适应建设监理要求的施工合同是园林监理工程师实施公正监理的根本前提条件，也是推行建设监理制的内在要求。

三、 园林工程施工合同的内容

由于园林工程本身的特殊性和施工生产的复杂性，决定了施工合同必须有很多条款。根据《建设工程施工合同管理办法》，施工合同主要应具备以下主要内容。

（1）工程名称、地点、范围、内容，工程价款及开竣工日期。

（2）双方的权利、义务和一般责任。

（3）施工组织设计的编制要求和工期调整的处置办法。

（4）工程质量要求、检验与验收方法。

（5）合同价款调整与支付方式。

（6）材料、设备的供应方式与质量标准。

（7）设计变更。

（8）竣工条件与结算方式。

（9）违约责任与处置办法。

（10）争议解决方式。

（11）安全生产防护措施。

此外关于索赔、专利技术使用、发现地下障碍和文物、工程分包、不可抗力、工程保险、工程停建或缓建、合同生效与终止等也是施工合同的重要内容。

第二节　园林工程施工合同谈判

谈判是工程施工合同签订双方对是否签订合同以及合同具体内容达成一致的协商过程。通过谈判，能够充分了解对方及项目的情况，为高层决策提供信息和依据。

一、　园林工程施工谈判的目的

1. 发包人参加谈判的目的

（1）通过谈判，了解投标者报价的构成，进一步审核和压低报价。

（2）进一步了解和审查投标者的施工规划和各项技术措施是否合理，负责项目实施的班子力量是否足够雄厚，能否保证园林工程的质量和进度。

（3）根据参加谈判的投标者的建议和要求，也可吸收其他投标者的建议，对设计方案、图纸、技术规范进行某些修改，并估计可能对工程报价和工程质量产生的影响。

2. 投标者参加谈判的目的

（1）争取中标。即通过谈判宣传自己的优势，包括技术方案的先进性，报价的合理性，所提建议方案的特点，许诺优惠条件等，以争取中标。

（2）争取合理的价格。既要准备应付业主的压价，又要准备当业主拟增加项目、修改设计或提高标准时适当增加报价。

（3）争取改善合同条款，包括争取修改过于苛刻的和不合理的条款，澄清模糊的条款和增加有利于保护承包商利益的条款。

二、　园林工程施工合同谈判准备工作

开始谈判之前，必须细致地做好以下几方面的准备工作。

1. 谈判资料准备

谈判准备工作的首要任务就是要收集整理有关合同对方及项目的各种基础资料和背景材料。这些资料的内容包括对方的资信状况、履约能力、发展阶段、已有成绩等，还包括园林工程项目的由来、土地获得情况、项目目前的进展、资金来源等。资料准备可以起到双重作用：其一是双方在某一具体问题上争执不休时，提供证据资料、背景资料，可起到事半功倍的作用；其二是防止谈判小组成员在谈判中出现口径不一的情况，造成被动。

2. 具体分析

在获得了这些基础资料的基础上，即可进行一定的分析。

（1）对本方的分析。签订园林工程施工合同之前，首先要确定园林工程施工合同的标的物，即拟建工程项目。发包方必须运用科学研究的成果，对拟建园林工程项目的投资进行综合分析和论证。发包方必须按照可行性研究的有关规定，作定性和定量的分析研究，包括工程水文地质勘察、地形测量以及项目的经济、社会、环境效益的测算比较，在此基础上论证工程项目在技术上、经济上的可行性，对各种方案进行比较，筛选出最佳方案。依据获得批准的项目建议书和可行性研究报告，编制项目设计任务书并选择建设地点。园林建设项目的

设计任务书和选点报告批准后，发包方就可以委托取得园林工程设计资格证书的设计单位进行设计，然后再进行招标。

对于承包方，在获得发包方发出招标公告后，不是盲目地投标，而是应该做一系列调查研究工作。主要考察的问题有：园林工程建设项目是否确实由发包方立项，项目的规模如何，是否适合自身的资质条件，发包方的资金实力如何等。这些问题可以通过审查有关文件，比如发包方的法人营业执照、项目可行性研究报告、立项批复、建设用地规划许可证等加以解决。承包方为承接项目，可以主动提出某些让利的优惠条件；但是，在项目是否真实，发包方主体是否合法，建设资金是否落实等原则性问题上不能让步。否则，即使在竞争中获胜，中标承包了项目，一旦发生问题，合同的合法性和有效性就得不到保证。此种情况下，受损害最大的往往是承包方。

（2）对对方的分析。对对方的基本情况的分析主要从以下几方面入手。

① 对对方谈判人员的分析，主要了解对手的谈判组由哪些人员组成，了解他们的身份、地位、性格、喜好、权限等，注意与对方建立良好的关系，发展谈判双方的友谊，争取在到达谈判以前就有了亲切感和信任感，为谈判创造良好的氛围。

② 对对方实力的分析，主要是指对对方诚信、技术、财力、物力等状况的分析，可以通过各种渠道和信息传递手段取得有关资料。

（3）对谈判目标进行可行性分析。分析工作中还包括分析自身设置的谈判目标是否正确合理、切合实际、能被对方接受，以及对方设置的谈判目标是否合理。如果自身设置的谈判目标有疏漏或错误，就盲目接受对方的不合理谈判目标，同样会造成项目实施过程中的后患。在实际中，由于承包方中标心切，往往接受发包方极不合理的要求，比如带资、垫资、工期短等，造成其在今后发生回收资金、获取工程款、工期反索赔方面的困难。

（4）对双方地位进行分析。对在此项目上与对方相比己方所处的地位的分析也是必要的。这一地位包括整体的与局部的优劣势。如果己方在整体上存在优势，而在局部存有劣势，则可以通过以后的谈判等弥补局部的劣势。但如果己方在整体上已显劣势，则除非能有契机转化这一形势，否则就不宜再耗时耗资去进行无利的谈判。

3. 园林工程施工谈判的组织准备

主要包括谈判组的成员组成和谈判组长的人选确定。

（1）谈判组的成员组成。一般来说，谈判组成员的选择要考虑下列几点。

① 能充分发挥每一个成员的作用。

② 便于组长的组内协调。

③ 具有专业知识组合优势。

（2）谈判组长的人选。谈判组长即主谈，是谈判小组的关键人物，一般要求主谈具有如下基本素质。

① 具有较强的业务能力和应变能力。

② 具有较宽的知识面和丰富的工程经验与谈判经验。

③ 具有较强的分析、判断能力，决策果断。

④ 年富力强，思维敏捷，体力充沛。

4. 谈判的方案准备与思想准备

谈判的方案准备即指参加谈判前拟定好预达成的目标，所要解决的问题以及具体措施等。

思想准备则指进行谈判的有利与不利因素分析，设想出谈判可能出现的各种情况，制定相应的解决办法，以避免不应有的错误。

5. 谈判的议程安排

主要是指谈判的地点选择、主要活动安排等准备内容。承包合同谈判的议程安排一般由发包人提出，征求对方意见后再确定。作为承包商要充分认识到非"主场"谈判的难度，做好充分的心理准备。

三、 园林工程施工谈判阶段

在实际工作中，有的发包人把全部谈判均放在决标之前进行，以利用投标者想中标的心情压价，并取得对自己有利的条件；也有的发包人将谈判分为决标前和决标后两个阶段进行。

1. 决标前的谈判

发包人在决标前与初选出的几家投标者谈判的内容主要有两个方面：一是技术答辩；二是价格问题。

技术答辩由评标委员会主持，了解投标者如果中标后将如何组织施工，如何保证工期，对技术难度较大的部位采取什么措施等。虽然投标者在编制投标文件时对上述问题已有准备，但在开标后，当本公司进入前几标时，应该在这方面再进行认真细致的准备，必要时画出有关图解，以取得评标委员的信任，顺利通过技术答辩。

价格问题是一个十分重要的问题，发包人利用他的有利地位，要求投标者降低报价，并就工程款额中付款期限、贷款利率（对有贷款的投标）以至延期付款条件等方面要求投标者做出让步。投标者在这一阶段一定要沉住气，对发包人的要求进行逐条分析，在适当时机适当地、逐步地让步，因此，谈判有时会持续很长时间。

2. 决标后的谈判

经过决标前的谈判，发包人确定出中标者并发出中标函，这时发包人和中标者还要进行决标后的谈判，即将过去双方达成的协议具体化，并最后签署合同协议书，对价格及所有条款加以认证。

决标后，中标者地位有所改善，他可以利用这一点，积极地、有理有节地同发包人进行决标后的谈判，争取协议条款公正合理。对关键性条款的谈判，要做到彬彬有礼而又不作大的让步。对有些过分不合理的条款，一旦接受了会带来无法负担的损失，则宁可冒损失投标保证金的风险而拒绝发包人要求或退出谈判，以迫使发包人让步，因为谈判时合同并未签字，中标者不在合同约束之内，也未提交履约保证。

发包人和中标者在对价格和合同条款达成充分一致的基础上，签订合同协议书（在某些国家需要到法律机关认证）。至此，双方即建立了受法律保护的合作关系，招标投标工作即告成功。

四、 园林工程施工谈判内容

1. 关于工程范围

谈判中应使施工、设备采购、安装与调试、材料采购、运输与储存等工作的范围具体明确、责任分明，以防报价漏项及引发施工过程中的矛盾。现举例说明如下。

（1）有的合同条件规定："除另有规定外的一切工程"、"承包商可以合理推知需要提供的为本工程服务所需的一切辅助工程"等。其中不确定的内容，可作无限制的解释的，应该在合同中加以明确，或争取写明"未列入本合同中的工程量表和价格清单的工程内容，不包括在合同总价内"。

（2）在某些材料供应合同中，常规是写："……材料送到现场"。但是有些工地现场范围极大，对方只要送到工地围墙以内，就理解为"送到现场"。这对施工单位很不利，要增加两次搬运费。严密的写法，应写成："……材料送到操作现场"。

（3）对于"可供选择的项目"，应力争在签订合同前予以明确，究竟选择与否。如果确实难以在签订合同时澄清，则应当确定一个具体的期限来选定这些项目是否需要施工。应当注意，如果这些项目的确定时间太晚，可能影响材料设备的订货，承包商可能会受到不应有的损失。

（4）对于现场监理工程师的办公建筑、家具设备、车辆和各项服务，如果已包括在投标价格中，而且招标书规定得比较明确和具体，则应当在签订合同时予以审定和确认。特别是对于建筑面积和标准、设备和车辆的牌号以及服务的详细内容等，应当十分具体和明确。

（5）某总包与分包签订的合同中有："总包同意在分包完成工程，经监理工程师签发证书，并在业主支付总承包商该项已完工程款后 30 日内，向分包付款"。表面看似乎合理，实际是总包转移风险的手段。因为发包人与总包之间有多方面的原因导致监理工程师不签发证书，从而致使发包人拒绝或拖延向总包付款，但这并非是分包的原因造成的。这种笼统地把总包得到付款作为向分包付款的前提是不合理的。应补充以下条款："如果监理工程师未签发证书，或总包未能收到发包人付款，并非分包违约。那么，总包应向分包支付其实际完成的工程款和最后结算款"。

2. 关于园林工程施工合同文件

对当事人来说，合同文件就是法律文书，应该使用严谨、周密的法律语言，不能使用日常通俗语言或"工程语言"，以防一旦发生争端合同中无准确依据，影响合同的履行，并为索赔成功创造一定的条件。

（1）对拟定的合同文件中的缺欠，经双方一致同意后，可进行修改和补充，并应整理为正式的"补遗"或"附录"，由双方签字后作为合同的组成部分，注明哪些条件由"补遗"或"附录"中的相应条款替代，以免发生矛盾与误解，在实施工程中发生争端。

（2）应当由双方同意将投标前发包人对各投标人质疑的书面答复或通知，作为合同的组成部分，因为这些答复或通知，既是标价计算的依据，也可能是今后索赔的依据。

（3）承包商提供的施工图纸是正式的合同文件内容。不能只认为"发包人提交的图纸属于合同文件"。应该表明"与合同协议同时由双方签字确认的图纸属于合同文件"，以防发包人借补充图纸的机会增加工程内容。

（4）对于作为付款和结算工程价款的工程量及价格清单，应该根据议标阶段做出的修正重新整理和审定，并经双方签字。

（5）尽管采用的是标准合同文本，在签字前都必须全面检查，对于关键词语和数字更应反复核对，不得有任何差错。

3. 关于双方的一般义务

主要包括合同中有关监理工程师命令的执行；关于履约保证；关于工程保险；关于工人的伤亡事故保险和其他社会保险；关于不可预见的自然条件和人为障碍处理等的条款内容。

4. 关于劳务

关于劳务的谈判内容主要涉及如下方面。

（1）劳务来源与劳务选择权。

（2）劳务队伍的能力素质与资质要求。

（3）劳务费取费标准确定。

（4）关于劳务的聘用与解雇的有关规定。

（5）有关保险事宜等。

5. 关于园林工程的开工和工期

工期是施工合同的关键条件之一，是影响价格的一项重要因素，同时也是违约误期罚款的唯一依据。工期确定是否合理，直接影响着承包商的经济效益，影响业主所投资的工程项目能否早日投入使用。因此工期确定一定要讲究科学性、可操作性，同时要注意以下问题出现。

（1）不能把工期混同于合同期。合同期是表明一个合同的有效期间，从合同生效之日到合同终止。而工期是对承包商完成其工作所规定的时间。在园林工程承包合同中，通常施工期虽已结束，但合同期并未终止。

（2）应明确规定保证开工的措施。要保证园林工程按期竣工，首先要保证按时开工。将发包方影响开工的因素列入合同条件之中。如果由于发包方的原因导致承包方不能如期开工，则工期应顺延。

（3）施工中，如因变更设计造成工程量增加或修改原设计方案，或工程师不能按时验收工程，承包方有权要求延长工期。

（4）必须要求发包方按时验收工程，以免拖延付款，影响承包方的资金周转和工期。

（5）发包方向承包方提交的现场应包括施工临时用地，并写明其占用土地的一切补偿费用均由发包方承担。

（6）如果园林工程项目付款中规定有初期工程付款，其中包括临时工程占用土地的各项费用开支，则承包商应在投标前做出周密调查，尽可能减少日后额外占用的土地数量，并将所有费用列入报价之中。

（7）应规定现场移交的时间和移交的内容。所谓移交现场应包括场地测量图纸、文件和各种测量标志的移交。

（8）单项工程较多的园林工程，应争取分批竣工，并提交园林工程师验收，发给竣工证明。工程全部具备验收条件而发包方无故拖延验收时，应规定发包方向承包方支付工程费用。

（9）由于发包人及其他非承包商原因造成工期延长，承包商有权提出延长工期要求。在园林工程施工过程中，如发包人未按时交付合格的现场、图纸及批准承包商的施工方案，增加工程量或修改设计内容，或发包人不能按时验收已完成工程而迫使承包商中断施工等，承包商有权要求延长工期，并在合同中明确规定。

6. 关于材料和操作工艺

（1）材料供应方式，即发包人供应材料还是承包商提供材料。

（2）材料的种类、规格、数量、单价与质量等级。

（3）材料提供的时间、地点。

（4）对于报送给园林监理工程师或发包方审批的材料样品，应规定答复期限。发包方或园林监理工程师在规定答复期限不予答复，则视作"默许"。经"默许"后再提出更换，应该由发包方承担延误工期和原报批的材料已订货而造成的损失。

（5）对于应向园林监理工程师提供的现场测量和试验的仪器设备，应在合同中列出清单，写明名称、型号、规格、数量等。如果超出清单内容，则应由发包方承担超出的费用。

（6）关于工序质量检查问题。如果监理工程师延误了上道工序的检查时间，往往使承包方无法按期进行下一道工序，而使园林工程进度受到严重影响。因此，应对工序检验制度作出具体规定，特别是对需要及时安排检验的工序要有时间限制。超出限制时，园林监理工师未予检查，则承包方可认为该工序已被接受，可进行下一道工序的施工。

7. 关于工程的变更和增减

主要涉及园林工程变更与增减的基本要求，由于园林工程变更导致的经济支出，承包商核实的确定方法，发包人应承担的责任，延误的工期处理等内容。

（1）园林工程变更应有一个合适的限额，超过限额，承包商有权修改单价。

（2）对于单项工程的大幅度变更，应在园林工程施工初期提出，并争取规定限期。超过限期大幅度增加单项工程，由发包人承担材料、工资价格上涨而引起的额外费用；大幅度减少单项工程，发包人应承担材料已订货而造成的损失。

8. 关于工程维修

（1）应当明确维修园林工程的范围和维修责任。承包商只能承担由于材料、工艺不符合合同要求而产生缺陷和没有看管好工程而遭损坏时的责任。

（2）一些重要、复杂的园林工程，若要求承包商对其施工的工程主体结构进行寿命担保，则应规定合理的年限值、担保的内容和方式。承包商可争取用保函担保，或者在工程保险时一并由保险公司保险。

9. 关于付款

付款是承包商最为关心的问题。发包人和承包商之间发生的争议，有很多与付款问题相关。关于付款主要涉及如下问题。

（1）价格问题。价格是园林施工合同最主要内容之一，是双方讨论的关键。它包括单价、总价、工资、加班费和其他各项费用，以及付款方式和付款的附带条件等。价格主要是受工作内容、工期和其他各项义务的制约。在进行园林工程价格谈判时，一定要注意以下几个方面。

1）是采用固定价格投标，还是同时考虑合同可包括一些伸缩性条款来应付货币贬值、物价上涨等变化因素，即遇到货币贬值等因素时合同价格是否可以调整等。

2）有无可能采用成本加酬金合同形式。

3）在合同期间，发包人是否能够保证一种商品价格的稳定。

（2）货币问题。主要是货币兑换限制、货币汇率浮动、货币支付问题。货币支付条款主要有：固定货币支付条款，即合同中规定支付货币的种类和各种货币的数额，今后按此付款，而不受货币价值浮动的影响；选择性货币条款，即可在几种不同的货币中选择支付，并在合同中用不同的货币标明价格。这种方式也不受货币价值浮动的影响，但关键在于选择权属于谁承包商应争取主动权。

（3）支付问题。主要指支付时间、支付方式和支付保证等问题。由于货币时间价值的存在，同等金额的工程款，承包商所能获取的实际利益却是不同的。常包括的支付内容主要有工程预付款、工程进度款、最终付款和退还保留金等。付款方式则包括现金支付、实物支付、汇兑支付、异地支付、转账支付等。对于承包商来说，一定要争取得到预付款，而且，预付款的偿还按预付款与合同总价的同一比例每次在工程进度款中扣除为好。对于工程进度付款，应争取它不仅包括当月已完成的工程价款，还应包括运到现场的合格材料与设备费用。最终付款，意味着工程的竣工，承包商有权取得全部工程的合同价款、一切尚未付清的款项。关于退还保留金问题，承包商争取降低扣留金额的数额，使之不超过合同总价的5％；并争取工程竣工验收合格后全部退回，或者用维修保函代替扣留的应付工程款。

10. 关于工程验收

验收主要包括对中间和隐蔽工程的验收、竣工验收和对材料设备的验收。在审查验收条款时，应注意的问题是验收范围、验收时间和验收质量标准等问题是否在合同中明确表明。因为验收是承包工程实施过程中的一项重要工作，它直接影响工程的工期和质量问题，需要认真对待。

11. 关于违约责任

为了确认违约责任，处罚得当，在审查违约责任条款时，应注意以下两点。

（1）要明确不履行合同的行为，如合同到期后未能完工，或施工过程中施工质量不符合要求，或劳务合同中的人员素质不符合要求，或发包人不能按期付款等。在对自己一方确定违约责任时，一定要同时规定对方的某些行为是自己一方履约的先决条件，否则不应构成违约责任。

（2）针对自己关键性的权利，即对方的主要义务，应向对方规定违约责任。如承包商必须按期、按质完工，发包人必须按规定付款等，都要详细规定各自的履约义务和违约责任。规定对方的违约责任就是保证自己享有的权利。

需要谈判的内容非常多，而且双方均以维护自身利益为核心进行谈判，更增加了谈判的难度和复杂性。就某一具体谈判而言，由于项目的特点，不同的谈判的客观条件等因素决定，在谈判内容上通常是有所侧重，需谈判小组认真仔细地研究，进行具体谋划。

五、园林工程施工合同谈判的规则与策略

1. 合同谈判的规则

（1）谈判前应作好充分准备。如备齐文件和资料；拟好谈判的内容和方案；对谈判的对方其性格、年龄、嗜好、资历、职务均应有所了解，以便派出合格人选参加谈判。

在谈判中，要统一口径，不得将内部矛盾暴露在对方面前。

（2）在合同中要防止对方把工程风险转嫁己方。如果发现，要有相应的条款来抵御。

（3）谈判的主要负责人不宜急于表态，应先让副手主谈，正手在旁视听，从中找出问题的症结，以备进攻。

（4）谈判中要抓住实质性问题，不要在枝节问题上争论不休。实质性问题不轻易让步，枝节问题要表现宽宏大量的风度。

（5）谈判要有礼貌，态度要诚恳、友好、平易近人；发言要稳重，当意见不一致时不能急躁，更不能感情冲动，甚至使用侮辱性语言。一旦出现僵局，可暂时休会。但是，谈判的时间不宜过长，一般应以招标文件确定的"投标有效期"为准。

（6）少说空话、大话，但偶尔赞扬自己的业绩也是必不可少的。

（7）对等让步的原则。当对方已做出一定让步时，自己也应考虑做出相应的让步。

（8）谈判时必须记录，但不宜录音，否则会使对方情绪紧张，影响谈判效果。

2. 合同谈判的策略

谈判是通过不断的会晤确定各方权利、义务的过程，它直接关系到谈判桌上各方最终利益的得失。因此，谈判绝不是一项简单的机械性工作，而是集合了策略与技巧的艺术。以下介绍几种常见的谈判策略和技巧。

（1）掌握谈判的进程。即指掌握谈判过程的发展规律。谈判大体上可分为五个阶段，即探测、报价、还价、拍板和签订合同。谈判各个阶段中谈判人员应该采取的主要策略如下。

1）设计探测策略。探测阶段是谈判的开始，设计探测策略的主要目的在于尽快摸清对方的意图及关注的重点，以便在谈判中做到对症下药，有的放矢。

2）讨价还价阶段。此阶段是谈判的实质性进展阶段。在本阶段中双方从各自的利益出

发，相互交锋、相互角逐。谈判人员应保持清醒的头脑，在争论中保持心平气和的态度，临阵不乱、镇定自若、据理力争。要避免不礼貌的提问，以防引起对方反感甚至导致谈判破裂。应努力求同存异，创造和谐气氛，逐步接近。

3）控制谈判的进程。工程建设这样的大型谈判一定会涉及诸多需要讨论的事项，而各谈判事项的重要性并不相同，谈判各方对同一事项的关注程度也并不相同。成功的谈判者善于掌握谈判的进程，在充满合作气氛的阶段，展开自己所关注的议题的商讨，从而抓住时机，达成有利于己方的协议。而在气氛紧张时，则引导谈判进入双方具有共识的议题，一方面缓和气氛，另一方面缩小双方差距，推进谈判进程。同时，谈判者应懂得合理分配谈判时间。对于各议题的商讨时间应得当，不要过多拘泥于细节性问题，这样可以缩短谈判时间，降低交易成本。

4）注意谈判氛围。谈判各方往往存在利益冲突，要兵不血刃即获得谈判成功是不现实的。但有经验的谈判者会在各方分歧严重，谈判气氛激烈的时候采取润滑措施，舒缓压力。在我国最常见的方式是饭桌式谈判，通过餐宴，联络谈判方的感情，拉近双方的心理距离，进而在和谐的氛围中重新回到议题。

（2）打破僵局策略。僵局往往是谈判破裂的先兆，因而为使谈判顺利进行，并取得谈判成功，遇有僵持的局面时必须适时采取相应策略。常用的打破僵局的方法如下。

1）拖延和休会。当谈判遇到障碍、陷入僵局的时候，拖延和休会可以使明智的谈判方有时间冷静思考，在客观分析形势后提出替代性方案。在一段时间的冷处理后，各方都可以进一步考虑整个项目的意义，进而弥合分歧，将谈判从低谷引向高潮。

2）假设条件。即当遇有僵持局面时，可以主动提出假设我方让步的条件，试探对方的反应，这样可以缓和气氛，增加解决问题的方案。

3）私下个别接触。当出现僵持局面时，观察对方谈判小组成员对引发僵持局面的问题的看法是否一致，寻找对本方意见的同情者与理解者，或对对方的意见持不同意见者，通过私下个别接触缓和气氛、消除隔阂、建立个人友谊，为下一步谈判创造有利条件。

4）设立专门小组。本着求同存异的原则，谈判中遇到各类障碍时，不必都在谈判桌上解决，而是建议设立若干专门小组，由双方的专家或组员去分组协商，提出建议。一方面可使僵持的局面缓解，另一方面可提高工作效率，使问题得以圆满解决。

（3）高起点战略。谈判的过程是各方妥协的过程，通过谈判，各方都或多或少会放弃部分利益以求得项目的进展。而有经验的谈判者在谈判之初会有意识向对方提出苛求的谈判条件。这样对方会过高估计本方的谈判底线，从而在谈判中更多做出让步。

（4）避实就虚。谈判各方都有自己的优势和弱点。谈判者应在充分分析形势的情况下，做出正确判断，利用对方的弱点，猛烈攻击，迫其就范，做出妥协。而对于己方的弱点，则要尽量注意回避。

（5）对等让步策略。为使谈判取得成功，谈判中对对方所提出的合理要求进行适当让步是必不可少的，这种让步要求对双方都是存在的。但单向的让步要求则很难达成，因而主动在某些问题上让步时，同时对对方提出相应的让步条件，一方面可争得谈判的主动，另一方面又可促使对方让步条件的达成。

（6）充分利用专家的作用。现代科技发展使个人不可能成为各方面的专家。而工程项目谈判又涉及广泛的学科领域，充分发挥各领域专家的作用，既可以在专业问题上获得技术支持，又可以利用专家的权威性给对方以心理压力。

第三节 园林工程施工合同的签订与审查

一、园林工程施工合同的签订

合同签订的过程，是当事人双方互相协商并最后就各方的权利、义务达成一致意见的过程。签约是双方意志统一的表现。

签订园林工程施工合同的时间很长，实际上它是从准备招标文件开始，继而招标、投标、评标、中标，直至合同谈判结束为止的一整段时间。

1. 园林工程施工合同签订的原则

园林工程施工合同签订的原则是指贯穿于订立园林工程施工合同的整个过程，对承发包双方签订合同起指导和规范作用，双方均应遵守的准则。主要有依法签订原则、平等互利协商一致原则、等价有偿原则、严密完备原则和履行法律程序原则等。具体内容见表 6-1。

表 6-1 园林工程施工合同签订的原则

原则	说明
依法签订的原则	(1)必须依据《中华人民共和国经济合同法》、《建筑安装工程承包合同条例》、《建设工程合同管理办法》等有关法律、法规 (2)合同的内容、形式、签订的程序均不得违法 (3)当事人应当遵守法律、行政法规和社会公德，不得扰乱社会经济秩序，不得损害社会公共利益 (4)根据招标文件的要求，结合合同实施中可能发生的各种情况进行周密、充分的准备，按照"缔约过失责任原则"保护企业的合法权益
平等互利协商一致的原则	(1)发包方、承包方作为合同的当事人，双方均平等地享有经济权利，平等地承担经济义务，其经济法律地位是平等的，没有主从关系 (2)合同的主要内容，须经双方协商、达成一致，不允许一方将自己的意志强加于对方、一方以行政手段干预对方、压服对方等现象发生
等价有偿的原则	(1)签约双方的经济关系要合理，当事人的权利义务是对等的 (2)合同条款中也应充分体现等价有偿原则，即 1)一方给付，另一方必须按价值相等原则作相应给付 2)不允许发生无偿占有、使用另一方财产的现象 3)对工期提前、质量全优要予以奖励 4)对延误工期、质量低劣应罚款 5)提前竣工的收益由双方分享
严密完备的原则	(1)充分考虑施工期内各个阶段，施工合同主体间可能发生的各种情况和一切容易引起争端的焦点问题，并预先约定解决问题的原则和方法 (2)条款内容力求完备，避免疏漏，措辞力求严谨、准确、规范 (3)对合同变更、纠纷协调、索赔处理等方面应有严格的合同条款作保证，以减少双方矛盾
履行法律程序的原则	(1)签约双方必须具备签约资格，手续健全齐备 (2)代理人超越代理人权限签订的工程合同无效 (3)签约的程序符合法律规定 (4)签订的合同必须经过合同管理的授权机关鉴证、公证和登记等手续，对合同的真实性、可靠性、合法性进行审查，并给予确认，方能生效

2. 园林工程施工合同签订的形式和程序

(1) 园林工程施工合同签订的形式。《合同法》第 10 条规定："当事人订立合同，有书面合同、口头形式和其他形式。法律、行政法规规定采用书面形式的，应当采用书面形式。当事人约定采用书面形式的应当采用书面形式。"书面形式是指合同书、信件和数据电文（包括电报、电传、传真、电子数据交换和电子邮件）等可以有形地表现所载内容的形式。

《合同法》第270条规定："工程施工合同应当采用书面形式。"主要是由于施工合同涉及面广、内容复杂、建设周期长、标的的金额大。

（2）园林工程施工合同签订的程序。作为承包商的建筑施工企业在签订施工合同工作中，主要的工作程序见表6-2。

表6-2 签订园林工程施工合同的程序

程序	内容
市场调查建立联系	（1）施工企业对建筑市场进行调查研究 （2）追踪获取拟建项目的情况和信息，以及业主情况 （3）当对某项工程有承包意向时，可进一步详细调查，并与业主取得联系
表明合作意愿 投标报价	（1）接到招标单位邀请或公开招标通告后，企业领导做出投标决策 （2）向招标单位提出投标申请书，表明投标意向 （3）研究招标文件，着手具体投标报价工作
协商谈判	（1）接受中标通知书后，组成包括项目经理在内的谈判小组，依据招标文件和中标书草拟合同专用条款 （2）与发包人就工程项目具体问题进行实质性谈判 （3）通过协商达成一致，确立双方具体权利和义务，形成合同条款 （4）参照施工合同示范文本和发包人拟定的合同条件与发包人订立施工合同
签署书面合同	（1）施工合同应采用书面形式的合同文本 （2）合同使用的文字要经双方确定，用两种以上语言的合同文本，需注明几种文本是否具有同等法律效力 （3）合同内容要详尽具体，责任义务要明确，条款应严密完整，文字表达应准确规范 （4）确认甲方，即业主或委托代理人的法人资格或代理权限 （5）施工企业经理或委托代理人代表承包方与甲方共同签署施工合同
签证与公证	（1）合同签署后，必须在合同规定的时限内完成履约保函、预付款保函、有关保险等保证手续 （2）送交工商行政管理部门对合同进行签证并缴纳印花税 （3）送交公证处对合同进行公证 （4）经过签证、公证，确认了合同真实性、可靠性、合法性后，合同发生法律效力，并受法律保护

二、 园林工程施工合同的审查

所谓合同审查，是指在合同签订以前，将合同文本"解剖"开来，检查合同结构和内容的完整性以及条款之间的一致性，分析评价每一合同条款执行的法律后果及其中的隐含风险，为合同的谈判和签订提供决策依据。

通过园林工程施工合同审查，可以发现施工合同中存在的内容含糊、概念不清之处或自己未能完全理解的条款，并加以仔细研究、认真分析，采取相应的措施，以减少施工合同中的风险，减少施工合同谈判和签订中的失误，有利于合同双方合作愉快，促进园林工程项目施工的顺利进行。

1. 园林工程施工合同效力审查与分析

合同效力是指合同依法成立所具有的约束力。对园林工程施工合同效力的审查，基本上从合同主体、客体和内容三方面加以考虑。结合实践情况，有以下合同无效的情况。

（1）没有经营资格而签订的合同。园林工程施工合同的签订双方是否有专门从事建筑业务的资格，是合同有效、无效的重要条件之一。

① 作为发包方应有相应的开发资格；

② 作为承包方的勘察、设计、施工单位均应有其经营资格。

（2）缺少相应资质而签订的合同。园林建设工程是"百年大计"的不动产产品，而不是一般的产品，因此园林工程施工合同的主体除了具备可以支配的财产、固定的经营场所和组织机构外，还必须具备与园林工程项目相适应的资质条件，而且也只能在资质证书核定的范围内承接相应的园林工程任务，不得擅自越级或超越规定的范围。

（3）违反法定程序而订立的合同。如前所述，订立合同由要约与承诺两个阶段构成。在园林工程施工合同尤其是园林总承包合同和园林施工总承包合同的订立中，通常通过招标投标的程序，招标为要约邀请，投标为要约，中标通知书的发出意味着承诺。对通过这一程序缔结的合同，《招标投标法》有着严格的规定。

首先，《招标投标法》对必须进行招投标的项目做了限定，具体内容前面章节已述。其次，招投标遵循公平、公正的原则，违反这一原则，也可能导致合同无效。

（4）违反关于分包和转包的规定所签订的合同。我国《建筑法》允许建设工程总承包单位将承包工程中的部分发包给具有相应资质条件的分包单位。但是，除总承包合同中约定的分包外，其他分包必须经建设单位认可。属于施工总承包的，建筑工程主体结构的施工必须由总承包单位自行完成。也就是说，未经建设单位认可的分包和施工总承包单位将工程主体结构分包出去所订立的分包合同，都是无效的。此外，将建设工程分包给不具备相应资质条件的单位或分包后将工程再分包的，均是法律禁止的。

《建筑法》及其他法律、法规对转包行为均做了严格禁止。转包，包括承包单位将其承包的全部建筑工程转包、承包单位将其承包的全部建筑工程分解以后以分包的名义分别转包给他人。属于转包性质的合同，也因其违法而无效。

（5）其他违反法律和行政法规所订立的合同。如合同内容违反法律和行政法规，也可能导致整个合同的无效或合同的部分无效。例如发包方指定承包单位购入的用于工程的建筑材料、构配件，或者指定生产厂、供应商等，此类条款均无效。合同中某一条款的无效，并不必然影响整个合同的有效性。

以上介绍了几种合同无效的情况。实践中，构成合同无效的情况众多，需要有一定的法律知识方能判别。所以，建议承发包双方将合同审查落实到合同管理机构和专门人员，每一项目的合同文本均必须经过经办人员、部门负责人、法律顾问、总经理几道审查，批注具体意见，必要时还应听取财务人员的意见，以期尽量完善合同，确保在谈判时己方利益能够得到最大保护。

2. 园林工程施工合同内容审查与分析

合同条款的内容直接关系到合同双方的权利、义务，在园林工程施工合同签订之前，应当严格审查各项合同内容，其中尤其应注意如下内容。

（1）确定合理的工期。工期过长，不利于发包方及时收回投资；工期过短，对于承包方来说，不利于工程质量的保证以及施工过程中建筑半成品的养护。因此，对承包方而言，应当合理计算自己能否在发包方要求的工期内完成承包任务，否则应当按照合同约定承担逾期竣工的违约责任。

（2）明确双方代表的权限。在园林工程施工承包合同中通常都明确甲方代表和乙方代表的姓名和职务，但对其作为代表的权限则往往规定不明。由于代表的行为代表了合同双方的行为，因此，有必要对其权利范围以及权利限制作一定约定。

（3）明确工程造价或工程造价的计算方法。工程造价条款是园林工程施工合同的必备和关键条款，但通常会发生约定不明的情况，往往为日后争议与纠纷的发生埋下隐患。而处理这类纠纷，法院或仲裁机构一般委托有权审价的单位鉴定造价，势必使当事人陷入旷日持久的诉讼，更何况经审价得出的造价也因缺少可靠的计算依据而缺乏准确性，对维护当事人的合法权益极为不利。

如何在订立合同时就能明确确定工程造价，"设定分阶段决算程序，强化过程控制"将是一有效的方法。具体而言，就是在设定承发包合同时增加工程造价过程控制的内容，按工程形象进度分段进行预决算并确定相应的操作程序，使承发包合同签约时不确定的工程造价，在合同履行过程中按约定的程序得到确定，从而避免可能出现的造价纠纷。

（4）明确材料和设备的供应。由于材料、设备的采购和供应引发的纠纷非常多，故必须在园林工程施工合同中明确约定相关条款，包括发包方或承包商所供应或采购的材料、设备的名称、型号、规格、数量、单价、质量要求、运送到达工地的时间、验收标准、运输费用的承担、保管责任、违约责任等。

（5）明确工程竣工交付使用。应当明确约定园林工程竣工交付的标准。如发包方需要提前竣工，而承包商表示同意的，则应约定由发包方另行支付赶工费用或奖励。因为赶工意味着承包商将投入更多的人力、物力、财力，劳动强度增大，损耗亦增加。

（6）明确违约责任。违约责任条款的订立目的在于促使园林工程施工合同双方严格履行合同义务，防止违约行为的发生。发包方拖欠工程款、承包方不能保证施工质量或不按期竣工，均会给对方以及第三方带来不可估量的损失。审查违约责任条款时，第一，对违约责任的约定不应笼统化，而应区分情况作相应约定。有的合同不论违约的具体情况，笼统地约定一笔违约金，这没有与因违约造成的真正损失额挂钩，从而将导致违约金过高或过低的情形是不妥当的。应当针对不同的情形作不同的约定，如质量不符合合同约定标准应当承担的责任，因工程返修造成工期延长的责任，逾期支付工程款所应承担的责任等，衡量标准均不相同。第二，对双方的违约责任的约定是否全面。在工程施工合同中，双方的义务繁多，有的合同仅对主要的违约情况作了违约责任的约定，而忽视了违反其他非主要义务所应承担的违约责任。但实际上，违反这些义务极可能影响到整个合同的履行。

第四节　园林工程施工合同的履行

一、准备工作

通常，承包合同签订1～2个月内，监理工程师即下达开工令（也有的工程合同协议内规定合同签订之日，即算开工之日）。无论如何，承包商都要竭尽全力做好开工前的准备工作并尽快开工，避免因开工准备不足而延误工期。

1. 人员和组织准备

项目经理部的组成是实施项目的关键，特别是要选好项目经理及其他主要人员，如总工程师、总会计师等。确定项目经理部主要人员后，由项目经理针对项目性质和工程大小，再选择其他经理部人员和施工队伍。同时与分包单位签订协议，明确与他们的责、权、利，使他们对项目有足够的重视，派出胜任承包任务的人员。

（1）项目经理人选确定。项目经理是项目施工的直接组织者与领导者，其能力与素质直接关系到项目管理的成败，因而要求项目经理具有如下基本素质。

① 具有较强的组织管理能力和市场竞争意识。

② 掌握扎实的专业基础知识与合同管理知识。

③ 具有丰富的现场施工经验。

④ 具有较强的公共关系能力。

⑤ 能吃苦，精力、体力充沛。

（2）选择项目经理部的其他人员。由项目经理负责，针对项目性质和工程大小选择项目经理部的其他人选。项目经理部是项目管理的中枢，其人员组成的原则是：充分支持专业技术组合优势，力求精简，有利于提高工作效率。

（3）施工作业队伍选择与分包单位签订合同。选择信誉好，能确保工期、质量，并能较好地降低园林工程成本的施工作业队伍与分包单位，与之签订协议，明确他们的责、权、利。进行必要的园林工程技术交底及有关业务技能培训。

（4）聘请专业顾问。进行技术复杂的大型项目、或本企业无施工经验的项目，还需聘请有关方面的专家，以提高项目管理能力与合同管理能力。

2. 施工准备

项目经理部组建后，就要着手施工准备工作。施工准备应着眼于以下几方面。

（1）接收现场。由发包人和发包人一方聘请的监理工程师会同承包商一方有关人员到现场办理交接手续。发包人、监理工程师应向承包商交底，如施工场地范围、工程界线、基准线、基准标高等，承包商校核没有异议，则可在接收现场的文件上签字，现场即算接收完毕。

（2）领取有关文件。承包商要向发包人或监理工程师领取图纸（按合同文件规定的套数）、技术规范（按合同文件规定的份数）及有报价的工程量表。如图纸份数不够使用时，承包商自费购买或复印。

（3）建立现场生活和生产营地。购买园林工程及生活用活动房屋，或者自己建造房屋，或租用房屋，建造仓库、生产维修车间等，办理连接水、电手续，购买空调机及各种生产设备和生活用品等。

（4）编制施工进度计划，包括人员进场、各项目材料机械进场时间。根据合同要求排出横线条进度计划，或采用网络图控制进度计划。

（5）编制付款计划表。承包商应在合同条件规定的时间内，根据合同要求向监理工程师及发包人报送根据施工进度计划估算的各个季度他可能得到的现金流通量估算表。每月工程付款报表格式，必须经监理工程师批准，承包商按月向监理工程师和发包人提交付款申请。

（6）提交现场管理机构及名单，承包商应按监理工程师的要求提交现场施工管理组织系统表。

（7）采购机械设备。

3. 办理保险、保函

承包商在接到发包人发出的中标函并最后签订园林工程合同之前，要根据合同文件的有关条款要求，办理保函手续（包括履约保函、预付款保函等）和保险手续（包括工程保险、第三方责任险、工程一切险等），一般要求在签订工程合同前，提交履约保函和预付款保函。提交保险单的日期一般在合同条件中注明。

4. 资金的筹措

筹集施工所需的流动资金。根据企业的财务状况、借贷利率等，制定筹资计划与筹资方案，确保以最小的代价，保证园林工程施工的顺利进行。

5. 学习合同文件

在执行合同前，要组织有关人员认真学习合同文件，掌握各合同条款的要点与内涵，以利执行"实际履行与全面履行"的合同履行的原则。

二、　园林工程施工合同的履行

1. 园林工程施工合同履行中各方的职责

在园林工程项目施工合同中明确了合同当事人双方（即发包人和承包商）的权利、义务和职责，同时也对接受发包人委托的监理工程师的权利、职责的范围做了明确、具体的规定。当然，监理工程师的权利、义务在发包人与监理单位所签订的监理委托合同中，也有明确且具体的规定。

下面概括地介绍在园林工程施工合同的履行过程中，发包人、监理工程师和承包商的职责。

（1）发包人的职责。发包人及其所指定的发包人代表，负责协调监理工程师和承包商之间的关系，对重要问题做出决策，并处理必须由发包人完成的有关事宜，包括如下内容。

1）指定发包人代表，委托监理工程师，并以书面形式通知承包商，如是国际贷款项目，则还应通知贷款方。

2）及时办理征地、拆迁等有关事宜，并按合同规定完成（或委托承包商）场地平整，水、电、道路接通等准备工作。

3）批准承包商转让部分工程权益的申请，批准履约保证和承保人，批准承包商提交的保险单。

4）在承包商有关手续齐备后，及时向承包商拨付有关款项。如园林工程预付款、设备和材料预付款，每月的月结算，最终结算表。

5）负责为承包商开证明信，以便承包商为工程的进口材料、设备以及承包商的施工装备等办理海关、税收等有关手续。

6）主持解决合同中的纠纷、合同条款必要的变动和修改（需经双方讨论同意）。

7）及时签发园林工程变更命令（包括工程量变更和增加新项目等），并确定这些变更的单价与总价。

8）批准监理工程师同意上报的工程延期报告。

9）对承包商的信函及时给予答复。

10）负责编制并向上级及外资贷款单位送报财务年度用款计划、财务结算及各种统计报表等。

11）协助承包商（特别是外国承包商）解决生活物资供应、运输等问题。

12）负责组成验收委员会进行整个园林工程或局部园林工程的初步验收和最终竣工验收，并签发有关证书。

13）如果承包商违约，发包人有权终止合同并授权其他人去完成合同。

（2）监理工程师的职责。监理工程师不属于发包人与承包商之间所签订施工合同中的任一方，但也接受发包人的委托并根据发包人的授权范围，代表发包人对园林工程进行监督管理，主要负责园林工程的进度控制、质量控制、投资控制、合同管理、信息管理以及协调工作等。其具体职责如下。

1）协助发包人评审投标文件，提出决策建议，并协助发包人与中标者商签承包合同。

2）按照合同要求，全面负责对园林工程的监督、管理和检查，协调现场各承包商之间的关系，负责对合同文件的解释和说明，处理矛盾，以确保合同的圆满执行。

3）审查承包商入场后的施工组织设计、施工方案和施工进度实施计划以及园林工程各阶段或各分部园林工程的进度实施计划，并监督实施，督促承包商按期或提前完成园林工程，进行进度控制。按照合同条件主动处理工期延长问题或接受承包商的申请处理有关工期延长问题。审批承包商报送的各分部园林工程的施工方案、特殊技术措施和安全措施。必要时发出暂停施工命令和复工命令并处理由此而引起的问题。

4）帮助承包商正确理解设计意图，负责有关园林工程图纸的解释、变更和说明，发出图纸变更命令，提供新的补充的图纸，在现场解决园林施工期间出现的设计问题。负责提供原始基准点、基准线和参考标高，审核检查并批准承包商的测量放样结果。

5）监督承包商认真贯彻执行合同中的技术规范、施工要求和图纸上的规定，以确保园林工程质量满足合同要求。制定各类对承包商进行施工质量检查的补充规定，或审查、修改和批准由承包商提交的质量检查要求和规定。及时检查园林工程质量，特别是基础园林工程和隐蔽园林工程。指定试验单位或批准承包商申报的试验单位，检查批准承包商的各项实验室及现场试验成果。及时签发现场或其他有关试验的验收合格证书。

6）严格检查材料、设备质量，批准、检查承包商的订货（包括厂家、货物样品、规格等），指定或批准材料检验单位，抽查或检查进场材料和设备（包括配件、半成品的数量和质量等）。

7）进行投资控制。负责审核承包商提交的每月完成的工程量及相应的月结算财务报表，处理价格调整中有关问题，并签署当月支付款数额，及时报发包人审核支付。

8）协助发包人处理好索赔问题。当承包商违约时，代表发包人向承包商索赔，同时处理承包商提出的各类索赔。索赔问题均应与发包人和承包商协商后，决定处理意见。如果发包人或承包商中的任一方对监理工程师的决定不满意，可以提交仲裁。

9）人员考核。承包商派去工地管理工程的项目经理，必须经监理工程师批准。监理工程师有权考查承包商进场人员的素质，包括技术水平、工作能力、工作态度等，可以随时要求撤换不称职的项目经理和不服从管理的工人。

10）审批承包商要求将有关设备、施工机械、材料等物品进、出海关的报告，并及时向发包人发出要求办理海关手续的公函，督促发包人及时向海关发出有关公函。

11）监理工程师应自己记录施工日记及保存一份质量检查记录，以作为每月结算及日后查核时用。监理工程师并应根据积累的园林工程资料，整理工程档案（如监理合同有该项要求时）。

12）在园林工程快结束时，核实最终工程量，以便进行园林工程的最终支付。参加竣工验收或受发包人委托负责组织并参加竣工验收。

13）签发合同条款中规定的各类证书与报表。

14）定期向发包人提供园林工程情况报告，并根据工地发生的实际情况及时向发包人呈报园林工程变更报告，以便发包人签发变更命令。

15）协助调解发包人和承包商之间的各种矛盾。当承包商或发包人违约时，按合同条款的规定，处理各类有关问题。

16）处理施工中的各种意外事件（如不可预见的自然灾害等）引起的问题。

（3）承包商的职责和义务

1）按合同工作范围、技术规范、图纸要求及进场后呈交并经监理工程师批准的施工进度实施计划，负责组织现场施工，每月（或周）的施工进度计划也须事先报监理工程师批准。

2）每周在监理工程师召开的会议上汇报工程进展情况及存在问题，提出解决问题的办法，经监理工程师批准执行。

3）负责施工放样及测量。所有测量原始数据、图纸均须经监理工程师检查并签字批准，但承包商应对测量数据和图纸的正确性负责。

4）负责按园林工程进度及工艺要求进行各项有关现场及实验室试验。所有试验成果均须报监理工程师审核批准，但承包商应对试验成果的正确性负责。

5）根据监理工程师的要求，每月报送进、出场机械设备的数量和型号，报送材料进场量和耗用量以及报送进、出场人员数。

6）制定施工安全措施，经监理工程师批准后实施，但承包商应对工地的安全负责。

7）制定各种有效措施，保证园林工程质量，并且在需要时，根据监理工程师的指示，提出有关质量检查办法的建议，经监理工程师批准后执行。

8）负责园林施工机械的维护、保养和检修，以保证园林工程施工正常进行。

9）按照合同要求负责设备的采购、运输、检查、安装、调试及试运行。

10）按照监理工程师的指示，对施工的有关工序，填写详细的施工报表，并及时要求监理工程师审核确认。

11）根据合同规定或监理工程师的要求，进行部分永久工程的设计或绘制施工详图，报监理工程师批准后实施，但承包商应对所设计的永久工程负责。

12）在订购材料之前，需根据监理工程师的要求，或将材料样品送监理工程师审核，或将材料送监理工程师指定的试验室进行试验，试验成果报请监理工程师审核批准。对进场材料要随时抽样检验材料质量。

另外，需要注意的是关于承包商的强制性义务，通常包括以下几个方面。

1）执行监理工程师的指令。

2）接受园林工程变更要求。由于各种不可预见因素的存在，园林工程变更现象不可难免，因而要求承包商接受一定范围的园林工程变更要求。但根据合同变更的定义，变更是当事人双方协商一致的结果，所以因客观条件的制约园林工程不得不变更时，发包方必须与承包商协商，并达成一致意见。

3）严格执行合同中有关期限的规定。首先是合同工期，承包商一旦接到监理工程师发出的开工令，就得立即开工，否则将导致违约而蒙受损失。其次是在履行合同过程中，承包商只在合同规定的有效期限内提出的要求才被接受。若迟于合同规定的相应期限，不管其要求是否合理，发包人完全有权不予接受。

4）承包商必须信守价格义务。园林工程承包合同是缔约双方行为的依据，价格则是合同的实质性因素。合同一经缔结便不得更改（只能签订附加条款予以补充、修改和完善），因此，价格自然也就不能更改了。对于承包商，价格不能更改的含义是其在正常条件下，包括施工过程中碰到正常困难的情况下不得要求补偿。例外的情况一般只能是以下几种。

① 增加园林工程，包括发包人要求的或不可预见的园林工程。

② 因修改设计而导致园林工程变更或改变施工条件。

③ 由于发包人的行为或错误而导致园林工程变更。

④ 发生不可抗力事件。

⑤ 发生导致经济条件混乱的不可预见事件。

2. 履行园林工程施工合同应遵守的规定

园林施工项目合同履行的主体是项目经理和项目经理部。项目经理部必须从施工项目的施工准备、施工、竣工至维修期结束的全过程中，认真履行施工合同，实行动态管理，跟踪收集、整理、分析合同履行中的信息，合理、及时地进行调整。还应对合同履行进行预测，及早提出和解决影响合同履行的问题，以避免或减少风险。

（1）项目经理部履行施工合同应遵守的规定

1）必须遵守《合同法》、《建筑法》规定的各项合同履行原则和规则。

2）在行使权利、履行义务时应当遵循诚实信用原则和坚持全面履行的原则。全面履行包括实际履行（标的的履行）和适当履行（按照合同约定的品种、数量、质量、价款或报酬等的履行）。

3）项目经理由企业授权负责组织施工合同的履行，并依据《合同法》的规定，与发包人或监理工程师打交道，进行合同的变更、索赔、转让和终止等工作。

4）如果发生不可抗力致使合同不能履行或不能完全履行时，应及时向企业报告，并在委托权限内依法及时进行处置。

5）遵守合同对约定不明条款、价格发生变化的履行规则，以及合同履行担保规则和抗辩权、代位权、撤销权的规则。

6）承包人按专用条款的约定分包所承担的部分工程，并与分包单位签订分包合同。非经发包人同意，承包人不得将承包工程的任何部分分包。

7）承包人不得将其承包的全部工程倒手转给他人承包，也不得将全部工程以分包的名义分别转包给他人，这是违法行为。园林工程转包是指：承包人不行使承包人的管理职能，不承担技术经济责任，将其承包的全部工程或将其分解以后以分包的名义分别转包给他人；或将园林工程的主要部分或群体工程的半数以上的单位工程倒手转给其他施工单位；以及分包人将承包的工程再次分包给其他施工单位，从中提取回扣的行为。

（2）项目经理部履行施工合同应做的工作

1）应在施工合同履行前，针对园林工程的承包范围、质量标准和工期要求，承包人的义务和权利，工程款的结算、支付方式与条件，合同变更、不可抗力影响、物价上涨、工程中止、第三方损害等问题产生时的处理原则和责任承担，争议的解决方法等重要问题进行合同分析，对合同内容、风险、重点或关键性问题做出特别说明和提示，向各职能部门人员交底，落实根据园林工程施工合同确定的目标，依据园林工程施工合同指导工程实施和项目管理工作。

2）组织施工力量；签订分包合同；研究熟悉设计图纸及有关文件资料；多方筹集足够的流动资金；编制施工组织设计、进度计划、工程结算付款计划等，做好施工准备，按时进入现场，按期开工。

3）制定科学的周密的材料、设备采购计划，采购符合质量标准的价格低廉的材料、设备，按施工进度计划，及时进入现场，搞好供应和管理工作，保证顺利施工。

4）按设计图纸、技术规范和规程组织施工；做好施工记录，按时报送各类报表；进行各种有关的现场或实验室抽检测试，保存好原始资料；制定各种有效措施，采取先进的管理方法，全面保证施工质量达到合同要求。

5）按期竣工，试运行，通过质量检验，交付发包人，收回工程价款。

6）按合同规定，做好责任期内的维修、保修和质量回访工作。对属于承包方责任的园林工程质量问题，应负责无偿修理。

7）履行合同中关于接受监理工程师监督的规定，如有关计划、建议必须经监理工程师审核批准后方可实施；有些工序必须监理工程师监督执行，所做记录或报表要得到其签字确认；根据监理工程师要求报送各类报表、办理各类手续；执行监理工程师的指令，接受一定范围内的工程变更要求等。承包商在履行合同中还要自觉地接受公证机关、银行的监督。

8）项目经理部在履行合同期间，应注意收集、记录对方当事人违约事实的证据，即对发包方或发包人履行合同进行监督，作为索赔的依据。

3. 分包合同签订与履行

（1）关于园林工程转包与分包

1）关于园林工程转包。园林工程转包，是指不行使承包者管理职能，不承担技术经济责任，将所承包的工程倒手转给他人承包的行为。下列行为均属转包。

① 建筑施工企业将承包的园林工程全部包给其他施工单位，从中提取回扣者。

② 总包单位将园林工程的主要部分或群体工程（指结构技术要求相同的）中半数以上的单位工程包给其他施工单位者。

③ 分包单位将承包的园林工程再次分包给其他施工单位者。

我国是禁止转包园林工程的。《建筑法》明确规定："禁止承包单位将其承包的全部建筑工程转包给他人，禁止承包单位将其承包的全部工程分解以后以分包的名义分别转包给他人。"

2）关于园林工程分包。园林工程分包，是指经合同约定或发包单位认可，从园林工程总包单位承包的园林工程中承包部分园林工程的行为。承包单位将部分园林工程分包出去，这是允许的。《建筑安装工程承包合同条例》规定："承包单位可将承包的工程，部分分包给其他分包单位，签订分包合同。"

（2）分包合同的签订。总包单位必须自行完成建设项目（或单项、单位工程）的主要部分，其非主要部分或专业性较强的园林工程可分包给营业条件符合该工程技术要求的建筑安装单位。结构和技术要求相同的群体园林工程，总包单位应自行完成半数以上的单位工程。

1）分包合同文件组成及优先顺序

① 分包合同协议书。

② 承包人发出的分包中标书。

③ 分包人的报价书。

④ 分包合同条件。

⑤ 标准规范、图纸、列有标价的工程量清单。

⑥ 报价单或施工图预算书。

2）总包单位的责任

① 编制施工组织总设计，全面负责工程进度、园林工程质量、施工技术、安全生产等管理工作。

② 按照合同或协议规定的时间，向分包单位提供建筑材料、构配件、施工机具及运输条件。

③ 统一向发包单位领取园林工程技术文件和施工图纸，按时供给分包单位。属于安装工程和特殊专业工程的技术文件和施工图纸，经发包单位同意，也可委托分包单位直接向发包单位领取。

④ 按合同规定统筹安排分包单位的生产、生活临时设施。

⑤ 参加分包工程技师检查和竣工验收。

⑥ 统一组织分包单位编制园林工程预算、拨款及结算。属于安装工程和特殊专业工程的预决算，经总包单位委托，发包单位同意，分包单位也可直接对发包单位。

3）分包单位的责任

① 保证分包园林工程质量，确保分包园林工程按合同规定的工期完成。

② 按施工组织总设计编制分包园林工程的施工组织设计或施工方案，参加总包单位的综合平衡。

③ 编制分包园林工程的预（决）算，施工进度计划。

④ 及时向总包单位提供分包工程的计划、统计、技术、质量等有关资料。

4）分包合同的履行

① 园林工程分包不能解除承包人任何责任与义务，承包人应在分包现场派驻相应的监督管理人员，保证本合同的履行。履行分包合同时，承包人应就承包项目（其中包括分包项目），向发包人负责，分包人就分包项目向承包人负责。分包人与发包人之间不存在直接的合同关系。

② 分包人应按照分包合同的规定，实施和完成分包园林工程，修补其中的缺陷，提供所需的全部工程监督、劳务、材料、工程设备和其他物品，提供履约担保、进度计划，不得将分包园林工程进行转让或再分包。

③ 承包人应提供总包合同（工程量清单或费率所列承包人的价格细节除外）供分包人查阅。

④ 分包人应当遵守分包合同规定的承包人的工作时间和规定的分包人的设备材料进出场的管理制度。承包人应为分包人提供施工现场及其通道；分包人应允许承包人和监理工程师等在工作时间内合理进入分包工程的现场，并提供方便，做好协助工作。

⑤ 分包人延长竣工时间应根据下列条件：承包人根据总包合同延长总包合同竣工时间，承包人指示延长，承包人违约。分包人必须在延长开始 14 日内将延长情况通知承包人，同时提交一份证明或报告，否则分包人无权获得延期。

⑥ 分包人仅从承包人处接受指示，并执行其指示。如果上述指示从总包合同来分析是监理工程师失误所致，则分包人有权要求承包人补偿由此而导致的费用。

⑦ 分包人应根据下列指示变更、增补或删减分包园林工程：监理工程师根据总包合同做出的指示，再由承包人作为指示通知分包人；承包人的指示。

⑧ 分包工程价款由承包人与分包人结算。发包人未经承包人同意不得以任何名义向分包单位支付各种工程款项。

⑨ 由于分包人的任何违约行为、安全事故或疏忽、过失导致工程损害或给发包人造成损失，承包人承担连带责任。

三、 园林工程施工合同履行的问题处理

1. 发生不可抗力

在订立合同时，应明确不可抗力的范围，双方应承担的责任。在合同履行中加强管理和防范措施。当事人一方因不可抗力不能履行合同时，有义务及时通知对方，以减轻可能给对方造成的损失，并应当在合理期限内提供证明。

不可抗力发生后,承包人应在力所能及的条件下迅速采取措施,尽量减少损失,并在不可抗力事件发生过程中,每隔 7 日向工程师报告一次受害情况;不可抗力事件结束后 48 小时内向工程师通报受害情况和损失情况,及预计清理和修复的费用;14 日内向工程师提交清理和修复费用的正式报告。

因不可抗力事件导致的费用及延误的工期由合同双方承担责任。

(1) 园林工程本身的损害、因园林工程损害导致第三方人员伤亡和财产损失以及运至施工现场用于施工的材料和待安装的设备的损害,由发包人承担。

(2) 发包方承包方人员伤亡由其所在单位负责,并承担相应费用。

(3) 承包人机械设备损坏及停工损失,由承包人承担。

(4) 停工期间,承包人应工程师要求留在施工场地的必要的管理人员及保卫人员的费用由发包人承担。

(5) 园林工程所需清理、修复费用,由发包人承担。

(6) 延误的工期相应顺延。

因合同一方迟延履行合同后发生不可抗力的,不能免除迟延履行方的相应责任。

2. 合同变更

合同变更是指依法对原来合同进行的修改和补充,即在履行合同项目的过程中,由于实施条件或相关因素的变化,而不得不对原合同的某些条款做出修改、订正、删除或补充。合同变更一经成立,原合同中的相应条款就应解除。

(1) 合同变更的起因及影响。合同内容频繁的变更是园林工程合同的特点之一。园林工程合同变更的次数、范围和影响的大小与该工程招标文件(特别是合同条件)的完备性、技术设计的正确性,以及实施方案和实施计划的科学性直接相关。合同变更一般主要有以下几方面的原因。

1) 发包人有新的意图,发包人修改项目总计划,削减预算,发包人要求变化。

2) 由于设计人员、工程师、承包商事先没能很好地理解发包人的意图,或因设计的错误导致的图纸修改。

3) 园林工程环境的变化,预定的工程条件改变原设计、实施方案或实施计划,或由于发包人指令及发包人责任的原因造成承包商施工方案的变更。

4) 由于产生新的技术和知识,有必要改变原设计、实施方案或实施计划,或由于发包人指令、发包人的原因造成承包商施工方案的变更。

5) 政府部门对园林工程新的要求,如国家计划变化、环境保护要求、城市规划变动等。

6) 由于合同实施出现问题,必须调整合同目标,或修改合同条款。

7) 合同双方当事人由于倒闭或其他原因转让合同,造成合同当事人的变化。这通常是比较少的。

合同的变更通常不能免除或改变承包商的合同责任,但对合同实施影响很大,主要表现在如下几方面。

1) 导致设计图纸、成本计划和支付计划、工期计划、施工方案、技术说明和适用的规范等定义园林工程目标和园林工程实施情况的各种文件作相应的修改和变更。当然,相关的其他计划也应作相应调整,如材料采购计划、劳动力安排、机械使用计划等。它不仅引起与承包合同平行的其他合同的变化,而且会引起所属的各个分合同,如供应合同、租赁合同、分包合同的变更。有些重大的变更会打乱整个施工部署。

2）引起合同双方，承包商的园林工程小组之间，总承包商和分包商之间合同责任的变化。如工程量增加，则增加了承包商的工程责任，增加了费用开支和延长了工期。

3）有些园林工程变更还会引起已完工程的返工，现场工程施工的停滞，施工秩序打乱，已购材料的损失等。

（2）合同变更的原则

1）合同双方都必须遵守合同变更程序，依法进行，任何一方都不得单方面擅自更改合同条款。

2）合同变更要经过有关专家（监理工程师、设计工程师、现场工程师等）的科学论证和合同双方的协商。在合同变更具有合理性、可行性，而且由此而引起的进度和费用变化得到确认和落实的情况下方可实行。

3）合同变更的次数应尽量减少，变更的时间也应尽量提前，并在事件发生后的一定时限内提出，以避免或减少给园林工程项目建设带来的影响和损失。

4）合同变更应以监理工程师、发包人和承包商共同签署的合同变更书面指令为准，并以此作为结算工程价款的凭据。紧急情况下，监理工程师的口头通知也可接受，但必须在48小时内，追补合同变更书。承包人对合同变更若有不同意见可在7～10日内书面提出，但发包人决定继续执行的指令，承包商应继续执行。

5）合同变更所造成的损失，除依法可以免除的责任外，如由于设计错误，设计所依据的条件与实际不符，图与说明不一致，施工图有遗漏或错误等，应由责任方负责赔偿。

（3）合同变更范围。

合同变更的范围很广，一般在合同签订后所有工程范围、进度、园林工程质量要求、合同条款内容、合同双方责、权、利关系的变化等都可以被看作为合同变更。最常见的变更有两种，如下。

1）涉及合同条款的变更，合同条件和合同协议书所定义的双方责、权、利关系或一些重大问题的变更。这是狭义的合同变更，以前人们定义合同变更即为这一类。

2）园林工程变更，即园林工程的质量、数量、性质、功能、施工次序和实施方案的变化。

（4）合同变更程序

1）合同变更的提出

①承包商提出合同变更。承包商在提出合同变更时，一般情况是工程遇到不能预见的地质条件或地下障碍。还有些情况是承包商为了节约园林工程成本或加快工程施工进度，提出合同变更。

②发包人提出变更。发包人一般可通过工程师提出合同变更。但如发包人提出的合同变更内容超出合同限定的范围，则属于新增工程，只能另签合同处理，除非承包方同意作为变更。

③工程师提出合同变更。工程师往往根据工地现场的园林工程进展的具体情况，认为确有必要时，可提出合同变更。园林工程承包合同施工中，因设计考虑不周，或施工时环境发生变化，工程师本着节约工程成本和加快工程与保证工程质量的原则，提出合同变更。只要提出的合同变更在原合同规定的范围内，一般是切实可行的。若超出原合同，新增了很多工程内容和项目，则属于不合理的合同变更请求，工程师应和承包商协商后酌情处理。

2）合同变更的批准。由承包商提出的合同变更，应交与工程师审查并批准。由发包人提出的合同变更，为便于园林工程的统一管理，一般由工程师代为发出。而工程师发出合同变更通知的权利，一般由园林工程施工合同明确约定。当然该权利也可约定为发包人所有。

然后，发包人通过书面授权的方式使工程师拥有该权利。如果合同对工程师提出合同变更的权利作了具体限制，而约定其余均应由发包人批准，则工程师就超出其权限范围的合同变更发出指令时，应附上发包人的书面批准文件，否则承包商可拒绝执行。但在紧急情况下，不应限制工程师向承包商发布他认为必要的变更指示。

合同变更审批的一般原则：首先考虑合同变更对园林工程进展是否有利；第二要考虑合同变更可以节约工程成本；第三应考虑合同变更是兼顾发包人、承包商或工程项目之外其他第三方的利益，不能因合同变更而损害任何一方的正当权益；第四必须保证变更项目符合本园林工程的技术标准；最后一种情况为园林工程受阻，如遇到特殊风险、人为阻碍、合同一方当事人违约等不得不变更工程。

3）合同变更指令的发出及执行。为了避免耽误工作，工程师在和承包商就变更价格达成一致意见之前，有必要先行发布变更指示，即分两个阶段发布变更指示：第一阶段是在没有规定价格和费率的情况下直接指示承包商继续工作；第二阶段是在通过进一步的协商之后，发布确定变更工程费率和价格的指示。

合同变更指示的发出有两种形式：书面形式和口头形式。

① 一般情况要求工程师签发书面变更通知令。当工程师书面通知承包商工程变更，承包商才执行变更的园林工程。

② 当工程师发出口头指令要求合同变更时，要求工程师事后一定要补签一份书面的合同变更指示。如果工程师口头指示后忘了补书面指示，承包商（须在 7 日内）以书面形式证实此项指示，交与工程师签字，工程师若在 14 日之内没有提出反对意见，应视为认可。

所有合同变更必须用书面或一定规格写明。对于要取消的任何一项分部工程，合同变更应在该部分工程还未施工之前进行，以免造成人力、物力、财力的浪费，避免造成发包人多支付工程款项。

根据通常的园林工程惯例，除非工程师明显超越合同赋予其的权限，承包商应该无条件的执行其合同变更的指示。如果工程师根据合同约定发布了进行合同变更的书面指令，则不论承包商对此是否有异议，不论合同变更的价款是否已经确定，也不论监理方或发包人答应给予付款的金额是否令承包商满意，承包商都必须无条件地执行此种指令。即使承包商有意见，也只能是一边进行变更工作，一边根据合同规定寻求索赔或仲裁解决。在争议处理期间，承包商有义务继续进行正常的园林工程施工和有争议的变更园林工程施工，否则可能会构成承包商违约。

合同变更的程序示意图如图 6-1 所示。

（5）园林工程变更。在合同变更中，量最大、最频繁的是园林工程变更。它在园林工程索赔中所占的份额也最大。园林工程变更的责任分析是园林工程变更起因与园林工程变更问题处理，即确定赔偿问题的桥梁。园林工程变更中有两大类变更。

1）设计变更。设计变更会引起工程量的增加、减少，新增或删除园林工程分项，园林工程质量和进度的变化，实施方案的变化。一般园林工程施工合同赋予发包人（工程师）这方面的变更权利，可以直接通过下达指令，重新发布图纸或规范实现变更。

2）施工方案变更。施工方案变更的责任分析有时比较复杂。

① 在投标文件中，承包商就在施工组织设计中提出比较完备的施工方案，但施工组织设计不作为合同文件的一部分。对此有如下问题应注意。

a. 施工方案虽不是合同文件，但它也有约束力。发包人向承包商授标就表示对这个方

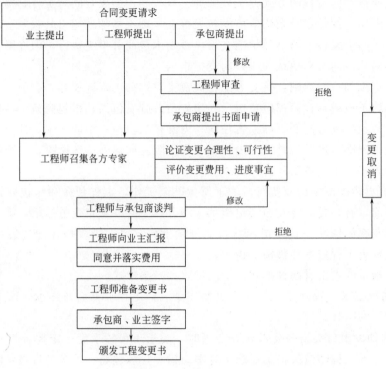

图 6-1　合同变更程序

案的认可。当然在授标前，在澄清会议上，发包人也可以要求承包商对施工方案做出说明，甚至可以要求修改方案，以符合发包人的目标、发包人的配合和供应能力（如图纸、场地、资金等）。此时一般承包商会积极迎合发包人的要求，以争取中标。

b. 施工合同规定，承包商应对所有现场作业和施工方法的完备、安全、稳定负全部责任。这一责任表示在通常情况下由于承包商自身原因（如失误或风险）修改施工方案所造成的损失由承包商负责。

c. 在它作为承包商责任的同时，又隐含着承包商对决定和修改施工方案具有相应的权利，即发包人不能随便干预承包商的施工方案；为了更好地完成合同目标（如缩短工期），或在不影响合同目标的前提下承包商有权采用更为科学和经济合理的施工方案，发包人也不得随便干预。当然承包商承担重新选择施工方案的风险和机会收益。

d. 在园林工程中承包商采用或修改实施方案都要经过工程师的批准或同意。

② 重大的设计变更常常会导致施工方案的变更。如果设计变更由发包人承担责任，则相应的施工方案的变更也由发包人负责；反之，则由承包商负责。

③ 对不利的异常的地质条件所引起的施工方案的变更，一般作为发包人的责任。一方面这是一个有经验的承包商无法预料现场气候条件除外的障碍或条件，另一方面发包人负责地质勘察和提供地质报告，则他应对报告的正确性和完备性承担责任。

④ 施工进度的变更。施工进度的变更是十分频繁的。在招标文件中，发包人给出园林工程的总工期目标；承包商在投标书中有一个总进度计划（一般以横道图形式表示）；中标后承包商还要提出详细的进度计划，由工程师批准（或同意）；在园林工程开工后，每月都可能有进度的调整。通常只要工程师（或发包人）批准（或同意）承包商的进度计划（或调整后的进度计划），则新进度计划就成为有约束力的。如果发包人不能按照新进度计划完成

按合同应由发包人完成的责任，如及时提供图纸、施工场地、水电等，则属发包人的违约，应承担责任。

（6）园林工程变更的管理

1）注意对园林工程变更条款的合同分析。对园林工程变更条款的合同分析应特别注意：园林工程变更不能超过合同规定的园林工程范围，如果超过这个范围，承包商有权不执行变更或坚持先商定价格后再进行变更。发包人和工程师的认可权必须限制。发包人常常通过工程师对材料的认可权提高材料的质量标准，对设计的认可权提高设计质量标准，对施工工艺的认可权提高施工质量标准。如果合同条文规定比较含糊或设计不详细，则容易产生争执。但是，如果这种认可权超过合同明确规定的范围和标准，承包商应争取发包人或工程师的书面确认，进而提出工期和费用索赔。

此外，与发包人、与总（分）包之间的任何书面信件、报告、指令等都应经合同管理人员进行技术和法律方面的审查，这样才能保证任何变更都在控制中，不会出现合同问题。

2）促使工程师提前作出工程变更。在实际工作中，变更决策时间过长和变更程序太慢会造成很大的损失。常有两种现象：一种现象是施工停止，承包商等待变更指令或变更会谈决议；另一种现象是变更指令不能迅速作出，而现场继续施工，造成更大的返工损失。这就要求变更程序尽量快捷，故即使仅从自身出发，承包商也应尽早发现可能导致园林工程变更的种种迹象，尽可能促使工程师提前做出园林工程变更。

施工中发现图纸错误或其他问题，需进行变更。首先应通知工程师，经工程师同意或通过变更程序再进行变更。否则，承包商可能不仅得不到应有的补偿，而且会带来麻烦。

3）对工程师发出的园林工程变更应进行识别。园林工程变更不能免去承包商的合同责任。对已收到的变更指令，特别对重大的变更指令或在图纸上作出的修改意见，应予以核实。对超出工程师权限范围的变更，应要求工程师出具发包人的书面批准文件。对涉及双方责权利关系的重大变更，必须有发包人的书面指令、认可或双方签署的变更协议。

4）迅速、全面落实变更指令。变更指令做出后，承包商应迅速、全面、系统地落实变更指令。承包商应全面修改相关的各种文件，例如有关图纸、规范、施工计划、采购计划等，使它们一直反映和包容最新的变更。承包商应在相关的各园林工程小组和分包商的工作中落实变更指令，并提出相应的措施，对新出现的问题作解释和对策，同时又要协调好各方面工作。

5）分析园林工程变更的影响。园林工程变更是索赔机会，应在合同规定的索赔有效期内完成对它的索赔处理。在合同变更过程中就应记录、收集、整理所涉及的各种文件，如图纸、各种计划、技术说明、规范和发包人或工程师的变更指令，以作为进一步分析的依据和索赔的证据。

在园林工程变更中，特别应注意因变更造成返工、停工、窝工、修改计划等引起的损失，注意这方面证据的收集。在变更谈判中应对此进行商谈，保留索赔权。在实际园林工程中，人们常常会忽视这些损失证据的收集，而最后提出索赔报告时往往因举证和验证困难而被对方否决。

3. 合同的解除

合同解除是在合同依法成立之后的合同规定的有效期内，合同当事人的一方有充足的理由，提出终止合同的要求，并同时出具包括终止合同理由和具体内容的申请。合同双方经过协商，就提前终止合同达成书面协议，宣布解除双方由合同确定的经济承包关系。

合同解除的理由主要有以下几个方面。

（1）施工合同当事双方协商，一致同意解除合同关系。

（2）因为不可抗力或者是非合同当事人的原因，造成园林工程停建或缓建，致使合同无法履行。

（3）由于当事人一方违约致使合同无法履行。违约的主要表现如下。

1）发包人不按合同约定支付工程款（进度款），双方又未达成延期付款协议，导致施工无法进行，承包人停止施工超过56日，发包人仍不支付工程款（进度款），承包人有权解除合同。

2）承包人发生将其承包的全部工程将其分解以后以分包的名义分别转包给他人；或将园林工程的主要部分、或群体工程的半数以上的单位工程倒手转包给其他施工单位等转包。

3）合同当事人一方的其他违约行为致使合同无法履行，合同双方可以解除合同。

当合同当事一方主张解除合同时，应向对方发出解除合同的书面通知，并在发出通知前7日告知对方。通知到达对方时合同解除。对解除合同有异议时，按照解决合同争议程序处理。

合同解除后应做的善后处理如下。

（1）合同解除后，当事人双方约定的结算和清理条款仍然有效。

（2）承包人应当按照发包人要求妥善做好已完工程和已购材料、设备的保护和移交工作，按照发包人要求将自有机械设备和人员撤出施工现场。发包人应为承包人撤出提供必要条件，支付以上所发生的费用，并按合同约定支付已完工程款。

（3）已订货的材料、设备由订货方负责退货或解除订货合同，不能退还的货款和退货、解除订货合同发生的费用，由发包人承担。

4. 违背合同

违背合同又称违约，是指当事人在执行合同的过程中，没有履行合同所规定的义务的行为。项目经理在违约责任的管理方面，首先要管好己方的履约行为，避免承担违约责任。如果发包人违约，应当督促发包人按照约定履行合同，并与之协商违约责任的承担。特别应当注意收集和整理对方违约的证据，以便在必要时以此作为依据、证据来维护自己的合法权益。

（1）违约行为和责任

1）发包人违约

① 发包人不按合同约定支付各项价款，或工程师不能及时给出必要的指令、确认，致使合同无法履行，发包人承担违约责任，赔偿因其违约给承包人造成的直接损失，延误的工期相应顺延。

② 未按合同规定的时间和要求提供材料、场地、设备、资金、技术资料等，除竣工日期得以顺延外，还应赔偿承包方因此而发生的实际损失。

③ 园林工程中途停建、缓建或由于设计变更或设计错误造成的返工，应采取措施弥补或减少损失。同时应赔偿承包方因停工、窝工、返工和倒运、人员、机械设备调迁、材料和构件积压等实际损失。

④ 园林工程未经竣工验收，发包单位提前使用或擅自动用，由此发生的质量问题或其他问题，由发包方自己负责。

⑤ 超过承包合同规定的日期验收，按合同的违约责任条款的规定，应偿付逾期违约金。

2）承包人违约

① 承包园林工程质量不符合合同规定，负责无偿修理和返工。由于修理和返工造成逾期交付的，应偿付逾期违约金。

② 承包园林工程的交工时间不符合合同规定的期限，应按合同中违约责任条款，偿付逾期违约金。

③ 由于承包方的责任，造成发包方提供的材料、设备等丢失或损坏，应承担赔偿责任。

（2）违约责任处理原则

1）承担违约责任应按"严格责任原则"处理，无论合同当事人主观上是否有过错，只要合同当事人有违约事实，特别是有违约行为并造成损失的，就要承担违约责任。

2）在订立合同时，双方应当在专用条款内约定发（承）包人赔偿承（发）包人损失的计算方法或者发（承）包人应当支付违约金的数额和计算方法。

3）当事人一方违约后，另一方可按双方约定的担保条款，要求提供担保的第三方承担相应责任。

4）当事人一方违约后，另一方要求违约方继续履行合同时，违约方承担继续履行合同、采取补救措施或者赔偿损失等责任。

5）当事人一方违约后，对方应当采取适当措施防止损失的扩大，否则不得就扩大的损失要求赔偿。

6）当事人一方因不可抗力不能履行合同时，应对不可抗力的影响部分（或者全部）免除责任，但法律另有规定的除外。当事人延迟履行后发生不可抗力的，不能免除责任。

四、 园林工程施工合同履行中的管理问题

1. 合同管理的内容

（1）接受有关部门对施工合同的管理。从合同管理主体的整体来看，除企业自身外，还包括工商行政管理部门、主管部门和金融机构等相关部门。工商行政管理部门主要是从行政管理的角度，上级主管部门主要是从行业管理的角度，金融部门主要是从资金使用与控制的角度对园林工程施工合同进行管理。在合同履行中，承包商必须主动接受上述部门对园林工程合同履行的监督与管理。

（2）进行认真、严肃、科学、有效的内部合同管理。外因是变化的条件，内因是变化的根据。提高企业的合同管理水平，取得合同管理的实效关键在于企业自己。企业为搞好合同管理必须做好如下工作。

1）充分认识合同管理的重要性。合同界定了项目的大小和承包商的责、权、利，作为承包商，企业的经济效益主要来源于项目效益，因而搞好合同管理是提高企业经济效益的前提。合同属于法律的范畴，合同管理的过程，也就是法制建设的过程，加强合同管理是科学化、法制化、规范化管理的重要基础。只有充分认识到合同管理的重要性，才能有合同管理的自觉性与主动性。

2）根据一定时期企业施工合同的要求制定企业目标及其工作计划。即在一定时期内，以承包合同的内容为线索，根据合同要求制定一定时期企业的工作目标，并在此基础上形成工作计划。也就是说合同管理不能只停留在口头上，而应使其成为指导企业经营管理活动的主线。

3）建立严格的合同管理制度。合同管理必须打破传统的合同管理观念，即不能把其局限于保管与保密的状态之中，而要把合同作为各工作环节的行为准则。为确保合同管理目标的达成，必须建立健全相应的合同管理制度。

4）加强合同执行情况的监督与检查。园林工程施工企业合同管理的任务包括两个方面：

一是对与甲方签订的承包合同的管理，主要目标是落实"实际履行的原则与全面履行的原则"；二是进行企业内部承包合同的管理，其主要目标是确保合同真实、有效、合法，并真正落实与实施。因而应建立完备的监督、检查机制。

5）建立科学的评价标准，确保公平竞争。建立科学的评价标准，是科学评价项目经理及项目经理部工作业绩的基础，是形成激励机制和公平竞争局面的前提，也是确保企业内部承包合同公平、合理的保证。

2. 园林施工合同管理应注意的问题

（1）因为合同是园林工程的核心，所以必须弄清合同中的每一项内容。

（2）考虑问题要灵活，管理工作要做在其他工作的前面。要积累园林施工中一切资料、数据、文件。

（3）园林工程细节文件的记录应包括下列内容：信件，会议记录，业主的规定、指示，更换方案的书面记录及特定的现场情况等。

（4）有效的合同管理能使妨碍双方关系的事件得到很好的解决，这需要我们具有灵活、敏捷的头脑。只有具备这种能力，才有信心排除另一方设置的困难。

（5）应该想办法把弥补园林工程损失的条款写到合同中去，以减少风险。

（6）有效的合同管理是管理而不是控制。合同管理做得好，可以避免双方责任的分歧，是约束双方遵守合同规则的武器。当代合同管理的效果说明：由于现在承包市场竞争日益激烈，合同条款越来越复杂、繁琐，承包商担当的风险也越来越大。如果没有有效的合同管理做保证，那么它将在承包中遭受失败。

第五节　园林工程施工合同的争议处理

一、 园林工程施工合同常见的争议

1. 园林工程进度款支付、 竣工结算及审价争议

尽管合同中已列出了工程量，约定了合同价款，但实际施工中会有很多变化，包括设计变更，现场工程师签发的变更指令，现场条件变化如地质、地形等，以及计量方法等引起的工程数量的增减。这种工程量的变化几乎每天或每月都会发生，而且承包商通常在其每月申请工程进度付款报表中列出，希望得到（额外）付款，但常因与现场监理工程师有不同意见而遭拒绝或者拖延不决。这些实际已完的工程而未获得付款的金额，由于日积月累，在后期可能增大到一个很大的数字，这时发包人更加不愿支付，因而造成更大的分歧和争议。

在整个施工过程中，发包人在按进度支付工程款时往往会根据监理工程师的意见，扣除那些他们未予确认的工程量或存在质量问题的已完园林工程的应付款项，这种未付款项累积起来往往可能形成一笔很大的金额，使承包商感到无法承受而引起争议，而且这类争议在园林工程施工的中后期可能会越来越严重。承包商会认为由于未得到足够的应付工程款而不得不将园林工程进度放慢下来，而发包人则会认为在园林工程进度拖延的情况下更不能多支付给承包商任何款项，这就会形成恶性循环而使争端越演越烈。

更主要的是，大量的发包人在资金尚未落实的情况下就开始园林工程的建设，致使发包人千方百计要求承包商垫资施工，不支付预付款，尽量拖延支付进度款，拖延工程结算及工

程审价进程，导致承包商的权益得不到保障，最终引起争议。

2. 安全损害赔偿争议

安全损害赔偿争议包括相邻关系纠纷引发的损害赔偿，设备安全、施工人员安全、施工导致第三人安全、园林工程本身发生安全事故等方面的争议。其中，园林工程相邻关系纠纷发生的频率已越来越高，其牵涉主体和财产价值也越来越多，已成为城市居民十分关心的问题。《建筑法》第三十九条为建筑施工企业设定了这样的义务："施工现场对毗邻的建筑物、构筑物和特殊作业环境可能造成损害的，建筑施工企业应当采取安全防护措施。"

3. 园林工程价款支付主体争议

施工企业被拖欠巨额工程款已成为整个建设领域中屡见不鲜的"正常事"。往往出现工程的发包人并非工程真正的建设单位或工程的权利人。在该种情况下，发包人通常不具备工程价款的支付能力，施工单位该向谁主张权利，以维护其合法权益会成为争议的焦点。此时，施工企业应理顺关系，寻找突破口，向真正的发包方主张权利，以保证合法权利不受侵害。

4. 园林工程工期拖延争议

园林工程的工期延误，往往是由于错综复杂的原因造成的。在许多合同条件中都约定了竣工逾期违约金。由于工期延误的原因可能是多方面的，要分清各方的责任往往十分困难。我们经常可以看到，发包人要求承包商承担工程竣工逾期的违约责任，而承包商则提出因诸多发包人的原因及不可抗力等工期应相应顺延的理由，有时承包商还就工期的延长要求发包人承担停工、窝工的费用。

5. 合同中止及终止争议

中止合同造成的争议有：承包商因这种中止造成的损失严重而得不到足够的补偿；发包人对承包商提出的就终止合同的补偿费用计算持有异议；承包商因设计错误或发包人拖欠应支付的工程款而造成困难提出中止合同，发包人不承认承包商提出的中止合同的理由，也不同意承包商的责难及其补偿要求等。

除非不可抗拒力外，任何终止合同的争议往往是难以调和的矛盾造成的。终止合同一般都会给某一方或者双方造成严重的损害。如何合理处置终止合同后的双方的权利和义务，往往是这类争议的焦点。终止合同可能有以下几种情况。

（1）属于承包商责任引起的终止合同。

（2）属于发包人责任引起的终止合同。

（3）不属于任何一方责任引起的终止合同。

（4）任何一方由于自身需要而终止合同。

6. 园林工程质量及保修争议

质量方面的争议包括园林工程中所用材料不符合合同约定的技术标准要求，提供的设备性能和规格不符，或者不能生产出合同规定的合格产品，或者是通过性能试验不能达到规定的质量要求，施工和安装有严重缺陷等。这类质量争议在施工过程中主要表现为：工程师或发包人要求拆除和移走不合格材料，或者返工重做，或者修理后予以降价处置。对于设备质量问题，则常见于调试和性能试验后，发包人不同意验收移交，要求更换设备或部件，甚至退货并赔偿经济损失。而承包商则认为缺陷是可以改正的，或者业已改正；对生产设备质量则认为是性能测试方法错误，或者制造产品所投入的原料不合格或者是操作方面的问题等，质量争议往往变成为责任问题争议。

此外，在保修期的缺陷修复问题往往是发包人和承包商争议的焦点，特别是发包人要求承包商修复工程缺陷而承包商拖延修复，或发包人未经通知承包商就自行委托第三方对工程缺陷进行修复。在此情况下，发包人要在预留的保修金扣除相应的修复费用，承包商则主张产生缺陷的原因不在承包商或发包人未履行通知义务，且其修复费用未经其确认而不予同意。

二、 园林工程施工合同争议的解决方式

1. 和解

是指争议的合同当事人，依据有关法律规定或合同约定，以合法、自愿、平等为原则，在互谅互让的基础上，经过谈判和磋商，自愿对争议事项达成协议，从而解决分歧和矛盾的一种方法。和解方式无需第三者介入，简便易行，能及时解决争议，避免当事人经济损失扩大，有利于双方的协作和合同的继续履行。

2. 调解

是指争议的合同当事人，在第三方的主持下，通过其劝说引导，以合法、自愿、平等为原则，在分清是非的基础上，自愿达成协议，以解决合同争议的一种方法。调解有民间调解、仲裁机械调解和法庭调解三种。调解协议书对当事人具有与合同一样的法律约束力。运用调解方式解决争议，双方不伤和气，有利于今后继续履行合同。

3. 仲裁

也称公断，是双方当事人通过协议自愿将争议提交第三者（仲裁机构）做出裁决，并负有履行裁决义务的一种解决争议的方式。仲裁包括国内仲裁和国际仲裁。仲裁须经双方同意并约定具体的仲裁委员会。仲裁可以不公开审理从而保守当事人的商业秘密，节省费用，一般不会影响双方日后的正常交往。

4. 诉讼

是指合同当事人相互间发生争议后，只要不存在有效的仲裁协议，任何一方向有管辖权的法院起诉并在其主持下，为维护自己的合法权益的活动。通过诉讼，当事人的权利可得到法律的严格保护。

5. 其他方式

除了上述四种主要的合同争议解决方式外，在国际工程承包中，又出现了一些新的有效的解决方式，正在被广泛应用。比如 FIDIC《土木工程施工合同条件》（红皮书）中有关"工程师的决定"的规定。当业主和承包商之间发生任何争端，均应首先提交工程师处理。工程师对争端的处理决定，通知双方后，在规定的期限内，双方均未发出仲裁意向通知，则工程师的决定即被视为最后的决定并对双方产生约束力。又比如在 FIDIC《设计-建筑与交钥匙工程合同条件》（橘皮书）中规定业主和承包商之间发生任何争端，应首先以书面形式提交由合同双方共同任命的争端审议委员会（DRB）裁定。争端审议委员会对争端做出决定并通知双方后，在规定的期限内，如果任何一方未将其不满事宜通知对方，则该决定即被视为最终的决定并对双方产生约束力。无论工程师的决定，还是争端审议委员会的决定，都与合同具有同等的约束力。任何一方不执行决定，另一方即可将其不执行决定的行为提交仲裁。这种方式不同于调解，因其决定不是争端双方达成的协议；也不同于仲裁，因工程师和争端审议委员会只能以专家的身份做出决定，不能以仲裁人的身份做出裁决，其决定的效力不同于仲裁裁决的效力。

当承包商与发包人（或分包商）在合同履行的过程中发生争议和纠纷，应根据平等协商的原则先行和解，尽量取得一致意见。若双方和解不成，则可要求有关主管部门调解。双方属于同一部门或行业，可由行业或部门的主管单位负责调解；不属于上述情况的可由工程所在地的建设主管部门负责调解；若调解无效，根据当事人的申请，在受到侵害之日起一年之内，可送交工程所在地工商行政管理部门的经济合同仲裁委员会进行仲裁，超过一年期限者，一般不予受理。仲裁是解决经济合同的一项行政措施，是维护合同法律效力的必要手段。仲裁是依据法律、法令及有关政策，处理合同纠纷，责令责任方赔偿、罚款，直至追究有关单位或人员的行政责任或法律责任。处理合同纠纷也可不经仲裁，而直接向人民法院起诉。

一旦合同争议进入仲裁或诉讼，项目经理应及时向企业领导汇报和请示。因为仲裁和诉讼必须以企业（具有法人资格）的名义进行，由企业做出决策。

在一般情况下，发生争议后，双方都应继续履行合同，保持施工连续，保护好已完工程。只有发生下列情况时，当事人方可停止履行施工合同。

（1）单方违约导致合同确已无法履行，双方协议停止施工。

（2）调解要求停止施工，且为双方接受。

（3）仲裁机关要求停止施工。

（4）法院要求停止施工。

三、 园林工程施工合同争议管理

1. 有理有礼有节， 争取协商调解

施工企业面临着众多争议而且又必须设法解决的困惑，不少企业都参照国际惯例，设置并逐步完善了自己的内部法律机构或部门，专职实施对争议的管理，这是企业进入市场之必需。要注意预防解决"争议找法院打官司"的单一思维，通过诉讼解决争议未必是最有效的方法。由于园林工程施工合同争议情况复杂，专业问题多，有许多争议法律无法明确规定，往往造成主审法官难以判断、无所适从。因此，要深入研究案情和对策，处理争议要有理有礼有节，能采取协商、调解，甚至争议评审方式解决争议的，尽量不要采取诉讼或仲裁方式。因为，通常情况下，园林工程合同纠纷案件要经法院几个月的审理，由于解决困难，法庭只能采取反复调解的方式，以求调解结案。

2. 重视诉讼、 仲裁时效， 及时主张权利

通过仲裁、诉讼的方式解决园林工程合同纠纷的，应当特别注意有关仲裁时效与诉讼时效的法律规定，在法定诉讼时效或仲裁时效内主张权利。

所谓时效制度，是指一定的事实状态经过一定的期间之后即发生一定的法律后果的制度。《民法通则》上所称的时效，可分为取得时效和消灭时效：一定事实状态经过一定的期间之后即取得权利的，为取得时效；一定事实状态经过一定的期间之后即丧失权利的，为消灭时效。

法律确立时效制度的意义在于：首先是为了防止债权债务关系长期处于不稳定状态；其次是为了催促债权人尽快实现债权；再次，可以避免债权债务纠纷因年长日久而难以举证，不便于解决纠纷。

所谓仲裁时效是指当事人在法定申请仲裁的期限内没有将其纠纷提交仲裁机关进行仲裁的，即丧失请求仲裁机关保护其权利的权利。在明文约定合同纠纷由仲裁机关仲裁的情况下，若合同当事人在法定提出仲裁申请的期限内没有依法申请仲裁的，则该权利人的民事权利不受法律保护，债务人可依法免于履行债务。

所谓诉讼时效，是指权利人在法定提起诉讼的期限内如不主张其权利，即丧失请求法院依诉讼程序强制债务人履行债务的权利。诉讼时效实质上就是消灭时效，诉讼时效期间届满后，债务人依法可免除其应负之义务。换言之，若权利人在诉讼时效期间届满后才主张权利的，则丧失了胜诉权，其权利不受司法保护。

（1）关于仲裁时效期间和诉讼时效期间的计算问题。追索工程款、勘察费、设计费，仲裁时效期间和诉讼时效期间均为两年，从工程竣工之日起计算，双方对付款时间有约定的，从约定的付款期限届满之日起计算。

园林工程因建设单位的原因中途停工的，仲裁时效期间和诉讼时效期间应当从工程停工之日起计算。

园林工程竣工或工程中途停工，施工单位应当积极主张权利。实践中，施工单位提出工程竣工结算报告或对停工工程提出中间工程竣工结算报告，是施工单位主张权利的基本方式，可引起诉讼时效的中断。

追索材料款、劳务款，仲裁时效期间和诉讼时效期间为两年，从双方约定的付款期限届满之日起计算；没有约定期限的，从购方验收之日起计算，或从劳务工作完成之日起计算。

出售质量不合格的商品未声明的，仲裁时效期间和诉讼时效期间均为一年，从商品售出之日起计算。

（2）适用时效规定，及时主张自身权利的具体做法。根据《民法通则》的规定，诉讼时效因提起诉讼、债权人提出要求或债务人同意履行债务而中断。从中断时起，诉讼时效期间重新计算。因此，对于债权，具备申请仲裁或提起诉讼条件的，应在诉讼时效的期限内提请仲裁或提起诉讼。尚不具备条件的，应设法引起诉讼时效中断，具体办法如下。

1）园林工程竣工后或工程中间停工的，应尽早向建设单位或监理单位提出结算报告；对于其他债权，也应以书面形式主张债权；对于履行债务的请求，应争取到对方有关工作人员签名、盖章，并签署日期。

2）债务人不予接洽或拒绝签字盖章的，应及时将要求该单位履行债务的书面文件制作一式数份，自存至少一份备查后，将该文件以电报的形式或其他妥善的方式，即将请求履行债务的要求通知对方。

（3）主张债权已超过诉讼时效期间的补救办法。债权人主张债权超过诉讼时效期间的，除非债务人自愿履行，否则债权人依法不能通过仲裁或诉讼的途径使其履行。在这种情况下，应设法与债务人协商，并争取达成履行债务的协议。只要签订该协议，债权人仍可通过仲裁或诉讼途径使债务人履行债务。

3. 全面收集证据，确保客观充分

收集证据是一项十分重要的准备工作，根据法律规定和司法实践，收集证据应当遵守如下要求。

（1）为了及时发现和收集到充分、确凿的证据，在收集证据以前应当认真研究已有材料，分析案情，并在此基础上制定收集证据的计划、确定收集证据的方向、调查的范围和对象、应当采取的步骤和方法，同时还应考虑到可能遇到的问题和困难，以及解决问题和克服困难的办法等。

（2）收集证据的程序和方式必须符合法律规定。凡是收集证据的程序和方式违反法律规定的，如以贿赂的方式使证人作证的，或不经过被调查人同意擅自进行录音的等，所收集到的材料一律不能作为证据来使用。

（3）收集证据必须客观、全面。收集证据必须尊重客观事实，按照证据的本来面目进行收集，不能弄虚作假、断章取义、制造假证据。全面收集证据就是要收集能够收集到的、能够证明案件真实情况的全部证据，不能只收集对自己有利的证据。

（4）收集证据必须深入、细致。实践证明，只有深入、细致地收集证据，才能把握案件的真实情况。因此，收集证据必须杜绝粗枝大叶、马虎行事、不求甚解的做法。

（5）收集证据必须积极主动、迅速。证据虽然是客观存在的事实，但可能由于外部环境或外部条件的变化而变化，如果不及时予以收集，就有可能灭失。

4. 摸清财务状况，做好财产保全

（1）调查债务人的财产状况。对园林工程承包合同的当事人而言，提起诉讼的目的，大多数情况下是为了实现金钱债权，因此，必须在申请仲裁或者提起诉讼前调查债务人的财产状况，为申请财产保全做好充分准备。根据司法实践，调查债务人的财产范围应包括以下几项。

1）固定资产，如房地产、机器设备等，尽可能查明其数量、质量、价值，是否抵押等具体情况。

2）开户行、账号、流动资金的数额等情况。

3）有价证券的种类、数额等情况。

4）债权情况，包括债权的种类、数额、到期日等。

5）对外投资情况（如与他人合股、合伙创办经济实体），应了解其股权种类、数额等。

6）债务情况。债务人是否对他人尚有债务未予清偿，以及债务数额、清偿期限的长短等，都会影响到债权人实现债权的可能性。

7）此外，如果债务人是企业的，还应调查其注册资金与实际投入资金的具体情况，两者之间是否存在差额，以便确定是否请求该企业的开办人对该企业的债务在一定范围内承担清偿责任。

（2）做好财产保全。《民事诉讼法》第92条中规定："人民法院对于可能因当事人一方的行为或者其他原因，使判决不能执行或者难以执行的案件，可以根据对方当事人的申请，作出财产保全的裁定；当事人没有提出申请的，人民法院在必要时也可以裁定采取财产保全措施。"第93条中同时规定："利害关系人因情况紧急，不立即申请财产保全将会使其合法权益受到难以弥补的损害的，可以在起诉前向人民法院申请采取财产保全措施。"应当注意，申请财产保全，一般应当向人民法院提供担保，且起诉前申请财产保全的，必须提供担保。担保应当以金钱、实物或者人民法院同意的担保等形式实现，所提供的担保的数额应相当于请求保全的数额。

因此，申请财产保全的应当先作准备，了解保全财产的情况后，缜密做好以上各项工作后，即可申请仲裁或提起诉讼。

5. 聘请专业律师，尽早介入争议处理

施工单位不论是否有自己的法律机构，当遇到案情复杂难以准确判断的争议，应当尽早聘请专业律师，避免走弯路。目前，不少施工单位的经理抱怨，官司打赢了，得到的却是一纸空文，判决无法执行，这往往和起诉时未确定真正的被告和未事先调查执行财产并及时采取诉讼保全有关。施工合同争议的解决不仅取决于对行业情况的熟悉，很大程度上取决于诉讼技巧和正确的策略，而这些都是专业律师的专长。

• 第七章 •

园林工程施工索赔

园林工程索赔是园林工程承包商保护自身正当权益、补偿工程损失、提高经济效益的重要和有效手段。许多工程项目，通过成功的索赔能使工程收入的改善达到工程造价的 10%～20%，有些工程的索赔额甚至超过了工程合同金额本身。"中标靠低标，盈利靠索赔"便是许多国际承包商的经验总结。指望通过招投标获得一个优惠的高价合同是不现实的，通过勤于索赔、精于索赔的造价履约管理，从而获得相对高的结算造价则是完全可能实现的。因此，必须切实把索赔作为合同造价履约管理最重要的工作，从某种意义上说以造价为中心，就是以索赔为中心，造价管理就是索赔管理。尤其是签订合同，难以确定合同造价的，履约过程中的中间预、决算和变更、增加款项，都只能通过扎实的、有效的索赔才能实现。

第一节　园林工程施工索赔概述

一、园林工程施工索赔的定义与特点

索赔是当事人在合同实施过程中，根据法律、合同规定及惯例，对不应由自己承担责任的情况造成的损失，向合同的另一方当事人提出给予赔偿或补偿要求的行为。

园林工程索赔通常是指在园林工程合同履行过程中，合同当事人一方因非自身因素或对方不履行或未能正确履行合同而受到经济损失或权利损害时，通过一定的合法程序向对方提出经济或时间补偿的要求。索赔是一种正当的权利要求，它是发包方、监理工程师和承包方之间一项正常的、大量发生而且普遍存在的合同管理业务，是一种以法律和合同为依据的、合情合理的行为。园林工程索赔包括狭义的园林工程索赔和广义的园林工程索赔。

狭义的园林工程索赔，是指人们通常所说的园林工程索赔或园林施工索赔。园林工程索赔是指园林工程承包商在由于发包人的原因或发生承包商和发包人不可控制的因素而遭受损失时，向发包人提出的补偿要求。这种补偿包括补偿损失费用和延长工期。

广义的园林工程索赔，是指园林工程承包商由于合同对方的原因或合同双方不可控制的原因而遭受损失时，向对方提出的补偿要求。这种补偿可以是损失费用索赔，也可以是索赔实物。它不仅包括承包商向发包人提出的索赔，而且还包括承包商向保险公司、供货商、运输商、分包商等提出的索赔。

从索赔的基本含义可以看出园林工程施工索赔具有以下基本特征。

(1) 园林工程施工索赔是双向的，不仅承包人可以向发包人索赔，发包人同样也可以向承包人索赔。由于实践中发包人向承包人索赔发生的频率相对较低，而且在索赔处理中，发包人始终处于主动和有利地位，对承包人的违约行为他可以直接从应付工程款中扣抵、扣留保留金或通过履约保函向银行索赔来实现自己的索赔要求。因此在园林工程实践中大量发生的、处理比较困难的是承包人向发包人的索赔，也是园林工程师进行合同管理的重点内容之一。

(2) 只有实际发生了经济损失或权利损害，一方才能向对方索赔。经济损失是指因对方因素造成合同外的额外支出，如人工费、材料费、机械费、管理费等额外开支；权利损害是指虽然没有经济上的损失，但造成了一方权利上的损害，如由于恶劣气候条件对工程进度的不利影响，承包人有权要求工期延长等。因此发生了实际的经济损失或权利损害，应是一方提出索赔的一个基本前提条件。

(3) 园林工程施工索赔是一种未经对方确认的单方行为。它与通常所说的工程签证不同。在施工过程中签证是承发包双方就额外费用补偿或工期延长等达成一致的书面证明材料和补充协议，它可以直接作为工程款结算或最终增减工程造价的依据；而索赔则是单方面行为，对对方尚未形成约束力，这种索赔要求能否得到最终实现，必须要通过确认（如双方协商、谈判、调解或仲裁、诉讼）后才能实现。

因此归纳起来，园林工程施工索赔具有如下一些本质特征。

(1) 索赔是要求给予补偿（赔偿）的一种权利、主张。

(2) 索赔的依据是法律法规、合同文件及工程建设惯例，但主要是合同文件。

(3) 索赔是因非自身原因导致的，要求索赔一方没有过错。

(4) 与合同相比较，已经发生了额外的经济损失或工期损害。

(5) 索赔必须有切实有效的证据。

(6) 索赔是单方行为，双方没有达成协议。

二、 园林工程索赔的原因与分类

1. 园林工程索赔的原因

(1) 园林工程施工延期引起索赔。园林工程施工延期是指由于非承包商的各种原因而造成工程的进度推迟，施工不能按原计划时间进行。大型的土木工程项目在施工过程中，由于工程规模大，技术复杂，受天气、水文地质条件等自然因素影响，又受到来自于社会的政治、经济等人为因素影响，发生施工进度延期是比较常见的。施工延期的原因有时是单一的，有时又是多种因素综合交错形成。施工延期的事件发生后，会给承包商造成两个方面的损失：一项损失是时间上的损失，另一项损失是经济方面的损失。因此，当出现施工延期的索赔事件时，往往在分清责任和损失补偿方面，合同双方易发生争端。常见的园林工程施工延期索赔多由于发包人征地拆迁受阻，未能及时提交施工场地；以及气候条件恶劣，如连降暴雨，使大部分的土方工程无法开展等。

（2）恶劣的现场自然条件引起索赔。这种恶劣的现场自然条件是指一般有经验的承包商事先无法合理预料的，如地下水、未探明的地质断层、溶洞、沉陷等；另外还有地下的实物障碍，如经承包商现场考察无法发现的、发包人资料中未提供的地下人工建筑物、地下自来水管道、公共设施、坑井、隧道、废弃的建筑物混凝土基础等，这都需要承包商花费更多的时间和金钱去克服这些障碍。因此，承包商有权据此向发包人提出索赔要求。

（3）合同变更引起索赔。合同变更的含义是很广泛的，它包括了园林工程设计变更、园林施工方法变更、园林工程量的增加与减少等。对于土木工程项目实施过程来说，变更是客观存在的。只是这种变更必须是指在原合同工程范围内的变更，若属超出工程范围的变更，承包商有权予以拒绝。特别是当工程量变化超出招标时工程量清单的20%以上时，可能会导致承包商的施工现场人员不足，需另雇工人；也可能会导致承包商的施工机械设备失调及工程量的增加，往往要求承包商增加新型号的施工机械设备，或增加机械设备数量等。人工和机械设备的需求增加，则会引起承包商额外的经济支出，扩大了工程成本。反之，若工程项目被取消或工程量大减，又势必会引起承包商原有人工和机械设备的窝工和闲置，造成资源浪费，导致承包商的亏损。因此，在合同变更时，承包商有权提出索赔。

（4）合同矛盾和缺陷引起索赔。合同矛盾和缺陷常出现在合同文件规定不严谨、合同中有遗漏或错误的情况下。这些矛盾常反映为设计与施工规定相矛盾，技术规范和设计图纸不符合或相矛盾，以及一些商务和法律条款规定有缺陷等。在这种情况下，承包商应及时将这些矛盾和缺陷反映给监理工程师，由监理工程师做出解释。若承包商执行监理工程师的解释指令后，造成施工工期延长或工程成本增加，则承包商可提出索赔要求，监理工程师应予以证明，发包人应给予相应的补偿。因为发包人是工程承包合同的起草者，应该对合同中的缺陷负责，除非其中有非常明显的遗漏或缺陷，依据法律或合同可以推定承包商有义务在投标时发现并及时向发包人报告。

（5）参与园林工程建设主体的多元性。由于园林工程参与单位多，一个工程项目往往会有发包人、总包商、监理工程师、分包商、指定分包商、材料设备供应商等众多参加单位，各方面的技术、经济关系错综复杂，相互联系又相互影响，只要一方失误，不仅会造成自己的损失，而且会影响其他合作者，造成他人损失，从而导致索赔和争执。

以上这些问题会随着园林工程的逐步开展而不断暴露出来，使园林工程项目必然受到影响，导致园林工程项目成本和工期的变化，这就是索赔形成的根源。因此，索赔的发生，不仅是一个索赔意识或合同观念的问题，从本质上讲，索赔也是一种客观存在。

现代建筑市场竞争激烈，承包商的利润水平逐步降低，大部分靠低标价甚至保本价中标，回旋余地较小。施工合同在实践中往往承发包双方风险分担不公，把主要风险转嫁于承包商一方，稍遇条件变化，承包商即处于亏损的边缘，这必然迫使承包商寻找一切可能的索赔机会来减轻自己承担的风险。因此索赔实质上是园林工程实施阶段承包商和发包人之间在承担工程风险比例上的合理再分配，这也是目前国内外建筑市场上，施工索赔无论在数量、款额上呈增长趋势的一个重要原因。

2. 园林工程索赔的分类

园林工程索赔从不同的角度、按不同的方法和不同的标准，可以有多种分类的方法，见表 7-1。

表 7-1　索赔的分类

分类标准	索赔类别	说明
按索赔的目的分类	工期索赔	由于非承包人责任的原因而导致施工进程延误,要求批准顺延合同工期的索赔,称为工期索赔。工期索赔形式上是对权利的要求,以避免在原定合同竣工日不能完工时,被发包人追究拖期违约责任。一旦获得批准合同工期顺延后,承包人不仅免除了承担拖期违约赔偿费的严重风险,而且可能提前工期得到奖励,最终仍反映在经济收益上
	费用索赔	费用索赔的目的是要求经济补偿。当施工的客观条件改变导致承包人增加开支,要求对超出计划成本的附加开支给予补偿,以挽回不应由他承担的经济损失
按索赔当事人分类	承包商与发包人间索赔	这类索赔大都是有关工程量计算、变更、工期、质量和价格方面的争议,也有中断或终止合同等其他违约行为的索赔
	承包商与分包商间索赔	其内容与前一种大致相似,但大多数是分包商向总包商索要付款和赔偿及承包商向分包商罚款或扣留支付款等
	承包商与供货商间索赔	其内容多是商贸方面的争议,如货品质量不符合技术要求、数量短缺、交货拖延、运输损坏等
按索赔的原因分类	工程延误索赔	因发包人未按合同要求提供施工条件,如未及时交付设计图纸、施工现场、道路等,或因发包人指令工程暂停或不可抗力事件等原因造成工期拖延的,承包商对此提出索赔
	工程范围变更索赔	工程范围的变更索赔是指发包人和承包商对合同中规定工作理解的不同而引起的索赔。其责任和损失不如延误索赔那么容易确定,如某分项工程所包含的详细工作内容和技术要求,施工要求很难在合同文件中用语言描述清楚,设计图纸也很难对每一个施工细节的要求都说得清清楚楚。另外设计的错误和遗漏,或发包人和设计者主观意志的改变都会向承包商发布变更设计的命令 工程范围的变更索赔很少能独立于其他类型的索赔。如工作范围的变更索赔通常导致延期索赔。如设计变更引起的工作量和技术要求的变化都可能被认为是工作范围的变化,为完成此变更可能增加时间,并影响原计划工作的执行,从而可能导致延期索赔
	施工加速索赔	施工加速索赔经常是延期或工作范围索赔的结果,有时也被称为"赶工索赔"。而加速施工索赔与劳动生产率的降低关系极大,因此又可称为劳动生产率损失索赔 如果发包人要求承包商比合同规定的工期提前,或者因工程前段的承包商的工程拖期,要后一阶段工程的另一位承包商弥补已经损失的工期,使整个工程按期完工。这样,承包商可以因施工加速成本超过原计划的成本而提出索赔,其索赔的费用一般应考虑加班工资,雇用额外劳动力,采用额外设备,改变施工方法,提供额外监督管理人员和由于拥挤、干扰加班引起的疲劳造成的劳动生产率损失等所引起的费用的增加。在国外的许多索赔案例中对劳动生产率损失通常数量很大,但一般不易被发包人接受。这就要求承包商在提交施工加速索赔报告中提供施工加速对劳动生产率的消极影响的证据
	不利现场条件索赔	不利的现场条件是指合同的图纸和技术规范中所描述的条件与实际情况有实质性的不同或虽合同中未作描述,但是一个有经验的承包商无法预料的。一般是地下的水文地质条件,但也包括某些隐藏着的不可知的地面条件 不利现场条件索赔近似于工作范围索赔,然而又不像大多数工作范围索赔。不利现场条件索赔应归咎于确实不易预知的某个事实。如现场的水文、地质条件在设计时全部弄得一清二楚几乎是不可能的,只能根据某些地质钻孔和土样试验资料来分析和判断。要对现场进行彻底全面的调查将会耗费大量的成本和时间,一般发包人不会这样做,承包商在短短投标报价的时间内更不可能做这种现场调查工作。这种不利现场条件的风险由发包人来承担是合理的

分类标准	索赔类别	说明
按索赔处理方式分类	单项索赔	单项索赔是针对某一干扰事件提出的,在影响原合同正常运行的干扰事件发生时或发生后,由合同管理人员立即处理,并在合同规定的索赔有效期内向发包人或监理工程师提交索赔要求和报告。单项索赔通常原因单一、责任单一,分析起来相对容易,由于涉及的金额一般较小,双方容易达成协议,处理起来也比较简单。因此合同双方应尽可能地用此种方式来处理索赔
	综合索赔	综合索赔又称一揽子索赔,一般在工程竣工前和工程移交前,承包商将工程实施过程中因各种原因未能及时解决的单项索赔集中起来进行综合考虑,提出一份综合索赔报告,由合同双方在工程交付前后进行最终谈判,以一揽子方案解决索赔问题。在合同实施过程中,有些单项索赔问题比较复杂,不能立即解决,为不影响工程进度,经双方协商同意后留待以后解决。有的是发包人或监理工程师对索赔采用拖延办法,迟迟不作答复,使索赔谈判旷日持久。还有的是承包商因自身原因,未能及时采用单项索赔方式等,都有可能出现一揽子索赔。由于在一揽子索赔中许多干扰事件交织在一起,影响因素比较复杂而且相互交叉,责任分析和索赔值计算都很困难,索赔涉及的金额往往又很大,双方都不愿或不容易作出让步,使索赔的谈判和处理都很困难。因此综合索赔的成功率比单项索赔要低得多
按索赔的合同依据分类	合同内索赔	此种索赔是以合同条款为依据,在合同中有明文规定的索赔,如工期延误、工程变更、工程师提供的放线数据有误、发包人不按合同规定支付进度款等。这种索赔由于在合同中有明文规定,往往容易成功
	合同外索赔	此种索赔在合同文件中没有明确的叙述,但可以根据合同文件的某些内容合理推断出可以进行此类索赔,而且此索赔并不违反合同文件的其他任何内容。例如在国际工程承包中,当地货币贬值可能给承包商造成损失,对于合同工期较短的,合同条件中可能没有规定如何处理。当由于发包人原因使工期拖延,而又出现汇率大幅度下跌时,承包商可以提出这方面的补偿要求
	道义索赔 （又称额外支付）	道义索赔是指承包商在合同内或合同外都找不到可以索赔的合同依据或法律根据,因而没有提出索赔的条件和理由,但承包商认为自己有要求补偿的道义基础,而对其遭受的损失提出具有优惠性质的补偿要求,即道义索赔。道义索赔的主动权在发包人手中,发包人在下面四种情况下,可能会同意并接受这种索赔:第一,若另找其他承包商,费用会更大;第二,为了树立自己的形象;第三,出于对承包商的同情和信任;第四,谋求与承包商更理解或更长久的合作

三、 园林工程索赔的要求

在承包园林工程中,索赔要求通常有两个。

(1) 合同工期的延长。承包合同中都有工期 (开始期和持续时间) 和工程拖延的罚款条款。

如果工程拖期是由承包商管理不善造成的, 则他必须承担责任, 接受合同规定的处罚。而对外界干扰引起的工期拖延, 承包商可以通过索赔, 取得发包人对合同工期延长的认可, 则在这个范围内可免去对他的合同处罚。

(2) 费用补偿。由于非承包商自身责任造成工程成本增加, 使承包商增加额外费用, 蒙受经济损失, 他可以根据合同规定提出费用赔偿要求。如果该要求得到发包人的认可, 发包人应向他追加支付这笔费用以补偿损失。这样, 实质上承包商通过索赔提高了合同价格, 常常不仅可以弥补损失, 而且能增加工程利润。

四、 园林工程索赔的作用与条件

1. 索赔的作用
索赔与园林工程施工合同同时存在, 它的主要作用如下。

（1）索赔是合同和法律赋予正确履行合同者免受意外损失的权利，索赔是当事人一种保护自己、避免损失、增加利润、提高效益的重要手段。

（2）索赔是落实和调整合同双方经济责、权、利关系的手段，也是合同双方风险分担的又一次合理再分配。离开了索赔，合同责任就不能全面体现，合同双方的责、权、利关系就难以平衡。

（3）索赔是合同实施的保证。索赔是合同法律效力的具体体现，对合同双方形成约束条件，特别能对违约者起到警戒作用，违约方必须考虑违约后的后果，从而尽量减少其违约行为的发生。

（4）索赔对提高企业和园林工程项目管理水平起着重要的促进作用。我国承包商在许多项目上提不出或提不好索赔，与其企业管理松散混乱、计划实施不严、成本控制不力等有着直接关系；没有正确的工程进度网络计划就难以证明延误的发生及天数；没有完整翔实的记录，就缺乏索赔定量要求的基础。

承包商应正确地、辩证地对待索赔问题。在任何工程中，索赔是不可避免的，通过索赔能使损失得到补偿，增加收益。所以承包商要保护自身利益，争取利益最大化，不能不重视索赔问题。

但从根本上说，索赔是由于工程受干扰引起的。这些干扰事件对双方都可能造成损失，影响工程的正常施工，造成混乱和拖延。所以从合同双方整体利益的角度出发，应极力避免干扰事件，避免索赔的产生。而且对一具体的干扰事件，能否取得索赔的成功，能否及时地、如数地获得补偿，是很难预料的，也很难把握。这里有许多风险，所以承包商不能以索赔作为取得利润的基本手段，尤其不应预先寄希望于索赔，例如在投标中有意压低报价，获得工程，指望通过索赔弥补损失，这是非常危险的。

2. 索赔的条件

索赔的根本目的在于保护自身利益，追回损失（报价低也是一种损失），避免亏本，因此是不得已而用之。要取得索赔的成功，索赔要求必须符合三个基本条件。

（1）客观性。确实存在不符合合同或违反合同的干扰事件，它对承包商的工期和成本造成影响。这是事实，有确凿的证据证明。由于合同双方都在进行合同管理，都在对工程施工过程进行监督和跟踪，对索赔事件也都能清楚地了解。所以承包商提出的任何索赔，首先必须是真实的。

（2）合法性。干扰事件非承包商自身责任引起，按照合同条款对方应给予补（赔）偿。索赔要求必须符合本工程承包合同的规定。合同作为工程中的制约协议，由它判定干扰事件的责任由谁承担，承担什么样的责任，应赔偿多少等。所以不同的合同条件，索赔要求就有不同的合法性，就会有不同的解决结果。

（3）合理性。索赔要求合情合理，符合实际情况，真实反映由于干扰事件引起的实际损失，采用合理的计算方法和计算基础。承包商必须证明干扰事件与干扰事件的责任、与施工过程所受到的影响、与承包商所受到的损失、与所提出的索赔要求之间存在着因果关系。

五、 园林工程索赔的意义

（1）加强合同管理。索赔和合同管理有直接联系，合同是索赔的依据。整个索赔处理的过程就是执行合同的过程，所以有人称索赔为合同索赔。

从园林工程项目招投标开始，发包人和承包商就要对合同的索赔条款认真分析。园林工程开工之后，合同管理人员要将每日实施合同的情况与签订合同时分析的结果相对照。如果合同实施受到干扰，就要分析是否有索赔机会，一旦出现索赔机会，承包商就应及时对是否提出索赔做出决定。

（2）重视施工计划管理。园林工程计划管理一般指项目实施方案、进度安排、施工顺序和对所需劳动力、机械、材料的使用安排。在园林工程施工过程中，实际实施情况与原计划进行比较，一旦发生偏离就要分析其原因和责任。如果这种偏离使合同的一方受到损失，损失方就应向责任方提出索赔。为了免受索赔，合同双方都必须重视自己在完成工程计划中的责任，加强对工程计划的管理。所以说索赔是计划管理的动力。

（3）注意工程成本控制。园林工程投标报价的基础是园林工程成本的计算，承包商按合同规定的园林工程类别和工程量，园林工程所处的自然、经济和社会环境及企业内部的技术和经营管理水平，对园林工程的成本作出详细的计算。在合同实施过程中，承包商可以通过对园林工程成本的控制，找出实际成本与报价时计算的预算成本发生差异的原因，如果实际工程成本增加不是承包商自身的原因造成的，就应该寻找索赔机会，及时挽回工程成本的损失。索赔是以赔偿实际损失为原则，故要有切实可靠的工程成本计算依据。这就要求承包商必须建立完整的工程成本核算体系，及时准确地提供园林工程的成本核算资料。

（4）提高文档管理水平。索赔必须要求有充分证据，证据是索赔报告的重要组成部分，证据不足或证据不充分，要取得索赔成功是相当困难的。因园林工程施工工期长，工程涉及的面很广，工程资料多，如果文档管理混乱，资料不及时整理和保存，就会给索赔证据的提供带来很大的困难。因此，承包商应派专人负责工程资料和各种经济活动的资料的收集和整理，要利用计算机管理信息系统，提高文档管理水平。

第二节　园林工程索赔的计算与处理

一、园林工程索赔的计算

1. 园林工程索赔项目分类

对园林工程索赔，首先要提出索赔的事件和索赔的理由，不同的索赔事件和索赔理由所能得到的赔偿是不同的。因此，在进行索赔计算前，首先要对索赔项目按事件和原因分类，然后进行索赔分析，接着研究计算方法。

索赔项目按索赔事件和原因分类是很多的，要将它们一一列举是比较困难的，但是可以将它们进行归类，分别列出索赔的事件类型和索赔的原因类型，并将它们之间的关系用一个矩阵表达，见表7-2。

表7-2　索赔事件类型与索赔原因类型关系矩阵

索赔事件类型	工程延期索赔	工程变更索赔	加速施工索赔	不利施工条件索赔
施工顺序变化	√	×	×	×
设计变更	√	○	○	×
放慢施工速度	○	√	×	√
工程师指令错误或未能及时给出指示	○	×	×	√
图纸或规范错误	○	×	√	√
现场条件不符	√	×	○	×
地下障碍和文物	√	×	×	×

续表

索赔事件类型	工程延期索赔	工程变更索赔	加速施工索赔	不利施工条件索赔
发包人未及时提供占用权	√	×	○	×
发包人不及时付款	√	×	○	×
发包人采购的材料设备问题	√	×	○	×
不利气候条件	√	×	○	√
暂时停工	√	×	○	×
不可抗力	√	×	○	×

注："√"表示有关系，"○"表示可能有关系，"×"表示没有关系。

另外，对索赔费用也进行分类，按照索赔费用与索赔原因的关系，也可用一个矩阵表达，见表7-3。

表 7-3　索赔原因类型与索赔费用类型关系矩阵

索赔费用类型	工程延期索赔	工程变更索赔	加速施工索赔	不利施工条件索赔
增加直接工时	×	√	×	×
生产率损失增加的直接工时	√	○	√	○
增加的劳务费率	√	○	√	○
增加的材料数量	×	√	○	○
增加的材料单价	√	√	○	○
增加的分包商的工作	×	√	×	×
增加的分包商的费用	√	○	○	√
设备出租的费用	○	√	√	√
自有设备使用的费用	√	√	○	○
增加自有设备费率的费用	○	×	○	○
现场的工作管理费(可变)	○	√	○	○
现场的工作管理费(固定)	√	×	×	○
公司管理费(可变)	○	○	○	○
公司管理费(固定)	√	○	×	○
资金成本利息	√	○	○	○
利润	○	√	○	√
机会利润损失	○	○	○	○

注："√"表示有关系，"○"表示可能有关系，"×"表示没有关系。

索赔费用的计算与产生索赔的原因有着密切关系。例如延期索赔，就不能得到增加的直接工时、材料、分包商的工作。这是因为延期索赔是由于发包人或设计者的原因，只是使承包商不能按原计划进行工作，并没有增加额外的工作，所以直接增加的工时、材料、分包商的工作都不能得到索赔。但是因为延期，打乱了承包商原定的施工组织计划，在人力、设备、资金方面必须要重作安排。由于施工时间拖后，可能使施工的环境条件（如天气）发生变化。这样有可能导致劳动生产率降低，劳务价格、材料价格上涨等，在这方面承包商多花的费用都应得到索赔。

在进行索赔计算之前，首先按上面两个表列出的矩阵关系进行分析，可以找出索赔事件和可得到的各类索赔费用的一定联系，从而理清索赔计算的思路。

2. 干扰事件影响分析方法

承包商的索赔要求都表现为一定的具体的索赔值，通常有工期的延长和费用的增加。在索赔报告中必须准确地、客观地估算干扰事件对工期和成本的影响，定量地提出索赔要求，出具详细的索赔值计算文件。计算文件通常是对方反索赔的攻击重点之一，所以索赔值的计算必须详细、周密，计算方法合情合理，各种计算基础数据有根有据。

但是，干扰事件直接影响的是承包商的施工过程。干扰事件造成施工方案、工程施工进度、劳动力、材料、机械的使用和各种费用支出的变化，最终表现为工期的延长和费用的增加。所以干扰事件对承包商施工过程的影响分析，是索赔值计算的前提。只有分析准确、透彻，索赔值计算才能正确、合理。

为了区分各方面的责任，这里的干扰事件必须是非承包商自己责任引起，而且不在合同规定的承包商应承担的风险范围内，符合合同规定的赔偿条件。

（1）分析基础

1）干扰事件的实情。干扰事件的实情，也就是事实根据。承包商可以提出索赔的干扰事件必须符合以下两个条件。

① 该干扰事件确实存在，而且事情的经过有详细的具有法律证明效力的书面证据。不真实、不肯定、没有证据或证据不足的事件是不能提出索赔的。在索赔报告中必须详细地叙述事件的前因后果，并附相应的各种证据。

② 干扰事件非承包商责任。干扰事件的发生不是由承包商引起的，或承包商对此没有责任。对在园林工程中因承包商自己或他的分包商等管理不善、错误决策、施工技术和施工组织失误、能力不足等原因造成的损失，应由承包商自己承担。所以在干扰事件的影响分析中应将双方的责任区分开来。

2）合同背景。合同是索赔的依据，当然也是索赔值计算的依据。合同中对索赔有专门的规定，这首先必须落实在计算中。这主要有：

① 合同价格的调整条件和方法。

② 工程变更的补偿条件和补偿计算方法。

③ 附加工程的价格确定方法。

④ 发包人的合作责任和工期补偿条件等。

（2）分析方法。在实际工程中，干扰事件的原因比较复杂，许多因素，甚至许多干扰事件搅在一起，常常双方都有责任，难以具体分清，在这方面的争执较多。通常可以从对如下三种状态的分析入手，分清各方的责任，分析各干扰事件的实际影响，以准确地计算索赔值。

1）合同状态分析。不考虑任何干扰事件的影响，仅对合同签订的情况作重新分析。

① 合同状态及分析基础。从总体上说，合同状态分析是重新分析合同签订时的合同条件、工程环境、实施方案和价格。其分析基础为招标文件和各种报价文件、包括合同条件、合同规定的工程范围、工程量表、施工图纸、工程说明、规范、总工期、双方认可的施工方案和施工进度计划、合同报价的价格水平等。

在园林工程施工中，由于干扰事件的发生，造成合同状态其他几个方面（合同条件、工程环境、实施方案）的变化，原合同状态被打破。这是干扰事件影响的结果，就应按合同的规定，重新确定合同工期和价格。新的工期和价格必须在合同状态的基础上分析计算。

② 分析的内容和次序。合同状态分析的内容和次序如下。

a. 各分项工程的工程量。

b. 按劳动组合确定人工费单价。

c. 按材料采购价格、运输、关税、损耗等确定材料单价。

d. 确定机械台班单价。

e. 按生产效率和工程量确定总劳动力用量和总人工费。

f. 列各事件表，进行网络计划分析，确定具体的施工进度和工期。

g. 劳动力需求曲线和最高需求量。

h. 工地管理人员安排计划和费用。

i. 材料使用计划和费用。

j. 机械使用计划和费用。

k. 各种附加费用。

l. 各分项工程单价、报价。

m. 工程总报价。

③ 分析的结论。合同状态分析确定的是如果合同条件、工程环境、实施方案等没有变化，则承包商应在合同工期内，按合同规定的要求完成园林工程施工，并得到相应的合同价格。合同状态的计算方法和计算基础是极为重要的，它直接制约着后面所述的两种状态的分析计算。它的计算结果是整个索赔值计算的基础。在实际工作中，人们往往仅以自己的实际生产值、生产效率、工资水平和费用支出作为索赔值的计算基础，以为这即是索赔实际损失原则，这是一种误解。这样做会过高地计算了赔偿值，而使整个索赔报告被对方否定。

2) 可能状态分析。合同状态仅为计划状态或理想状态。在任何工程中，干扰事件都是不可避免的，所以合同状态很难保持。要分析干扰事件对园林施工过程的影响，必须在合同状态的基础上加上干扰事件的分析。为了区分各方面的责任，这里的干扰事件必须为非承包商自己责任引起，而且不在合同规定的承包商应承担的风险范围内，才符合合同规定的赔偿条件。仍然引用上述合同状态的分析方法和分析过程，再一次进行园林工程量核算、网络计划分析，确定这种状态下的劳动力、管理人员、机械设备、材料、工地临时设施和各种附加费用的需要量，最终得到这种状态下的工期和费用。

这种状态实质上仍为一种计划状态，是合同状态在受外界干扰后的可能情况，所以被称为可能状态。

3) 实际状态分析。按照实际的工程量、生产效率、人力安排、价格水平、施工方案和施工进度安排等确定实际的工期和费用。这种分析以承包商的实际工程资料为依据。

比较上述三种状态的分析结果可以看到以下几点。

① 实际状态和合同状态结果之差即为工期的实际延长和成本的实际增加量。这里包括所有因素的影响，如发包人责任的、承包商责任的、其他外界干扰的等。

② 可能状态和合同状态结果之差即为按合同规定承包商真正有理由提出工期和费用赔偿的部分。它直接可以作为工期和费用的索赔值。

③ 实际状态和可能状态结果之差为承包商自身责任造成的损失和合同规定的承包商应承担的风险。它应由承包商自己承担，得不到补偿。

(3) 分析注意事项。上述分析方法从总体上将双方的责任区分开来，同时又体现了合同精神，比较科学和合理。分析时应注意以下事项。

1) 索赔处理方法不同，分析的对象也会有所不同。在日常的单项索赔中仅需分析与该干扰事件相关的分部园林分项工程或单位工程的各种状态；而在一揽子索赔（总索赔）中，必须分析整个园林工程项目的各种状态。

2）三种状态的分析必须采用相同的分析对象、分析方法、分析过程和分析结果表达形式，如相同格式的表格。从而便于分析结果的对比，索赔值的计算，对方对索赔报告的审查分析等。

3）分析要详细，能分出各干扰事件、各费用项目、各园林工程活动，这样使用分项法计算索赔值更方便。

4）在实际园林工程中，不同种类、不同责任人、不同性质的干扰事件常常搅在一起。要准确地计算索赔值，必须将它们的影响区别开来，由合同双方分别承担责任。这常常是很困难的，会带来很大的争执。如果几类干扰事件搅在一起，互相影响，则分析就很困难。这里特别要注意各干扰事件的发生和影响之间的逻辑关系，即先后顺序关系和因果关系。这样干扰事件的影响分析和索赔值的计算才是合理的。

5）如果分析资料多，对于复杂的园林工程或重大的索赔，采用人工处理必然花费许多时间和人力，常常达不到索赔的期限和准确度要求。在这方面引入计算机数据处理方法，将极大地提高工作效率。

3. 园林工程工期索赔计算

（1）园林工程工期索赔的目的。在园林工程施工中，常常会发生一些未能预见的干扰事件使施工不能顺利进行，使预定的施工计划受到干扰，结果造成工期延长。

园林工程工期索赔就是取得发包人对于合理延长工期的合法性的确认。施工过程中，许多原因都可能导致工期拖延，但只有在某些情况下才能进行工期索赔，详见表7-4。

表7-4　园林工程工期拖延与索赔处理

种类	原因责任者	处理
可原谅不补偿延期	责任不在任何一方，如不可抗力、恶性自然灾害	工期索赔
可原谅应补偿延期	发包人违约导致非关键线路上工程延期引起费用损失	费用索赔
	发包人违约导致整个工程延期	工期及费用索赔
不可原谅延期	承包商违约导致整个工程延期	承包商承担违约罚款并承担违约后，发包人要求加快施工或终止合同所引起的一切经济损失

承包商进行园林工程工期索赔的目的通常有以下两个。

1）免去或推卸自己对已经产生的工期延长的合同责任，使自己不支付或尽可能少支付工期延长的违约金。

2）进行因工期延长而造成的费用损失的索赔。对已经产生的工期延长，发包人通常采用以下两种解决办法。

① 不采取加速措施，将合同工期顺延，工程施工仍按原定方案和计划实施。

② 指令承包商采取加速措施，以全部或部分地弥补已经损失的工期。

如果工期拖延责任不由承包商承担，发包人已认可承包商的工期索赔，则承包商还可以提出因采取加速措施而增加的费用的索赔。

（2）园林工程工期延误的分类和识别。在园林工程施工过程中，发生的工期延误，其分类随分类标准的不同而不同，具体见表7-5。

表 7-5　园林工程工期延误的分类和识别

分类标准	工期延误类别	说明
按工程延误 原因分类	因发包人及工 程师原因引起的 延误	由发包人及工程师原因引起的延误一般可分为两种情况：第一种是发包人或工程师自身责任原因引起的延误；第二种是合同变更原因引起的延误。具体包括： （1）发包人拖延交付合格的施工现场。在工程项目前期准备阶段，由于发包人没有及时完成征地、拆迁、安置等方面的有关前期工作，或未能及时取得有关部门批准的施工执照或准建手续等，造成现场交付时间推迟，承包商不能及时进驻现场施工，从而导致工程拖期 （2）发包人拖延交付图纸。发包人未能按合同规定的时间和数量向承包商提供施工图纸，尤其是目前国内较多的边设计、边施工的项目，从而引起工期索赔 （3）发包人或工程师拖延审批图纸、施工方案、计划等 （4）发包人拖延支付预付款或工程款 （5）发包人指定的分包商违约或延误 （6）发包人未能及时提供合同规定的材料或设备 （7）发包人拖延关键线路上工序的验收时间，造成承包商下道工序施工延误 （8）发包人或工程师发布指令延误，或发布的指令打乱了承包商的施工计划 （9）发包人提供的设计数据或工程数据延误 （10）发包人原因暂停施工导致的延误 （11）发包人设计变更或要求修改图纸，导致工程量增加 （12）发包人对工程质量的要求超出原合同的约定 （13）发包人要求增加额外工程 （14）发包人的其他变更指令导致工期延长等
	因承包商原因 引起的延误	由承包商原因引起的延误一般是其内部计划不周、组织协调不力、指挥管理不当等原因引起的，具体如下： （1）施工组织不当，如出现窝工或停工待料现象 （2）质量不符合合同要求而造成的返工 （3）资源配置不足，如劳动力不足，机械设备不足或不配套，技术力量薄弱，管理水平低，缺乏流动资金等造成的延误 （4）开工延误 （5）劳动生产率低 （6）承包商雇佣的分包商或供应商引起的延误等 显然上述延误难以得到发包人的谅解，也不可能得到发包人或工程师给予延长工期的补偿。承包商若想避免或减少工程延误的罚款及由此产生的损失，只有通过加强内部管理或增加投入，或采取加速施工的措施
	不可控制因素 导致的延误	（1）人力不可抗拒的自然灾害导致的延误 （2）特殊风险如战争、叛乱、革命、核装置污染等造成的延误 （3）不利的施工条件或外界障碍引起的延误等

分类标准	工期延误类别	说明
按工程延误的可能结果划分	可索赔延误	可索赔延误是指非承包商原因引起的工程延误,包括发包人或工程师的原因和双方不可控制的因素引起的索赔,并且该延误工序或作业一般应在关键线路上。这类延误属于可索赔延误,承包商可提出补偿要求,发包人应给予相应的合理补偿。根据补偿内容的不同,可索赔延误可进一步分为以下三种情况: (1)只可索赔工期的延误。这类延误是由发包人、承包商双方都不可预料、无法控制的原因造成的延误,如不可抗力、异常恶劣气候条件、特殊社会事件等原因引起的延误。对于这类延误,一般合同规定,发包人只给予承包商延长工期,不给予费用损失的补偿 (2)可索赔工期和费用的延误。这类延误主要是由于发包人或工程师的原因而直接造成工期延误并导致经济损失。一般而言,造成这类延误的活动应在关键线路上。在这种情况下,承包商不仅有权向发包人索赔工期,而且还有权要求发包人补偿因延误而发生的、与延误时间相关的费用损失 (3)只可索赔费用的延误。这类延误是指由于发包人或工程师的原因引起的延误,但发生延误的活动对总工期没有影响,而承包商却由于该项延误负担了额外的费用损失。在这种情况下,承包商不能要求延长工期,但可要求发包人补偿费用损失,前提是承包商必须能证明其受到了损失或发生了额外费用,如因延误造成的人工费增加、材料费增加、劳动生产率降低等 在正常情况下,对于可索赔延误,承包商首先应得到工期延长的补偿。但在工程实践中,由于发包人对工期要求的特殊性,对于即使因发包人原因造成的延误,发包人也不批准任何工期的延长。即发包人愿意承担工期延误的责任,却不希望延长总工期。发包人这种做法实质上是要求承包商加速施工。由于加速施工所采取的各种措施而多支出的费用,就是承包商提出费用补偿的依据
	不可索赔延误	不可索赔延误是指因承包商原因引起的延误,在这种情况下,承包商不应向发包人提出任何索赔,发包人也不会给予工期或费用的补偿。如由于承包商对质量事故引起的工期延误,发包人提供的电器设备延误,但该延误不影响关键线路上的其他作业或工作。相反,如果承包商未能按期竣工,还应支付误期损害赔偿费 注:不可索赔的延误有时也会转化为可索赔的延误。由于非承包商的原因引起的延误不发生在关键工序上,当延误超过该工序的自由时差时,超过部分的延误,则成为可索赔的延误
按延误事件之间的时间关联性划分	单一延误	单一延误是指在某一延误事件从发生到终止的时间间隔内,没有其他延误事件的发生,该延误事件引起的延误称为单一延误
	共同延误	不可索赔延误 可索赔工期的延误　┐ 不可索赔延误 可索赔工期和费用的延误 不可索赔延误 只可索赔费用的延误　├→ 得不到任何补偿 不可索赔延误 可索赔工期的延误 可索赔工期和费用的延误　┘ 可索赔工期的延误 可索赔工期的延误 → 可得一项工期补偿 可索赔工期的延误 可索赔工期和费用的延误 → 可得一项工期和费用补偿 只可索赔费用的延误 可索赔费用的延误 → 可得两项费用补偿 只索赔工期的延误 可索赔工期和费用的延误 → 可得一项工期和两项费用补偿
	交叉延误	当两个或两个以上的延误事件从发生到终止只有部分时间重合时,称为交叉延误。由于工程项目是一个复杂的系统工程,影响因素众多,常常会出现多种原因引起的延误交织在一起,这种交叉延误的补偿分析比较复杂。比较共同延误和交叉延误,不难看出,共同延误是交叉延误的一种特殊情况

续表

分类标准	工期延误类别	说明
按延误发生的时间分布划分	关键线路延误	关键线路延误是指发生在工程网络计划关键线路上的延误。由于在关键线路上全部工序的总持续时间即为总工期,因而任何工序的延误都会造成总工期的推迟。因此,非承包商原因引起的关键线路延误,必定是可索赔延误
	非关键线路延误	非关键线路延误是指在工程网络计划非关键线路上的延误。由于非关键线路上的工序可能存在机动时间,因而当非承包商原因发生非关键线路延误时,会出现两种可能性: (1)延误时间少于该工序的机动时间。在此种情况下,所发生的延误不会导致整个工程的工期延误,因而发包人一般不会给予工期补偿。但若因延误发生额外开支时,承包商可以提出费用补偿要求 (2)延误时间多于该工序的机动时间。此时,非关键线路上的延误会全部或部分转化为关键线路延误,从而成为可索赔延误 整个工程延误的分类如下: 按延误原因划分 → (1)因业主及工程师引起的延误 (2)因承包商原因引起的延误 按延误的可能结果划分 → (1)可索赔延误 (2)不可索赔延误 按索赔事件之间的时间关联性划分 → (1)单一延误 (2)共同延误 (3)交叉延误 按索赔发生的时间分布划分 → (1)关键线路延误 (2)非关键线路延误

(3) 园林工程工期索赔的原则

1) 园林工程工期索赔的一般原则。园林工程工期延误的影响因素,可以归纳为两大类:第一类是合同双方均无过错的原因或因素而引起的延误,主要指不可抗力事件和恶劣气候条件等;第二类是由于发包人或工程师原因造成的延误。

一般来说,根据工程惯例对于第一类原因造成的工程延误,承包商只能要求延长工期,很难或不能要求发包人赔偿损失;而对于第二类原因,如发包人的延误已影响了关键线路上的工作,承包商既可要求延长工期,又可要求相应的费用赔偿;如果发包人的延误仅影响非关键线路上的工作,且延误后的工作仍属非关键线路,而承包商能证明因此(如劳动窝工、机械停滞费用等)引起的损失或额外开支,则承包商不能要求延长工期,但完全有可能要求费用赔偿。

2) 交叉延误的处理原则。交叉延误的处理可能会出现以下几种情况。

① 在初始延误是由承包商原因造成的情况下,随之产生的任何非承包商原因的延误都不会对最初的延误性质产生任何影响,直到承包商的延误缘由和影响已不复存在。因而在该延误时间内,发包人原因引起的延误和双方不可控制因素引起的延误均为不可索赔延误。

② 如果在承包商的初始延误已解除后,发包人原因的延误或双方不可控制因素造成的延误依然在起作用,那么承包商可以对超出部分的时间进行索赔。

③ 反之,如果初始延误是由于发包人或工程师原因引起的,那么其后由承包商造成的延误将不会使发包人逃脱(尽管有时或许可以减轻)其责任。此时承包商将有权获得从发包人的延误开始到延误结束期间的工期延长及相应的合理费用补偿。

④ 如果初始延误是由双方不可控制因素引起的,那么在该延误时间内,承包商只可索

赔工期，而不能索赔费用。

（4）园林工程工期索赔的依据

1）合同规定的总工期计划。

2）合同签订后由承包商提交的并经过工程师同意的详细的进度计划。

3）合同双方共同认可的对工期的修改文件，如认可信、会谈纪要、来往信件等。

4）发包人、工程师和承包商共同商定的月进度计划及其调整计划。

5）受干扰后实际工程进度，如施工日记、工程进度表、进度报告等。

6）承包商在每个月月底以及在干扰事件发生时都应分析对比上述资料，以发现工期拖延以及拖延原因，提出有说服力的索赔要求。

（5）园林工程工期索赔的方法

1）网络分析法。网络分析法通过分析延误发生前后网络计划，对比两种工期计算结果，计算索赔值。

分析的基本思路为：假设园林工程施工一直按原网络计划确定的施工顺序和工期进行。现发生了一个或多个延误，使网络中的某个或某些活动受到影响，如延长持续时间，或活动之间逻辑关系变化，或增加新的活动。将这些活动受影响后的持续时间代入网络中，重新进行网络分析，得到一个新工期。则新工期与原工期之差即为延误对总工期的影响，即为工期索赔值。通常，如果延误在关键线路上，则该延误引起的持续时间的延长即为总工期的延长值。如果该延误在非关键线路上，受影响后仍在非关键线路上，则该延误对工期无影响，故不能提出工期索赔。

这种考虑延误影响后的网络计划又作为新的实施计划，如果有新的延误发生，则在此基础上可进行新一轮分析，提出新的工期索赔。

这样在园林工程实施过程中的进度计划是动态的，会不断地被调整。而延误引起的工期索赔也可以随之同步进行。

网络分析方法是一种科学的、合理的分析方法，适用于各种延误的索赔。但它以采用计算机网络分析技术进行工期计划和控制作为前提条件，因为较复杂的工程，网络活动可能有几百个，甚至几千个，个人分析和计算几乎是不可能的。

2）比例分析法。网络分析法虽然最科学，也是最合理的，但在实际工程中，干扰事件常常仅影响某些单项工程、单位工程或分部分项工程的工期，分析它们对总工期的影响，可以采用更为简单的比例分析法，即以某个技术经济指标作为比较基础，计算出工期索赔值。

① 合同价比例法。对于已知部分工程的延期的时间：

$$工期索赔值 = \frac{受干扰部分工程的合同体价}{原整个工程合同总价} \times 该部分工程受干扰工期拖延时间$$

对于已知增加工程量或额外工程的价格：

$$工期索赔值 = \frac{增加的工程量或额外工程的价格}{原合同总价} \times 原合同总工期$$

【例 7-1】某工程施工中，发包人改变工程基础设计图纸的标准，使该单项工程延期 10 周，该单项工程合同价为 80 万美元，而整个工程合同总价为 400 万美元。则承包商提出工期索赔额可按上述公式计算：

$$工期索赔值 = \frac{80}{400} \times 10 = 2 \ 周$$

② 按单项工程拖期的平均值计算。如有若干单项工程 A_1，A_2，…，A_m，分别拖期 d_1，d_2，…，d_m，求出平均每个单项工程拖期天数 $\overline{D} = \sum\limits_{i=1}^{m} d_i / m$，则工期索赔值为 $T = \overline{D} + \Delta d$，$\Delta d$ 为考虑各单项工程拖期对总工期的不均匀影响而增加的调整量（$\Delta d > 0$）。

【例 7-2】 某工程有 A、B、C、D、E 五个单项工程，合同规定由发包人提供水泥。在实际工程中，发包人没能按合同规定的日期供应水泥，造成停工待料。根据现场工程资料和合同双方的通信等证据证明，由于发包人水泥提供不及时对工程造成如下影响。

① 单项工程 A：$500m^3$ 混凝土基础推迟 21 天。

② 单项工程 B：$850m^3$ 混凝土基础推迟 7 天。

③ 单项工程 C：$225m^3$ 混凝土基础推迟 10 天。

④ 单项工程 D：$480m^3$ 混凝土基础推迟 10 天。

⑤ 单项工程 E：$120m^3$ 混凝土基础推迟 27 天。

承包商在一揽子索赔中，对发包人材料供应不及时造成工期延长提出索赔要求如下：

$$总延长天数 = 21 + 7 + 10 + 10 + 27 = 75 \text{ 天}$$

$$平均延长天数 = 75/5 = 15 \text{ 天}$$

工期索赔值 = 15 + 5 = 20 天（加 5 天是为考虑单项工程的不均匀性对总工期的影响）

比例计算法简单方便，但有时不符合实际情况。比例计算法不适用于变更施工顺序、加速施工、删减工程量等事件的索赔。

4. 园林工程费用索赔计算

费用索赔是指承包商在非自身因素影响下而遭受经济损失时向发包人提出补偿其额外费用损失的要求。因此费用索赔应是承包商根据合同条款的有关规定，向发包人索取的合同价款以外的费用。

园林工程索赔费用不应被视为承包商的意外收入，也不应被视为发包人的不必要开支。实际上，园林工程索赔费用的存在是由于建立合同时还无法确定的某些应由发包人承担的风险因素导致的结果。承包商的投标报价中一般不考虑应由发包人承担的风险对报价的影响。因此一旦这类风险发生并影响承包商的工程成本时，则承包商提出费用索赔是一种正常现象和合情合理的行为。

（1）园林工程费用索赔的原则。园林工程费用索赔是整个施工阶段索赔的重点和最终目标，园林工程工期索赔在很大程度上也是为了费用索赔。因而费用索赔的计算就显得十分重要，必须按照如下原则进行。

1）赔偿实际损失的原则。实际损失包括直接损失（成本的增加和实际费用的超支等）和间接损失（可能获得的利益的减少，比如发包人拖欠工程款，使得承包商失去了利息收入等）。

2）合同原则。通常是指要符合合同规定的索赔条件和范围，符合合同规定的计算方法，以合同报价为计算基础等。

3）符合通常的会计核算原则。通过计划成本或报价与实际工程成本或花费的对比得到索赔费用值。

4）符合工程惯例。费用索赔的计算必须采用符合人们习惯的、合理的、科学的计算方法，能够让发包人、监理工程师、调解人、仲裁人接受。

（2）园林工程费用索赔的特点。费用索赔是园林工程索赔的重要组成部分，是承包商进行索赔的主要目标。

与园林工程工期索赔相比，园林工程费用索赔有以下一些特点。

1）园林工程费用索赔的成功与否及其金额多少事关承包商的盈亏，也影响发包人工程项目的建设成本，因而园林工程费用索赔常常是最困难，也是双方分歧最大的索赔。特别是对于发生亏损或接近亏损的承包商和财务状况不佳的发包人，情况更是如此。

2）园林工程索赔费用的计算比索赔资格或权利的确认更为复杂。索赔费用的计算不仅要依据合同条款与合同规定的计算原则和方法，而且还可能要依据承包商投标时采用的计算基础和方法，以及承包商的历史资料等。索赔费用的计算没有统一、合同双方共同认可的计算方法，因此索赔费用的确定及认可是园林工程费用索赔中一项困难的工作。

3）在园林工程实践中，常常是许多干扰事件交叉在一起，承包商成本的增加或工期延长的发生时间及其原因也常常相互交叉在一起，很难清楚、准确地划分开，尤其对于一揽子综合索赔。对于像生产率降低损失及工程延误引起的承包商利润和总部管理费损失等费用的确定，很难准确计算出来，双方往往有很大的分歧。

（3）园林工程费用索赔的原因。引起园林工程费用索赔的原因是由于合同环境发生变化使承包商遭受了额外的经济损失。归纳起来，园林工程费用索赔产生的常见原因主要有以下几个。

1）发包人违约索赔。

2）工程变更。

3）发包人拖延支付工程款或预付款。

4）工程加速。

5）发包人或工程师责任造成的可补偿费用的延误。

6）工程中断或终止。

7）工程量增加（不含发包人失误）。

8）发包人指定分包商违约。

9）合同缺陷。

10）国家政策及法律、法令变更等。

（4）园林工程索赔费用的构成

1）园林工程可索赔费用的分类

① 按可索赔费用的性质划分。在园林工程实践中，承包商的费用索赔包括损失索赔和额外工作索赔。

a. 损失索赔主要是由于发包人违约或监理工程师指令错误所引起，按照法律原则，对损失索赔，发包人应当给予损失的补偿，包括实际损失和可得利益或叫所失利益。这里的实际损失是指承包商多支出的额外成本。所失利益是指如果发包人或监理工程师不违约，承包商本应取得的，但因发包人等违约而丧失了的利益。

b. 额外工作索赔主要是因合同变更及监理工程师下达变更令引起的。对额外工作的索赔，发包人应以原合同中的合适价格为基础，或以监理工程师确定的合理价格予以付款。

计算损失索赔和额外工作索赔的主要差别在于：损失索赔的费用计算基础是成本，而额外工作索赔的计算基础价格是成本和利润，甚至在该工作可以顺利列入承包商的工作计划，而不会引起总工期延长，事实上承包商并未遭受到利润损失时也可计算利润在索赔款额内。

② 按可索赔费用的构成划分。可索赔费用按项目构成可分为直接费和间接费。其中直接费包括人工费、材料费、机构设备费、分包费，间接费包括现场和公司总部管理费、保险费、利息及保函手续费等项目。可索赔费用计算的基本方法是按上述费用构成项目分别分

析、计算，最后汇总求出总的索赔费用。

按照园林工程惯例，承包商的索赔准备费用、索赔金额在索赔处理期间的利息、仲裁费用、诉讼费用等是不能索赔的，因而不应将这些费用包含在索赔费用中。

2）常见园林工程索赔事件费用构成。对于不同的索赔事件，将会有不同的费用构成内容。索赔方应根据园林工程索赔事件的性质，分析其具体的费用构成内容。表 7-6 中列出了工期延长、发包人指令工程加速、工程中断、工程量增加和附加工程等类型索赔事件的可能费用损失项目的构成及其示例。

表 7-6 园林工程索赔事件的费用项目构成示例

索赔事件	可能的费用损失项目	示例
工期延长	(1)人工费增加 (2)材料费增加 (3)现场施工机械设备停置费 (4)现场管理费增加 (5)因工期延长和通货膨胀使原工程成本增加 (6)相应保险费、保函费用增加 (7)分包商索赔 (8)总部管理费分摊 (9)推迟支付引起的兑换率损失 (10)银行手续费和利息支出	包括工资上涨,现场停工,窝工,生产效率降低,不合理使用劳动力等的损失 因工期延长,材料价格上涨 设备因延期所引起的折旧费、保养费或租赁费等 包括现场管理人员的工资及其附加支出,生产补贴,现场办公设施支出,交通费用等 分包商因延期向承包商提出的费用索赔 因延期造成公司总部管理费增加 工程延期引起支付延迟
发包人指令工程加速	(1)人工费增加 (2)材料费增加 (3)机械使用费增加 (4)因加速增加现场管理人员的费用 (5)总部管理费增加 (6)资金成本增加	因发包人指令工程加速造成增加劳动力投入,不经济地使用劳动力,生产率降低和损失等 不经济地使用材料,材料提前交货的费用补偿,材料运输费增 加增加机械投入,不经济地使用机械 费用增加和支出提前引起负现金流量所支付的利息
工程中断	(1)人工费 (2)机械使用费 (3)保函、保险费、银行手续费 (4)贷款利息 (5)总部管理费 (6)其他额外费用	如留守人员工资,人员的遣返和重新招雇费,对工人的赔偿金等 如设备停置费,额外的进出场费,租赁机械的费用损失等 如停工、复工所产生的额外费用,工地重新整理费用等
工程量增加或附加工程	(1)工程量增加所引起的索赔额,其构成与合同报价组成相似 (2)附加工程的索赔额,其构成与合同报价组成相似	工程量增加小于合同总额的 5%,为合同规定的承包商应承担的风险,不予补偿 工程量增加超过合同规定的范围(如合同额的 15%～20%),承包商可要求调整单价,否则合同单价不变

(5) 园林工程费用索赔计算方法

1) 总费用法

① 基本思路。总费用法的基本思路是把固定总价合同转化为成本加酬金合同，以承包商的额外成本为基点加上管理费和利润等附加费作为索赔值。

② 使用条件。这是一种最简单的计算方法，但通常用得较少，且不容易被对方、调解人和仲裁人认可，因为它的使用有以下几个条件。

a. 合同实施过程中的总费用核算是准确的；园林工程成本核算符合普遍认可的会计原则；成本分摊方法，分摊基础选择合理；实际总成本与报价总成本所包括的内容一致。

b. 承包商的报价是合理的，反映实际情况。如果报价计算不合理，则按这种方法计算的索赔值也不合理。

c. 费用损失的责任，或干扰事件的责任完全在于发包人或其他人，承包商在工程中无任何过失，而且没有发生承包商风险范围内的损失。

d. 合同争执的性质不适用其他计算方法。如由于发包人原因造成工程性质发生根本变化，原合同报价已完全不适用。这种计算方法常用于对索赔值的估算。有时发包人和承包商签订协议，或在合同中规定，对于一些特殊的干扰事件，如特殊的附加工程、发包人要求加速施工、承包商向发包人提供特殊服务等，可采用成本加酬金的方法计算赔（补）偿值。

③ 注意事项。在计算过程中要注意以下几个问题。

a. 索赔值计算中的管理费率一般采用承包商实际的管理费分摊率。这符合赔偿实际损失的原则。但实际管理费率的计算和核实是很困难的，所以通常都用合同报价中的管理费率，或双方商定的费率。这全在于双方商讨。

b. 在费用索赔的计算中，利润是一个复杂的问题，故一般不计利润，以保本为原则。

c. 由于园林工程成本增加使承包商支出增加，这会引起园林工程的负现金流量的增加。为此，在索赔中可以计算利息支出（作为资金成本）。利息支出可按实际索赔数额、拖延时间和承包商向银行贷款的利率（或合同中规定的利率）计算。

2）分项法。分项法是按每个（或每类）干扰事件，以及这个事件所影响的各个费用项目分别计算索赔值的方法，其有以下特点。

① 它比总费用法复杂，处理起来困难。

② 它反映实际情况，比较合理、科学。

③ 它为索赔报告的进一步分析评价、审核，双方责任的划分，双方谈判和最终解决提供方便。

④ 应用面广，人们在逻辑上容易接受。

所以，通常在实际园林工程中费用索赔计算都采用分项法。但对具体的干扰事件和具体费用项目，分项法的计算方法又是千差万别。分项法计算索赔值，通常分以下三步。

① 分析每个或每类干扰事件所影响的费用项目。这些费用项目通常应与合同报价中的费用项目一致。

② 确定各费用项目索赔值的计算基础和计算方法，计算每个费用项目受干扰事件影响后的实际成本或费用值，并与合同报价中的费用值对比，即可得到该项费用的索赔值。

③ 将各费用项目的计算值列表汇总，得到总费用索赔值。

（6）园林工程可以索赔的费用项目及计算

1）人工费。人工费属工程直接费，是指直接从事园林施工的工人、辅助工人、工长的工资及其有关的费用。在园林施工索赔中的人工费是指额外劳务人员的雇用、加班工作、人员闲置和劳动生产率降低的工时所花费的费用。一般可用工时与投标时人工单价或折算单价相乘即得。

在索赔事件发生后，为了方便起见，工程师有时会实施计日工作。此时索赔费用计算可采用计日工作表中的人工单价。

发包人通常会认为不应计算闲置人员奖金、福利等报酬，常常将闲置人员的人工单价按折算人工单价计算，一般为 0.75。

除此之外，人工单价还可参考有关其他标准定额。

如何确定因劳动生产率降低而额外支出的人工费问题是一个很重要的问题，国外非常重视在这方面的索赔研究，索赔值相当可观。其计算方法，一般有以下三类方法：

① 实际成本和预算成本比较法。这种方法是用受干扰后的实际成本与合同中的预算成本比较，计算出由于劳动效率降低造成的损失金额。计算时需要详细的施工记录和合理的估价体系，只要两种成本的计算准确，而且成本增加确系发包人原因时，索赔成功的把握性很大。

② 正常园林工程施工期与受影响园林工程施工期比较法。这种方法是分别计算出正常园林工程施工期内和受影响时园林工程施工期内的平均劳动生产率，求出劳动生产率降低值，而后求出索赔额：

$$人工费索赔额 = \frac{计划工时 \times 劳动生产率降低值}{正常情况下平均劳动生产率} \times 相应人工单价 \qquad (7-1)$$

③ 用科学模型计量的方法。利用科学模型来计量劳动生产率损失是一种较为可信的科学方法，它是根据对生产率损失的观察和分析，建立一定的数学模型，然后运用这种模型来进行生产率损失的计算。在运用这种计量模型时，要求承包商能在确认索赔事件发生后立即意识到为选用的计量模型记录和收集资料。有关生产率损失计量模型请读者参阅有关资料。

2）材料费。材料费的索赔主要包括材料涨价费用、额外新增材料运输费用、额外新增材料使用费和材料破损消耗估价费用等。

由于园林工程项目的施工周期通常较长，在合同工期内，材料涨价降价会经常发生。为了进行材料涨价的索赔，承包商必须出示原投标报价时的采购计划和材料单价分析表，并与实际采购计划、工期延期、变更等结合起来，以证明实际的材料购买确实滞后于计划时间，再加上出具有关订货单或涨价的价格指数、运费票据等，以证明材料价和运费已确实上涨。

额外工程材料的使用，主要表现为追加额外工作、工程变更、改变施工方法等。计算时应将原来的计划材料用量与实际消耗使用了的材料定购单、发货单、领料单或其他材料单据加以比较，以确定材料的增加量。还有工期的延误会造成材料采购不到位，不得不采用代用材料或进行设计变更时，由此增加的工程成本也可以列入材料费用索赔之中。

3）施工机械费。机械费索赔包括增加台班量、机械闲置或工作效率降低、台班费率上涨等费用。

台班费率按照有关定额和标准手册取值。对于工作效率降低，可参考劳动生产率降低的人工费索赔的计算方法。台班量的计算数据来自机械使用记录。对于租赁的机械，取费标准按租赁合同计算。

在索赔计算中，多采用以下方法计算。

① 采用公布的行业标准的租赁费率。承包商采用租赁费率是基于以下两种考虑：一是如果承包商的自有设备不用于施工，可将设备出租而获利；二是虽然设备是承包商自有，却要为该设备的使用支出一笔费用，这费用应与租用某种设备所付出的代价相等。因此在索赔计算中，施工机械的索赔费用的计算表达如下：

$$机械索赔费 = 设备额外增加工时（包括闲置） \times 设备租赁费率 \qquad (7-2)$$

这种计算，发包人往往会提出不同的意见，认为承包商不应得到使用租赁费率中所得的附加利润。因此一般将租赁费率打一折扣。

② 参考定额标准进行计算。在进行索赔计算中，采用标准定额中的费率或单价是一种能为双方所接受的方法。对于监理工程师指令实施的计日工作，应采用计日工作表中的机械设备单价进行计算。对于租赁的设备，均采用租赁费率。

在考察机械合理费用单价的组成时，可将其费用划分为两大部分，即不变费用和可变费用。其中折旧费、大修费、安拆场外运输费、养路费、车船使用税等，一般都是按年度分摊的，称为不变费用，它是相对固定的，与设备的实际使用时间无直接关系。人工费、燃料动力费、轮胎磨损费等随设备实际使用时间的变化而变化，称之可变费用。在设备闲置时，除司机工资外，可变费用也不会发生。因此，在处理设备闲置时的单价时，一般都建议对设备标准费率中的不变费用和可变费用分别扣除 50％和 25％。

4）管理费。管理费包括现场管理费（工地管理费）和总部管理费（公司管理费、上级管理费）两部分。

① 现场管理费。现场管理费是具体于园林工程合同而发生的间接费用，该项索赔费用应列入以下内容：额外新增工作雇佣额外的工程管理人员费，管理人员工作时间延长的费用，工程延长期的现场管理费，办公设施费，办公用品费，临时供热、供水及照明费，保险费，管理人员工资和有关福利待遇的提高费等。

现场管理费一般占工程直接成本的 8％～15％。其索赔值用下式计算：

$$现场管理费索赔值＝索赔的直接成本费×现场管理费率 \tag{7-3}$$

现场管理费率的确定可选用下面的方法。

a. 合同百分比法。按合同中规定的现场管理费率。

b. 行业平均水平法。选用公开认可的行业标准现场管理费率。

c. 原始估价法。采用承包时，报价时确定的现场管理费率。

d. 历史数据法。采用以往相似工程的现场管理费率。

② 总部管理费。总部管理费是属于承包商整个公司，而不能直接归于直接工程项目的管理费用。它包括有：总部办公大楼及办公用品费用，总部职工工资，投标组织管理费用，通信邮电费用，会计核算费用，广告及资助费用，差旅费等其他管理费用。总部管理费一般占工程成本的 3％～10％左右。总部管理费的索赔值用下列方法计算。

a. 日费率分摊法。在延期索赔中采用，计算公式如下：

$$延期合同应分摊的管理费（A）＝\frac{被延期合同原价}{同期公司所有合同价之和}×同期公司计划总部管理费 \tag{7-4}$$

$$管理费索赔值（C）＝单位时间（日或周）总部管理率（B）×延期时间（日或周） \tag{7-5}$$

b. 总直接费分摊法。在工作范围变更索赔中采用，计算公式为：

$$被索赔合同应分摊的管理费（A_1）＝\frac{被索赔合同原计划直接费}{同期公司所有合同直接总和}×同期公司计划管理费总和 \tag{7-6}$$

$$每元直接成本包含的总部管理费（B_1）＝A_1/被索合同原计划直接成本 \tag{7-7}$$

$$应索赔的总部管理费（C_1）＝B_1×工程直接成本索赔值 \tag{7-8}$$

c. 分摊基础法。这种方法是将管理费支出按用途分成若干分项，并规定了相应的分摊基础，分别计算出各分项的管理费索赔额，加总后即为总部管理费总索赔额。其计算结果精确，但比较繁琐，实践中应用较少，仅用于风险高的大型项目。表 7-7 列举了管理费各构成项目的分摊基础。

表 7-7 管理费的不同分摊基础

管理费分项	分摊基础
管理人员工资及有关费用	直接人工工时
固定资产使用费	总直接费
利息支出	总直接费
机械设备配件及各种供应	机械工作时间
材料的采购	直接材料费

按上述公式计算的管理费数额，还可经发包人、监理工程师和承包商三方经过协商一致以后，再具体确定，或者还可以采用其他恰当的计算方法来确定。一般来讲，管理费是一个相对固定的收入部分，若工期不延长或有所缩短，则对承包商更加有利；若工期不得不延长，就可以索赔延期管理费而作为一种补偿和收入。

5）利润。利润是承包商的净收入，是园林施工的全部收入减去成本支出后的盈余。利润索赔包括额外工作应得的利润部分和由于发包人违约等造成的可能的利润损失部分。具体利润索赔主要发生在以下几个方面。

① 合同及工程变更。此项利润的索赔计算直接与投标报价相关联。

② 合同工期延长。延期利润损失是一种机会损失的补偿，具体款额计算可据工程项目情况及机会损失多少而定。

③ 合同解除。该项索赔的计算比较灵活多变，主要取决于该工程项目的实际盈利性，以及解除合同时已完工作的付款数额。

6）融资成本。融资成本又称资金成本，即取得和使用资金所付出的代价，其中最主要的是支付资金供应者的利息。

由于承包商只能在索赔事件处理完结以后的一段时间内才能得到其索赔费用，所以承包商不得不从银行贷款或以自己的资金垫付。这就产生了融资成本问题，主要表现在额外贷款利息的支出和自有资金的机会损失。在以下几种情况下，可以进行利息索赔。

① 业主推迟支付工程款和保留金，这种金额的利息通常以合同中约定的利率计算。

② 承包商借款或动用自己的资金来弥补合法索赔事项所引起的现金流量缺口。在这种情况下，可以参照有关金融机构的利率标准，或者假定把这些资金用于其他工程承包可得到的收益来计算索赔费用，后者实际上是机会利润损失。

从以上具体各项索赔费用的内容可以看出，引起索赔的原因和费用都是多方面的和复杂的，在具体一项索赔事件的费用计算时，应该具体问题具体分析，并分项列出详细的费用开支和损失证明及单据，交由监理工程师审核和批准。

在处理索赔事件的过程中，往往由于承包商和监理工程师对索赔的看法、经验、计算方法等不同，双方所计算的索赔金额差距较大，这一点值得承包商注意。一般来讲，索赔得以成功的最重要依据在于合同条件的规定，如 FIDIC 合同条件，对索赔的各种情况已做出了具体规定，就比较好操作。

二、 园林工程索赔的处理

1. 园林工程索赔工作程序

索赔工作程序是指从索赔事件产生到最终处理全过程所包括的工作内容和工作步骤。由于索赔工作实质上是承包商和业主在分担工程风险方面的重新分配过程，涉及双方的众多经济利益，因而是一项繁琐、细致、耗费精力和时间的过程。因此，合同双方必须严格按照合同规定办事，按合同规定的索赔程序工作，才能获得成功的索赔。

（1）园林工程索赔工作的特点。与园林工程项目的其他管理工作不同，索赔的处理和解决有如下特点。

1）对一特定干扰事件的索赔没有预定的统一的标准解决方式。要达到索赔的目的需要许多条件。主要影响因素有以下五点。

① 合同背景，即合同的具体规定。索赔的处理过程、解决方法、依据、索赔值的计算方法都由合同规定。不同的合同，对风险有不同的定义和规定，有不同的赔（补）偿范围、条件和方法，则索赔就会有不同的解决结果，甚至有时索赔还涉及适用于合同关系的法律。

② 发包人以及工程师的信誉、公正性和管理水平。如果发包人和工程师的信誉好，处理问题比较公正，能实事求是地对待承包商的索赔要求，则索赔比较容易解决；如果他们中有一人或两人都不讲信誉，办事不公正，则索赔就很难解决。虽然承包商有将索赔争执提交仲裁的权利，但大多数索赔争执是不能提交仲裁的，因为仲裁费时、费钱、费精力，而且大多数索赔数额较小，不值得仲裁。它们的解决只有靠发包人、工程师和承包商三方协商。

③ 承包商的工程管理水平。从承包商的角度来说，这是影响索赔的主要因素，包括：

a. 承包商能否全面完成合同责任，严格执行合同，不违约；

b. 工程管理中有无失误行为；

c. 是否有一整套合同监督、跟踪、诊断程序，并严格执行这些程序；

d. 是否有健全有效的文档管理系统等。

④ 承包商的索赔业务能力。如果承包商重视索赔，熟悉索赔业务，严格按合同规定的要求和程序提出索赔，有丰富的索赔处理经验，注重索赔策略和方法的研究，则容易取得索赔的成功。

⑤ 合同双方的关系。合同双方关系密切，发包人对承包商的工作和工程感到满意，则索赔易于解决；如果双方关系紧张，发包人对承包商抱着不信任的，甚至是敌对的态度，则索赔难以解决。

2）索赔和律师打官司相似，索赔的成败常常不仅在于事件本身的实情，而且在于能否找到有利于自己的书面证据，能否找到为自己辩护的法律（合同）条文。

3）对干扰事件造成的损失，承包商只有"索"，发包人才有可能"赔"，不"索"则不"赔"。如果承包商自己放弃索赔机会，如没有索赔意识，不重视索赔，或不懂索赔；不精通索赔业务，不会索赔；或对索赔缺乏信心，怕得罪发包人，失去合作机会，或怕后期合作困难，不敢索赔。任何发包人都不可能主动提出赔偿，一般情况下，工程师也不会提示或主动要求承包商向发包人索赔。所以索赔完全在于承包商自己，他必须有主动性和积极性。

4）索赔是以利益为原则，而不是以立场为原则，不以辨明是非为目的。承包商追求的是，通过索赔（当然也可以通过其他形式或名目）使自己的损失得到补偿，获得合理的收益。在整个索赔的处理和解决过程中，承包商必须牢牢把握这个方向。由于索赔要求只有最终获得发包人、工程师、调解人或仲裁人等的认可才有效，最终获得赔偿才算成功，所以索赔的技巧和策略极为重要。承包商应考虑采用不同的形式、手段，采取各种措施争取索赔的成功，同时既不损害双方的友谊，又不损害自己的声誉。

5）由于合同管理注重实务，所以对案例的研究是十分重要的。在国际工程中，许多合同条款的解释和索赔的解决要符合通常大家公认的一些案例，甚至可以直接引用过去典型案例的解决结果作为索赔理由。但对索赔事件的处理和解决又要具体问题具体分析，不可盲目照搬以前的案例或一味凭经验办事。

（2）园林工程承包人的索赔。园林工程承包人的索赔程序通常可分为以下几个步骤。

1）发出索赔意向通知。园林工程索赔事件发生后，承包商应在合同规定的时间内，及时向发包人或工程师书面提出索赔意向通知，亦即向发包人或工程师就某一个或若干个索赔事件表示索赔愿望、要求或声明保留索赔的权利。索赔意向的提出是索赔工作程序中的第一步，其关键是抓住索赔机会，及时提出索赔意向。

我国《建设工程施工合同条件》规定：承包商应在索赔事件发生后的 28 日内，将其索赔意向通知工程师。反之如果承包商没有在合同规定的期限内提出索赔意向或通知，承包商则会丧失在索赔中的主动和有利地位，发包人和工程师也有权拒绝承包商的索赔要求，这是索赔成立的有效和必备条件之一。因此在实际工作中，承包商应避免合理的索赔要求由于未能遵守索赔时限的规定而导致无效的情况。

园林工程施工合同要求承包商在规定期限内首先提出索赔意向，是基于以下考虑。

① 提醒发包人或工程师及时关注园林工程索赔事件的发生、发展等全过程。

② 为发包人或工程师的索赔管理作准备，如可进行合同分析、收集证据等。

③ 如属发包人责任引起索赔，发包人有机会采取必要的改进措施，防止损失的进一步扩大。

④ 对于承包商来讲，意向通知也可以起到保护作用，使承包商避免"因被称为'志愿者'而无权取得补偿"的风险。

在实际的园林工程承包合同中，对索赔意向提出的时间限制不尽相同，只要双方经过协商达成一致并写入合同条款即可。

一般索赔意向通知仅仅是表明意向，应写得简明扼要，涉及索赔内容但不涉及索赔数额。通常包括以下几个方面的内容。

① 事件发生的时间和情况的简单描述。

② 合同依据的条款和理由。

③ 有关后续资料的提供，包括及时记录和提供事件发展的动态。

④ 对园林工程成本和工期产生的不利影响的严重程度，以引起工程师（发包人）的注意。

2）资料准备。监理工程师和发包人一般都会对承包商的索赔提出一些质疑，要求承包商做出解释或出具有力的证明材料。因此，承包商在提交正式的索赔报告之前，必须尽力准备好与索赔有关的一切详细资料，以便在索赔报告中使用，或在监理工程师和发包人要求时出示。根据园林工程项目的性质和内容不同，索赔时应准备的证据资料也是多种多样，复杂万变的。但从多年工程的索赔实践来看，承包商应该准备和提交的索赔账单和证据资料主要如下。

① 施工日志。应指定有关人员现场记录施工中发生的各种情况，包括天气，出工人数，设备数量及使用情况，进度情况、质量情况、安全情况，监理工程师在现场有什么指示，进行了什么试验，有无特殊干扰施工的情况，遇到了什么不利的现场条件及有多少人员参观了现场等。这种现场记录和日志有利于及时发现和正确分析索赔，可能成为索赔的重要证明材料。

② 来往信件。对与监理工程师、发包人和有关政府部门、银行、保险公司的来往信函，必须认真保存，并注明发送和收到的详细时间。

③ 气象资料。在分析进度安排和施工条件时，天气是应考虑的重要因素之一。因此，要保持一份真实、完整、详细的天气情况记录，包括气温、风力、湿度、降雨量、暴风雪、冰雹等。

④ 备忘录。承包商对监理工程师和发包人的口头指示、电话应随时用书面记录，并请

签字给予书面确认。事件发生和持续过程中的重要情况都应有记录。

⑤ 会议纪要。承包商、发包人和监理工程师举行会议时要做好详细记录，对其主要问题形成会议纪要，并由会议各方签字确认。

⑥ 工程照片和工程声像资料。这些资料都是反映工程客观情况的真实写照，也是法律承认的有效证据，对重要工程部位应拍摄有关资料并妥善保存。

⑦ 工程进度计划。承包商编制的经监理工程师或发包人批准同意的所有工程总进度、年进度、季进度、月进度计划都必须妥善保管，任何有关工期延误的索赔中，进度计划都是非常重要的证据。

⑧ 工程核算资料。所有人工、材料、机械设备使用台账，工程成本分析资料，会计报表，财务报表，货币汇率，现金流量，物价指数，收付款票据，都应分类装订成册，这些都是进行索赔费用计算的基础。

⑨ 工程报告。包括工程试验报告、检查报告、施工报告、进度报告、特别事件报告等。

⑩ 工程图纸。工程师和发包人签发的各种图纸，包括设计图、施工图、竣工图及其相应的修改图，承包商应注意对照检查和妥善保存。对于设计变更索赔，原设计图和修改图的差异是索赔最有力的证据。

⑪ 招投标阶段有关现场考察和编标的资料，各种原始单据（工资单，材料设备采购单），各种法规文件，证书、证明等，都应积累保存，它们都有可能是某项索赔的有力证据。

由此可见，高水平的文档管理信息系统，对索赔的资料准备和证据提供是极为重要的。

3）索赔报告的编写。索赔报告是承包商在合同规定的时间内向监理工程师提交的要求发包人给予一定经济补偿和延长工期的正式书面报告。索赔报告的水平与质量如何，直接关系到索赔的成败与否。大型土木工程项目的重大索赔报告，承包商都是非常慎重、认真而全面地论证和阐述，充分地提供证据资料，甚至专门聘请合同及索赔管理方面的专家，帮助编写索赔报告，以尽力争取索赔成功。承包商的索赔报告必须有力地证明：自己正当合理的索赔报告资格，受损失的时间和金钱，以及有关事项与损失之间的因果关系。

编写索赔报告应注意以下几个问题。

① 索赔报告的基本要求。第一，必须说明索赔的合同依据，即基于何种理由有资格提出索赔要求：一种是根据园林工程合同某条某款规定，承包商有资格因合同变更或追加额外工作而取得费用补偿和（或）延长工期；另一种是发包人或其代理人如何违反园林工程合同规定给承包商造成损失，承包商有权索取补偿。第二，索赔报告中必须有详细准确的损失金额及时间的计算。第三，要证明客观事实与损失之间的因果关系，说明索赔事件前因后果的关联性，要以合同为依据，说明发包人违约或合同变更与引起索赔的必然性联系。如果不能有理有据说明因果关系，而仅在事件的严重性和损失的巨大上花费过多的笔墨，对索赔的成功都无济于事。

② 索赔报告必须准确。编写索赔报告是一项比较复杂的工作，需有一个专门的小组和各方的大力协助才能完成。索赔小组的人员应具有合同、法律、工程技术、施工组织计划、成本核算、财务管理、写作等各方面的知识，进行深入的调查研究，对较大的、复杂的索赔需要向有关专家咨询，对索赔报告进行反复讨论和修改，写出的报告不仅要有理有据，而且必须准确可靠。应特别强调以下几点。

a. 责任分析应清楚、准确。在报告中所提出索赔的事件的责任是对方引起的，应把全部或主要责任推给对方，不能有责任含混不清和自我批评式的语言。要做到这一点，就必须强调索赔事件的不可预见性，承包商对其不能有所准备，事发后尽管能够采取措施也无法制止；指出索赔事件使承包商工期拖延、费用增加的严重性和索赔值之间的直接因果关系。

b. 索赔值的计算依据要正确，计算结果要准确。计算依据要用文件规定的和公认合理的计算方法，并加以适当的分析。数字计算上不要有差错，一个小的计算错误可能影响到整个计算结果，容易使人对索赔的可信度产生不好的印象。

c. 用词要婉转和恰当。在索赔报告中要避免使用强硬的、不友好的、抗议式的语言。不能因语言而伤害了和气和双方的感情。切记断章取义，牵强附会，夸大其词。

③ 索赔报告的内容。在实际承包园林工程中，索赔报告通常包括三个部分。

a. 承包商或他的授权人致发包人或工程师的信。信中简要介绍索赔的事项、理由和要求，说明随函所附的索赔报告正文及证明材料情况等。

b. 索赔报告正文。针对不同格式的索赔报告，其形式可能不同，但实质性的内容相似，一般主要包括以下内容。

（a）题目。简要地说明针对什么提出索赔。

（b）索赔事件陈述。叙述事件的起因、事件的经过、事件过程中双方的活动、事件的结果，重点叙述己方按合同所采取的行为，对方不符合合同的行为。

（c）理由。总结上述事件，同时引用合同条文或合同变更和补充协议条文，证明对方行为违反合同或对方的要求超过合同规定，造成了该项事件，有责任对此造成的损失做出赔偿。

（d）影响。简要说明事件对承包商施工过程的影响，而这些影响与上述事件有直接的因果关系。重点围绕由于上述事件原因造成的成本增加和工期延长。

（e）结论。对上述事件的索赔问题做出最后总结，提出具体索赔要求，包括工期索赔和费用索赔。

c. 附件。该报告中所列举事实、理由、影响的证明文件和各种计算基础、计算依据的证明文件。

索赔报告正文该编写至何种程度，需附上多少证明材料，计算书该详细到和准确到何种程度，这都根据监理工程师评审索赔报告的需要而定。对承包商来说，可以用过去的索赔经验或直接询问工程师或发包人的意图，以便配合协调，有利于施工和索赔工作的开展。

4）递交索赔报告。索赔意向通知提交后的 28 日内，或工程师可能同意的其他合理时间，承包人应递送正式的索赔报告。

如果索赔事件的影响持续存在，28 日内还不能算出索赔额和工期展延天数时，承包人应按工程师合理要求的时间间隔（一般为 28 日），定期陆续报出每一个时间段内的索赔证据资料和索赔要求。在该项索赔事件的影响结束后的 28 日内，报出最终详细报告，提出索赔论证资料和累计索赔额。

承包人发出索赔意向通知后，可以在工程师指示的其他合理时间内再报送正式索赔报告，也就是说，工程师在索赔事件发生后有权不马上处理该项索赔。如果事件发生时，现场施工非常紧张，工程师不希望立即处理索赔而分散各方抓施工管理的精力，可通知承包人将索赔的处理留待施工不太紧张时再去解决。但承包人的索赔意向通知必须在事件发生后的 28 日内提出，包括因对变更估价双方不能取得一致意见，而先按工程师单方面决定的单价或价格执行时，承包人提出的保留索赔权利的意向通知。如果承包人未能按时间规定提出索赔意向和索赔报告，则他就失去了就该项事件请求补偿的索赔权利。此时所受到损害的补偿，将不超过工程师认为应主动给予的补偿额。

5）索赔报告的审查。园林工程施工索赔的提出与审查过程，是当事双方在承包合同基础上，逐步分清在某些索赔事件中的权利和责任以使其数量化的过程。作为发包人或工程师，应明确审查的目的和作用，掌握审查的内容和方法，处理好索赔审查中的特殊问题，促进工程的顺利进行。

当承包商将索赔报告呈交工程师后，工程师首先应予以审查和评价，然后与发包人和承包商一起协商处理。

在具体索赔审查操作中，应首先进行索赔资格条件的审查，然后进行索赔具体数据的审查。

① 工程师审核承包人的索赔申请。接到承包人的索赔意向通知后，工程师应建立自己的索赔档案，密切关注事件的影响，检查承包人的同期记录时，随时就记录内容提出他的不同意见或他希望应予以增加的记录项目。

在接到正式索赔报告以后，认真研究承包人报送的索赔资料。首先在不确认责任归属的情况下，客观分析事件发生的原因，仔细研究合同的有关条款，承包人的索赔证据，并检查他的同期记录；其次通过对事件的分析，工程师可依据合同条款划清责任界限，必要时还可以要求承包人进一步提供补充资料。尤其是对承包人与发包人或工程师都负有一定责任的事件影响，更应划出各方应该承担合同责任的比例。最后再审查承包人提出的索赔补偿要求，剔除其中的不合理部分，拟定自己计算的合理索赔数额和工期顺延天数。

② 判定索赔成立的原则。工程师判定承包人索赔成立的条件如下。

a. 与合同相对照，事件已造成了承包人施工成本的额外支出，或总工期延误。

b. 造成费用增加或工期延误的原因，按合同约定不属于承包人应承担的责任，包括行为责任或风险责任。

c. 承包人按合同规定的程序提交了索赔意向通知和索赔报告。

上述三个条件没有先后主次之分，应当同时具备。只有工程师认定索赔成立后，才处理应给予承包人的补偿额。

③ 对索赔报告的审查

a. 事态调查。通过对合同实施的跟踪，分析了解事件经过、前因后果、掌握事件详细情况。

b. 损害事件原因分析。即分析索赔事件是由何种原因引起，责任应由谁来承担。在实际工作中，损害事件的责任有时是多方面原因造成，故必须进行责任分解，划分责任范围。按责任大小，承担损失。

c. 分析索赔理由。主要依据合同文件判明索赔事件是否属于未履行合同规定义务或未正确履行合同义务导致，是否在合同规定的赔偿范围之内。只有符合合同规定的索赔要求才有合法性、才能成立。

d. 实际损失分析。即分析索赔事件的影响，主要表现为工期的延长和费用的增加。如果索赔事件不造成损失，则无索赔可言。损失调查的重点是分析、对比实际和计划的施工进度，工程成本和费用方面的资料，在此基础上来核算索赔值。

e. 证据资料分析。主要分析证据资料的有效性、合理性、正确性，这也是索赔要求有效的前提条件。如果在索赔报告中提不出证明其索赔理由、索赔事件的影响、索赔值的计算等方面的详细资料，索赔要求是不能成立的。如果工程师认为承包人提出的证据不能足以说明其要求的合理性时，可以要求承包人进一步提交索赔的证据资料。

④ 工程师可根据自己掌握的资料和处理索赔的工作经验就以下问题提出质疑。

a. 索赔事件不属于发包人和监理工程师的责任，而是第三方的责任。

b. 事实和合同依据不足。

c. 承包商未能遵守意向通知的要求。

d. 合同中的开脱责任条款已经免除了发包人补偿的责任。

e. 索赔是由不可抗力引起的，承包商没有划分和证明双方责任的大小。

f. 承包商没有采取适当措施避免或减少损失。

g. 承包商必须提供进一步的证据。

h. 损失计算夸大。

i. 承包商以前已明示或暗示放弃了此次索赔的要求等。

在评审过程中，承包商应对工程师提出的各种质疑做出圆满的答复。

6）索赔的处理与解决。从递交索赔文件到索赔结束是索赔的处理与解决的过程。经过工程师对索赔文件的评审，与承包商进行了较充分的讨论后，工程师应提出对索赔处理决定的初步意见，并参加发包人和承包商之间的索赔谈判，根据谈判达成索赔最后处理的一致意见。

如果索赔在发包人和承包商之间未能通过谈判得以解决，可将有争议的问题进一步提交工程师决定。如果一方对工程师的决定不满意，双方可寻求其他友好解决方式，如中间人调解、争议评审团评议等，若友好解决无效，一方可将争端提交仲裁或诉讼。

一般合同条件规定争端的解决程序如下。

① 合同的一方就其争端的问题书面通知工程师，并将一份副本提交对方。

② 工程师应在收到有关争端的通知后在合同规定的时间内做出决定，并通知发包人和承包商。

③ 发包人和承包商在收到工程师决定的通知后均未在合同规定的时间内发出要将该争端提交仲裁的通知，则该决定视为最后决定，对发包人和承包商均有约束力。若一方不执行此决定，另一方可按对方违约提出仲裁通知，并开始仲裁。

④ 如果发包人或承包商对工程师的决定不同意，或在要求工程师作决定的书面通知发出后，未在合同规定的时间内得到工程师决定的通知，任何一方可在其后按合同规定的时间内就其所争端的问题向对方提出仲裁意向通知，将一份副本送交工程师。在仲裁开始前应设法友好协商解决双方的争端。

园林工程项目实施中会发生各种各样的索赔、争议等问题。应该强调，合同各方应该争取尽量在最早的时间、最低的层次、尽最大可能，以友好协商的方式解决索赔问题，不要轻易提交仲裁。因为对园林工程争议的仲裁往往是非常复杂的，要花费大量的人力、物力、财力和精力，对园林工程建设也会带来不利，有时甚至是严重的影响。

（3）发包人的索赔。承包人未能按合同约定履行自己的各项义务或发生错误而给发包人造成损失时，发包人也应按合同约定向承包人提出索赔。

2. 园林工程索赔机会和索赔证据

（1）园林工程索赔机会。园林工程施工在合同实施过程中经常会发生一些非承包商责任引起的，而且承包商不能影响的干扰事件。它们不符合"合同状态"，造成施工工期的拖延和费用的增加，是承包商的索赔机会。承包商必须对索赔机会有敏锐的感觉。寻找和发现索赔机会是索赔的第一步。在承包合同的实施中，索赔机会通常表现为如下现象。

1）发包人或他的代理人、工程师等有明显的违反合同，或未正确地履行合同责任的行为。

2）承包商自己的行为违约，已经或可能完不成合同责任，但究其原因却在发包人、工程师或他的代理人等。由于合同双方的责任是互相联系、互为条件的，如果承包商违约的原因是发包人造成，同样是承包商的索赔机会。

3）园林工程环境与"合同状态"的环境不一样，与原标书规定不一样，出现"异常"情况和一些特殊问题。

4）合同双方对合同条款的理解发生争执，或发现合同缺陷，图纸出错等。

5）发包人和工程师做出变更指令，双方召开变更会议，双方签署了会谈纪要、备忘录、修正案、附加协议。

6）在合同监督和跟踪中承包商发现园林工程实施偏离合同，如月实际进度与计划不符、成本大幅度增加、资金周转困难、工程停滞、质量标准提高、工程量增加、施工计划被打乱、施工现场紊乱、实际的合同实施不符合合同事件表中的内容，或存在差异等。

寻找索赔机会是合同管理人员的工作重点之一。一经发现索赔机会就应进行索赔处理，不能有任何拖延。

（2）园林工程索赔证据

1）园林工程索赔证据的收集。索赔证据是关系到园林工程索赔成败的重要文件之一，在索赔过程中应注重对索赔证据的收集。否则即使抓住了合同履行中的索赔机会，但拿不出索赔证据或证据不充分，则索赔要求往往难以成功或被大打折扣。又或者拿出的证据漏洞百出，前后自相矛盾，经不起对方的推敲和质疑。不仅不能促进自方索赔要求的成功，反而会被对方作为反索赔的证据，使承包商在索赔问题上处于极为不利的地位。因此，收集有效的证据是做好园林工程索赔管理中不可忽视的一部分。

2）园林工程索赔证据的分类。园林工程索赔证据通常有以下几类。

① 证明干扰事件存在和事件经过的证据，主要有来往信件、会谈纪要、发包人指令等。

② 证明干扰事件责任和影响的证据。

③ 证明索赔理由的证据，如合同文件、备忘录等。

④ 证明索赔值的计算基础和计算过程的证据，如各种账单、记工单、工程成本报表等。

3）有效索赔证据特征。在园林工程施工合同实施过程中，资料很多，面很广。因而在索赔中要分析考虑发包人和仲裁人需要哪些证据，及哪些证据最能说明问题、最有说服力等，这需要索赔管理人员有较丰富的索赔工作经验。而在诸多证据中，有效的索赔证据是顺利成功地解决索赔争端的有利条件。

一般有效的园林工程索赔证据都具有以下几个特征。

① 及时性。既然干扰事件已发生，又意识到需要索赔，就应在有效时间内提出索赔意向。在规定的时间内报告事件的发展影响情况，在规定时间内提交索赔的详细额外费用计算账单，对发包人或工程师提出的疑问及时补充有关材料。如果拖延太久，将增加索赔工作的难度。

② 真实性。索赔证据必须是在实际工程过程中产生，完全反映实际情况，能经得住对方的推敲。由于在工程过程中合同双方都在进行合同管理，收集工程资料，所以双方应有相同的证据。使用不实的或虚假证据是违反商业道德甚至法律的。

③ 全面性。所提供的证据应能说明事件的全过程。索赔报告中所涉及的干扰事件、索赔理由、影响、索赔值等都应有相应的证据，不能凌乱和支离破碎，否则发包人将退回索赔报告，要求重新补充证据。这会拖延索赔的解决，损害承包商在索赔中的有利地位。

④ 法律证明效力。索赔证据必须有法律证明效力，特别对准备递交仲裁的索赔报告更要注意这一点。

a. 证据必须是当时的书面文件，一切口头承诺、口头协议不起作用。

b. 合同变更协议必须由双方签署，或以会谈纪要的形式确定，且为决定性决议。一切商讨性、意向性的意见或建议都不起作用。

c. 园林工程中的重大事件、特殊情况的记录应由工程师签署认可。

4）园林工程索赔证据的种类。园林工程索赔的证据主要来源于园林工程施工过程中的信息和资料。承包商只有平时经常注意这些信息资料的收集、整理和积累，存档于计算机内，才能在索赔事件发生时，快速地调出真实、准确、全面、有说服力、具有法律效力的索赔证据来。

可以直接或间接作为园林工程索赔证据的资料很多，详见表 7-8。

表 7-8 园林工程索赔的证据

施工记录方面	财务记录方面
（1）施工日志	（1）施工进度款支付申请单
（2）施工检查员的报告	（2）工人劳动计时卡
（3）逐月分项施工纪要	（3）工人分布记录
（4）施工工长的日报	（4）材料、设备、配件等的采购单
（5）每日工时记录	（5）工人工资单
（6）同发包人代表的往来信函及文件	（6）付款收据
（7）施工进度及特殊问题的照片或录像带	（7）收款单据
（8）会议记录或纪要	（8）标书中财务部分的章节
（9）施工图纸	（9）工地的施工预算
（10）发包人或其代表的电话记录	（10）工地开支报告
（11）投标时的施工进度表	（11）会计日报表
（12）修正后的施工进度表	（12）会计总账
（13）施工质量检查记录	（13）批准的财务报告
（14）施工设备使用记录	（14）会计往来信函及文件
（15）施工材料使用记录	（15）通用货币汇率变化表
（16）气象报告	（16）官方的物价指数、工资指数
（17）验收报告和技术鉴定报告	

3. 园林工程索赔小组

一般干扰事件的单项索赔作为一项日常的合同管理业务，由合同管理人员在项目经理的领导下于项目实施过程中处理。由于索赔是一项复杂细致的工作，涉及面广，在其中需要项目各职能人员和总部各职能部门的配合。

对重大索赔或一揽子索赔必须成立专门的索赔小组，由它负责具体的索赔处理工作和谈判。园林工程索赔小组的工作对索赔成败起关键作用，园林工程索赔小组应及早成立并进入工作，因为他们要熟悉合同签订和实施的全部过程和各方面资料。对一个复杂的园林工程，合同文件和各种园林工程资料的研究和分析要花许多时间。索赔小组作为一个群体需要全面的知识、能力和经验，这主要有如下几方面。

（1）具备合同法律方面的知识，以及合同分析、索赔处理方面的知识、能力和经验。有时要请法律专家进行咨询，或直接聘请法律专家担任索赔小组的工作。具备合同管理方面的经历和经验，特别应参与该工程合同谈判和合同实施过程，熟悉该工程合同条款内容和工程过程中的各个细节问题，了解情况。

（2）现场施工和组织计划安排方面的知识、能力和经验。能进行实际施工过程的网络计划编制和关键线路分析、计划网络和实际网络的对比分析。应参与本工程的施工计划的编制和实际施工管理工作。

（3）工程成本核算和财务会计核算方面的知识、能力和经验。参与该工程报价、工程计划成本的编制。懂得工程成本核算方法，如成本项目的划分和分摊方法等。

（4）其他方面。如索赔的计划和组织能力、合同谈判能力、经历和经验、写作能力和语言表达能力、外语水平等。

通常园林工程索赔小组由组长（一般由园林工程项目经理担任）、合同经理、法律专家或索赔专家、估算师、会计师、园林工程施工工程师等组成。而项目的其他职能人员、总部的各职能科室则提供信息资料，予以积极的配合，以保证索赔的圆满成功。园林工程索赔小组在能力、知识结构、性格上应互补，构成一个有机的整体。

索赔是一项非常复杂的工作。园林工程索赔小组人员必须保证忠诚，它是取得索赔成功的前提条件。主要表现在如下几个方面。

（1）全面领会和贯彻执行总部的索赔总策略。索赔是企业经营战略的一部分，承包商不仅要取得索赔的成功，取得利益，而且要搞好合同双方的关系，为将来进一步合作创造条件，不能损害企业信誉。在索赔中必须防止园林工程索赔小组成员好大喜功，为了自己的业务工作成果而片面追求索赔额。

（2）园林工程索赔小组应努力争取索赔的成功。在索赔中充分发挥每人的工作能力和工作积极性，为企业追回损失，增加盈利。

所以园林工程索赔小组既要追求索赔的成功，又要追求好的信誉，保持双方良好的合作关系，这是很难把握的。

（3）加强索赔过程中的保密工作。承包商所确定的索赔策略、总计划和总要求、具体谈判过程中的内部讨论结果、问题的对策等都应绝对保密。特别是索赔策略和在谈判过程中的一些策略，作为企业的绝密文件，不仅在索赔中，而且在索赔后也要保密。这不仅关系到索赔的成败，而且影响到企业的声誉，影响到企业将来的经营。

（4）要取得索赔的成功，必须经过园林工程索赔小组认真细致地工作。不仅要在大量复杂的合同文件、各种实际工程资料、财务会计资料中分析研究索赔机会、索赔理由和证据，不放弃任何机会，不遗漏任何线索，而且还要在索赔谈判中耐心说服对方。在国际工程中一个稍微复杂的索赔谈判能经历几个、十几个，甚至几十个回合，经历几年时间。索赔小组如果没有锲而不舍的精神，是很难达到索赔目标的。

（5）对复杂的合同争执必须有详细的计划安排，否则很难达到目的。

4.　园林工程索赔管理

（1）园林工程索赔管理的特点。要健康地开展索赔工作，必须全面认识索赔，完整理解索赔、端正索赔动机，才能正确对待索赔，规范索赔行为，合理地处理索赔业务。因此发包人、工程师和承包商应对索赔工作的特点有个全面认识和理解。

1）索赔工作贯穿园林工程项目始终。合同当事人要做好索赔工作，必须从签订合同起，直至执行合同的全过程中，在项目经理的直接领导下，认真注意采取预防保护措施，建立健全索赔业务的各项管理制度。

在园林工程项目的招标、投标和合同签订阶段，作为承包商应仔细研究工程所在国的法律、法规及合同条件，特别是关于合同范围、义务、付款、工程变更、违约及罚款、特殊风险、索赔时限和争议解决等条款，必须在合同中明确规定当事人各方的权利和义务，以便为将来可能的索赔提供合法的依据和基础。

在合同执行阶段，合同当事人应密切注视对方的合同履行情况，不断地寻求索赔机会；同时自身应严格履行合同义务，防止被对方索赔。

一些缺乏园林工程承包经验的承包商，由于对索赔工作的重要性认识不够，往往在园林工程开始时并不重视，等到发现不能获得应当得到的偿付时才研究合同中的索赔条款，汇集所需要的数据和论证材料，但这时已经陷入被动局面，有的经过旷日持久的争执、交涉乃至诉诸法律程序，仍难以索回应得的补偿或损失，影响了自身的经济效益。

2）索赔是一门融工程技术和法律于一体的综合学问和艺术。索赔问题涉及的层面相当广泛，既要求索赔人员具备丰富的工程技术知识与实际施工经验，使得索赔问题的提出具有科学性和合理性，符合工程实际情况，又要求索赔人员通晓法律与合同知识，使得提出的索赔具有法律依据和事实证据，并且还要求在索赔文件的准备、编制和谈判等方面具有一定的艺术性，使索赔的最终解决表现出一定程度的伸缩性和灵活性。这就对索赔人员的素质提出了很高的要求，他们的个人品格和才能对索赔成功的影响很大。索赔人员应当是头脑冷静、思维敏捷、处事公正、性格刚毅且有耐心，并具有以上多种才能的综合人才。

（2）园林工程索赔管理的任务。在承包园林工程项目管理中，园林工程索赔管理的任务是索赔和反索赔。索赔和反索赔是矛和盾的关系、进攻和防守的关系。有索赔，必有反索赔。在发包人和承包商、总包和分包、联营成员之间都可能有索赔和反索赔。在工程项目管理中它们又有不同的任务。

1）园林工程索赔的任务。园林工程索赔的作用是对自己已经受到的损失进行追索，其任务如下。

① 预测索赔机会。虽然干扰事件产生于园林工程施工中，但它的根由却在招标文件、合同、设计、计划中。所以，在招标文件分析、合同谈判（包括在工程实施中双方召开变更会议、签署补充协议等）中，承包商应对干扰事件有充分的考虑和防范，预测索赔的可能。预测索赔机会又是合同风险分析和对策的内容之一。对于一个具体的园林工程承包合同，具体的园林工程和园林工程环境，干扰事件的发生有一定的规律性。承包商对它必须有充分的估计和准备，在报价、合同谈判、制订实施方案和计划中考虑它的影响。

② 在合同实施中寻找和发现索赔机会。在园林工程中，干扰事件是不可避免的，问题是承包商能否及时发现并抓住索赔机会。承包商应对索赔机会有敏锐的感觉，可以通过对园林工程合同实施过程进行监督、跟踪、分析和诊断，以寻找和发现索赔机会。

③ 处理索赔事件，解决索赔争执。一经发现索赔机会，则应迅速做出反应，进入索赔处理过程。在这个过程中有大量的、具体的、细致的索赔管理工作和业务，包括以下几项。

a. 向工程师和发包人提出索赔意向。

b. 进行事态调查、寻找索赔理由和证据、分析干扰事件的影响、计算索赔值、起草索赔报告。

c. 向发包人提出索赔报告，通过谈判、调解或仲裁最终解决索赔争执，使自己的损失得到合理补偿。

2）园林工程反索赔的任务。园林工程反索赔着眼于对损失的防止，它有两个方面的含义。

① 反驳对方不合理的索赔要求。对对方（发包人、总包或分包）已提出的索赔要求进行反驳，推卸自己对已产生的干扰事件的合同责任，否定或部分否定对方的索赔要求，使自己不受或少受损失。

② 防止对方提出索赔。通过有效的合同管理，使自己完全按合同办事，处于不被索赔的地位，即着眼于避免损失和争执的发生。

在园林工程实施过程中，合同双方都在进行合同管理，都在寻找索赔机会。所以，如果承包商不能进行有效的索赔管理，不仅容易丧失索赔机会，使自己的损失得不到补偿，而且可能反被对方索赔，蒙受更大的损失，这样的经验教训是很多的。

（3）影响索赔成功的因素。园林工程索赔能否获得成功，除了上述方面的条件以外，还与企业的项目管理基础工作密切相关，主要有以下四个方面。

① 园林工程施工合同管理。园林工程施工合同管理与索赔工作密不可分，有的学者认为园林工程索赔就是园林工程合同管理的一部分。从索赔角度看，合同管理可分为合同分析和合同日常管理两部分。合同分析的主要目的是为索赔提供法律依据。合同日常管理则是收集、整理施工中发生事件的一切记录，包括图纸、订货单、会谈纪要、来往信件、变更指令、气象图表、工程照片等，并加以科学归档和管理，形成一个能清晰描述和反映整个工程全过程的数据库，其目的是为索赔及时提供全面、正确、合法有效的各种证据。

② 进度管理。园林工程进度管理，不仅可以指导整个园林工程施工的进程和次序，而且可以通过计划工期与实际进度的比较、研究和分析，找出影响工期的各种因素，分清各方责任，及时地向对方提出延长工期及相关费用的索赔，并为工期索赔值的计算提供计算依据和各种基础数据。

③ 成本管理。成本管理的主要内容有编制成本计划，控制和审核成本支出，进行计划成本与实际成本的动态比较分析等。它可以为费用索赔提供各种费用的计算数据和其他信息。

④ 信息管理。索赔文件的提出、准备和编制需要工程施工中的大量信息，这些信息要在索赔时限内高质量地准备好，没有平时的信息管理是不行的。有条件的企业可以采用计算机进行信息管理。

第三节　园林工程索赔的策略与技巧

一、　园林工程索赔的策略

索赔成功的首要条件是建好工程。只有建好工程，才能赢得业主和监理工程师在索赔问题上的合作态度，才能使承包商在索赔争端的调解和仲裁中处于有利的位置。因此，必须把建好合同项目、认真履行合同义务放在首要的位置上。

索赔的战略和策略研究，针对不同的情况，包含着不同的内容，有不同的侧重点。一般应研究以下几个方面。

1. 确定索赔目标

承包商的索赔目标是指承包商对索赔的基本要求，可对要达到的目标进行分解，按难易程度排队，并大致分析它们各自实现的可能性，从而确定最低、最高目标。

分析实现目标的风险状况，如能否在索赔有效期内及时提出索赔，能否按期完成合同规定的工程量，按期交付工程，能否保证园林工程质量等。总之，要注意对索赔风险的防范，否则会影响索赔目标的实现。

2. 对被索赔方的分析

分析对方的兴趣和利益所在，要让索赔在友好和谐的气氛中进行。处理好单项索赔和一揽子索赔的关系。对于理由充分而重要的单项索赔应力争尽早解决；对于发包人坚持后拖解决的索赔，要按发包人意见认真积累有关资料，为一揽子解决准备充分的材料。要根据对方的利益所在和双方感兴趣的地方，承包商在不过多损害自己利益的情况下作适当让步，以此打破问题的僵局。在责任分析和法律分析方面要适当，在对方愿意接受索赔的情况下，做出合理的让步，否则反而达不到索赔目的。

3. 承包商的经营战略分析

承包商的经营战略直接制约着索赔的策略和计划。在分析发包人情况和工程所在地情况以后，承包商应考虑有无可能与发包人继续进行新的合作，是否在当地继续扩展业务，承包商与发包人之间的关系对在当地开展业务有何影响等。这些问题决定着承包商的整个索赔要求和解决的方法。

4. 对外关系分析

利用同监理工程师、设计单位、发包人的上级主管部门对发包人施加影响，往往比同发包人直接谈判更有效。承包商要同这些单位搞好关系，取得他们的支持，并与发包人沟通。这就要求承包商对这些单位的关键人物进行分析，同他们搞好关系，从而使索赔达到十分理想的效果。

5. 谈判过程分析

索赔一般都在谈判桌上最终解决，索赔谈判是合同双方面对面的较量，是索赔能否取得成功的关键。一切索赔的计划和策略都要在谈判桌上体现和接受检验。因此，在谈判之前要做好充分准备，对谈判的可能过程要做好分析。

因为索赔谈判是承包商要求业主承认自己的索赔，承包商处于很不利的地位，如果谈判一开始就气氛紧张，情绪对立，有可能导致发包人拒绝谈判，这是最不利于解决索赔问题的。谈判应从发包人关心的议题入手，从发包人感兴趣的问题开谈，稳扎稳打，并始终注意保持友好和谐的谈判气氛。

二、 园林工程索赔的技巧

索赔的技巧是为园林工程索赔的战略和策略目标服务的，因此，在确定了园林工程索赔的战略和策略目标之后，索赔技巧就显得格外重要，它是园林工程索赔策略的具体体现。索赔技巧应因人、因客观环境条件而异，现提出以下各项供参考。

1. 要及早发现索赔机会

一个有经验的承包商，在投标报价时就应考虑到将来可能要发生索赔的问题，要仔细研究招标文件中的合同条款和规范，仔细查勘施工现场，探索可能索赔的机会，在报价时要考虑索赔的需要。在进行单价分析时，应列入生产效率，把工程成本与投入资源的效率结合起来。这样，在施工过程中论证索赔原因时，可引用效率降低来论证索赔的根据。

在索赔谈判中，如果没有效率降低的资料，则很难说服监理工程师和发包人，索赔无取胜可能。反而可能被认为，生产效率的降低是承包商施工组织不好，没达到投标时的效率，应采取措施提高效率，赶上工期。

要论证效率降低，承包商应做好施工记录，记录好每天使用的设备工时、材料和人工数量，完成的工程量及施工中遇到的问题。

2. 商签好合同协议

在商签合同过程中，承包商应对明显把重大风险转嫁给承包商的合同条件提出修改的要求，对其达成修改的协议应以"谈判纪要"的形式写出，作为该合同文件的有效组成部分。

3. 对口头变更指令要得到确认

工程师常常用口头指令来进行工程变更，如果承包商不对工程师的口头指令予以书面确认就进行变更工程的施工，此后，有的工程师矢口否认，拒绝承包商的索赔要求，使承包商有苦难言。

4. 及时发出"索赔通知书"

一般合同都规定，索赔事件发生后的一定时间内，承包商必须送出"索赔通知书"，过期无效。

5. 索赔事由论证要充足

承包合同通常规定，承包商在发出"索赔通知书"后，每隔一定时间，应报送一次证据资料，在索赔事件结束后的 28 日内报送总结性的索赔计算及索赔论证，提交索赔报告。索赔报告一定要令人信服，经得起推敲。

6. 索赔计价方法和款额要适当

索赔计算时采用"附加成本法"容易被对方接受。因为这种方法只计算索赔事件引起的计划外的附加开支，计价项目具体，使经济索赔能较快得到解决。另外索赔计价不能过高，要价过高容易让对方发生反感，使索赔报告长期得不到解决。另外还有可能让发包人准备周密的反索赔计价，以高额的反索赔对付高额的索赔，使索赔工作更加复杂化。

7. 力争单项索赔，避免一系列索赔

单项索赔事件简单，容易解决，而且能及时得到支付。一揽子索赔，问题复杂，金额大，不易解决，往往到工程结束后还得不到付款。

8. 坚持采用"清理账目法"

承包商往往只注意接受发包人按月结算索赔款，而忽略了索赔款的不足部分。没有以文字的形式保留自己今后应获得不足部分款额的权利，等于同意并承认了发包人对该项索赔的付款，以后再无权追索。

因为在索赔支付过程中，承包商和工程师对确定新单价和工程量方面经常存在不同意见。按合同规定，工程师有决定单价的权利。如果承包商认为工程师的决定不尽合理，而坚持自己的要求时，可同意接受工程师决定的"临时单价"或按"临时价格"付款，先拿到一部分索赔款，对其余不足部分，则以书面的形式通知工程师和发包人，作为索赔款的余额，保留自己的索赔权利；否则，将失去了将来要求付款的权利。

9. 力争友好解决，防止对立情绪

索赔争端是难免的，如果遇到争端不能理智地协商讨论问题，使一些本来可以解决的问题悬而未决。承包商尤其要头脑冷静，防止对立情绪，力争友好解决索赔争端。

10. 注意同工程师搞好关系

工程师是处理解决索赔问题的公正的第三方，注意同工程师搞好关系，争取工程师的公正裁决，竭力避免仲裁或诉讼。

第四节 园林工程施工中的反索赔

一、园林工程施工中反索赔的概念、作用

1. 反索赔定义

反索赔是对索赔而言的。在国际工程合同条件中，对合同双方均赋予提出合理索赔的权利，以维护受损害一方的正当利益。

在国际工程承包施工实践中，当承包商遇到了难以预见的或自己难以控制的客观原因而

使工程成本增加时，他将提出进行公平调整的要求，即索赔。业主和咨询（或监理）工程师对这一"公平调整要求"的反应，有时是向承包商提出一个"反索赔"要求。

反索赔是业主为维护自己的利益，向承包商提出的对自己的损害进行补偿的要求。

按照国际工程承包施工中的习惯，通常把承包商向业主提出的索赔要求称为"施工索赔"，简称为"索赔"；把业主向承包商提出的索赔要求称为"反索赔"。

反索赔是被要求索赔一方向要求索赔的一方提出的索赔要求。它是对要求索赔者的反措施，也是变被动为主动的一个策略性行动。当然，无论是索赔或反索赔，都应以该工程项目的合同条款为依据，绝不是无根据的讨价还价，更不是无理取闹。例如，承包商向业主提出施工索赔时，业主同时也向承包商提出了反索赔要求；分包商向总包商提出索赔时，总包商也向分包商提出了反索赔；建筑承包商向供货商提出索赔时（因供货拖期或质量不符等），供货商也可以向建筑承包商提出反索赔（如拖付货款）等。

所以，索赔和反索赔是对立的事物。处理索赔和反索赔要求，是按照合同条款或法律规定使对立事物达到统一的过程。这个过程并不是轻易完成的，它要求合同双方具备丰富的施工经验和合同、索赔管理知识。

2. 反索赔种类

反索赔的实质性目的有两个方面：第一，它可以对索赔者的索赔要求进行评议和批评，提出其不符合合同条款的地方，或指出计算错误的地方，使其索赔要求被全部否定，或去除索赔计价中的不合理部分，从而大量地压低索赔款额。第二，它可以利用工程合同条款赋予自己的权利，对索赔者违约的地方提出反索赔要求，以维护自己的合法利益。

在国际工程承包施工实践中，索赔和反索赔往往是伴生物。通常的现象是：承包商提出施工索赔要求时，极少有业主只接受索赔要求而不采取反索赔措施。因此，索赔和反索赔是国际工程承包施工中的正常现象。

3. 园林工程反索赔的作用

反索赔对合同双方具有同等重要的作用，主要表现为以下几个方面。

（1）成功的反索赔能防止或减少经济损失。如果不能进行有效的反索赔，不能推卸自己对干扰事件的合同责任，则必须满足对方的索赔要求，支付赔偿费用，致使自己蒙受损失。对合同双方来说，反索赔同样直接关系园林工程经济效益的高低，反映着园林工程的管理水平。

（2）成功的反索赔能增长管理人员士气，促进工作的开展。在园林工程中常常有这种情况。由于企业管理人员不熟悉园林工程索赔业务，不敢大胆地提出索赔，又不能进行有效的反索赔，在园林工程施工干扰事件处理中，总是处于被动地位，工作中丧失了主动权。常处于被动局面的管理人员必然受到心理的挫折，进而影响整体工作。

（3）成功的反索赔必然促进有效的索赔。能够成功有效地进行反索赔的管理者必然熟知合同条款内涵，掌握干扰事件产生的原因，拥有较全面的资料；具有丰富的施工经验，工作精细，能言善辩的管理者在进行索赔时，往往能抓住要害，击中对方弱点，使对方无法反驳。

同时，由于园林工程施工中干扰事件的复杂性，往往双方都有责任，双方都有损失。有经验的索赔管理人员在对索赔报告仔细审查后，通过反驳索赔不仅可以否定对方的索赔要求，使自己免于损失，而且可以重新发现索赔机会，找到向对方索赔的理由。

4. 反索赔的特点

同承包商提出的索赔一样，业主的反索赔要求也是为了维护自己的经济利益，避免由于承包商的原因而蒙受经济损失。所以，从经济角度分析，索赔和反索赔的目的是相同的。因此，在有的索赔报告中，把索赔和反索赔统称为"索赔"，至于是谁向谁索赔，要根据上下文判断。在具体的工作程序方面，反索赔工作不像承包商的索赔工作那么繁复；在处理反索赔款方面也没有那么困难。这些特点和区别，是国际工程承包市场上占统治地位的"卖方市场"规律所决定的。反索赔工作的特点，主要表现如下。

（1）业主对承包商的反索赔措施，基本上都已列入工程项目的施工合同条款中去了，如投票保函、履约保函、预付款保函、保留金、误期损害赔偿费、第三方责任险、缺陷责任等。在合同实施的过程中，许多的反索赔措施顺理成章地已——体现了。

（2）业主对承包商的反索赔，不需要提什么报告之类的索赔文件，只需通知承包商即可。有的反索赔决定，如承包商保险失效，误期损害赔偿费等，根本不需要事先通知承包商，就可以直接扣款。

（3）业主的反索赔款额，由业主自己根据有关法律和合同条款确定，且直接从承包商的工程进度款中扣除。如工程进度款数额不够，便可以从承包商提供的任何担保或保函中扣除。如果还需要够抵偿业主的反索赔款额，业主还有权扣押、没收承包商在工地上的任何财产，如施工机械等等。这同承包商取得索赔款的过程和难度相比，真有天壤之别。

当然，虽然如此，这并不意味着业主可以任意而为。业主应通情达理，咨询（监理）工程师应公正行事，这在国际工程承包界已是众所周知的职业道德问题。

二、 园林工程施工反索赔的种类与内容

1. 园林工程施工反索赔的种类

（1）园林工程质量问题。发包人在园林工程施工期间和缺陷责任期（保修期）内认为工程质量没有达到合同要求，并且这种质量缺陷是由于承包商的责任造成的，而承包商又没有采取适当的补救措施，发包人可以向承包商要求赔偿，这种赔偿一般采用从工程款或保留金（保修金）中扣除的办法。

（2）园林工程拖期。由于承包商原因，部分或整个园林工程未能按合同规定的日期（包括已批准的工期延长时间）竣工，则发包人有权索取拖期赔偿。一般合同中已规定了园林工程拖期赔偿的标准，在此基础上按拖期天数计算即可。如果仅是部分园林工程拖期，而其他部分已颁发移交证书，则应按拖期部分在整个园林工程中所占价值比重进行折算。如果拖期部分是关键工程，即该部分园林工程的拖期将影响整个园林工程的主要使用功能，则不应进行折算。

（3）其他损失索赔。根据合同条款，如果由于承包商的过失给发包人造成其他经济损失时，发包人也可提出索赔要求。常见的有以下几项。

1）承包商运送自己的施工设备和材料时，损坏了沿途的公路或桥梁，引起相应管理机构索赔。

2）承包商的建筑材料或设备不符合合同要求而进行重复检验时，所带来的费用开支。

3）园林工程保险失效，带给发包人员的物质损失。

4）由于承包商的原因造成园林工程拖期时，在超出计划工期的拖期时段内的工程师服务费用等。

2. 园林工程施工反索赔的内容

依据园林工程承包的惯例和实践，常见的发包人反索赔及具体内容主要有以下四种。

（1）园林工程质量缺陷反索赔。园林工程承包合同中对园林工程质量有着严格细致的技术规范和要求。因为工程质量的好坏与发包人的利益和园林工程的效益紧密相关。发包人只

承担直接负责设计所造成的质量问题,监理工程师虽然对承包商的设计、施工方法、施工工艺工序以及对材料进行过批准、监督、检查,但只是间接责任,并不能因而免除或减轻承包商对园林工程质量应负的责任。在园林工程施工过程中,若承包商所使用的材料或设备不符合合同规定或园林工程质量不符合施工技术规范和验收规范的要求,或出现缺陷而未在缺陷责任期满之前完成修复工作,发包人均有权追究承包商的责任,并提出由承包商所造成的园林工程质量缺陷所带来的经济损失的反索赔。另外,发包人向承包商提出园林工程质量缺陷的反索赔要求时,往往不仅仅包括园林工程缺陷所产生的直接经济损失,也包括该缺陷带来的间接经济损失。

常见的园林工程质量缺陷表现为以下几个方面。

1)由承包商负责设计的部分永久工程和细部构造,虽然经过工程师的复核和审查批准,仍出现了质量缺陷或事故。

2)承包商的临时工程或模板支架设计安排不当,造成了园林工程施工后的永久工程的缺陷。

3)承包商使用的园林工程材料和机械设备等不符合合同规定和质量要求,从而使园林工程质量产生缺陷。

4)承包商施工的分项分部园林工程,由于施工工艺或方法问题,造成严重开裂、下挠、倾斜等缺陷。

5)承包商没有完成按照合同条件规定的工作或隐含的工作,如对工程的保护和照管,安全及环境保护等。

(2)拖延工期反索赔。依据工程施工承包合同条件规定,承包商必须在合同规定的时间内完成园林工程的施工任务。如果由于承包商的原因造成不可原谅的完工日期拖延,则影响到发包人对该工程的使用和运营生产计划,从而给发包人带来了经济损失。此项发包人的索赔,并不是发包人对承包商的违约罚款,而只是发包人要求承包商补偿拖期完工给发包人造成的经济损失。承包商则应按签订合同时双方约定的赔偿金额以及拖延时间长短向发包人支付这种赔偿金,而不再需要去寻找和提供实际损失的证据去详细计算。在有些情况下,拖期损失赔偿金若按该工程项目合同价的一定比例计算,在整个园林工程完工之前,工程师已经对一部分工程颁发了移交证书,则对整个园林工程所计算的延误赔偿金数量应给予适当的减少。

(3)发包人其他损失的反索赔。依据合同规定,除了上述发包人的反索赔外,当发包人在受到其他由于承包商原因造成的经济损失时,发包人仍可提出反索赔要求。比如由于承包商的原因,在运输施工设备或大型预制构件时,损坏了旧有的道路或桥梁;承包商的工程保险失效,给发包人造成的损失等。

(4)保留金的反索赔。保留金的作用是对履约担保的补充形式。园林工程合同中都规定有保留金的数额,为合同价的5%左右,保留金是从应支付给承包商的月工程进度款中扣下一笔合同价百分比的基金,由发包人保留下来,以便在承包商一旦违约时直接补偿发包人的损失。所以说保留金也是发包人向承包商索赔的手段之一。保留金一般应在整个园林工程或规定的单项园林工程完工时退还保留金款额的50%,最后在缺陷责任期满后再退还剩余的50%。

三、 园林工程施工索赔防范

1. 发包人防范园林工程施工索赔的措施

发包人是园林工程承包合同的主导方,关键问题的决策要由发包人掌握。有经验的发包人总是预先采取措施防止索赔的发生,还善于针对承包商提出的索赔为自己辩护,以减少责任。此外，发包人还经常主动提出反索赔，以抵消、反击承包商提出的索赔。在实际园林工程中，发包人方面可采取的措施如下。

（1）增加限制索赔的合同条款。发包人最常用的方式是通过对某些常用合同条件的修改，增加一些限制索赔条款，以减少责任，将园林工程中的风险转移到承包商一方，防止可能产生的索赔。由于招标文件和合同条件一般由发包人准备并提供，发包人往往聘请有经验的法律专家和工程咨询顾问起草合同，并在合同中加入限制索赔条款，如发包人对招标文件中的地质资料和试验数据的准确性不负责任，要求承包商自己进行勘察和试验；发包人对不利的自然条件引起的园林工程延误的经济损失不承担责任等。

应该明确，当发包人将某些风险转移到承包商一方后，虽然减少了索赔，提高建设成本的确定性，但承包商在投标报价中必然会考虑这一风险因素。长期来看，会使承包商报价提高，发包人的工程建设成本增大。因此，发包人往往在合同中规定，同意补偿有经验的承包商无法预见的不利的现场条件给承包商造成的额外成本开支，并调整工期，而不补偿利润。这样，从长期来看可降低承包商的报价，减少发包人的工程成本。

（2）提高园林工程招标文件的质量。发包人可通过做好招标前的准备工作，提高园林工程招标文件的质量，委托技术力量强的咨询公司准备招标文件，以提高规范和图纸的质量，减少设计错误和缺陷，防止漏项，并减少规范和图纸的矛盾和冲突，避免承包商由此而提出的索赔。

发包人还可通过咨询公司，提高园林工程招标文件中工程量表中的工程数量的准确性，防止承包商提出的因实际工程量变化过大引起合同总价的变化超过合同规定的限度而产生的要求调整合同价格的索赔。

（3）全面履行合同规定的义务。发包人要做好合同规定的园林工程施工前期准备工作（如按时移交无障碍物的工地、支付预付款、移交图纸），并按时履行合同规定的义务（如按时向承包商提供应由发包人提供的设备、材料等，协助承包商办理劳动卡、居住证），防止和减少由于发包人的延误或违约而引起的索赔。

发包人对自身的失误，通常及时采取补救措施，以减少承包商的损失，防止损失扩大出现重大索赔问题。

（4）改变园林工程承包方式和合同形式。在传统的园林工程承包中，发包人常常采用施工合同，由发包人委托设计单位提供图纸，并委托工程师对项目实施过程进行监理，承包商只负责按照发包人提供的图纸和规范施工。在这种承包方式中，往往由于图纸变更和规范缺陷产生大量索赔。因此，近些年来，发包人为了减少索赔，增加建设项目成本的确定性，减少风险，往往将设计和施工一并委托一家承包商总承包，由承包商对设计和施工质量负责，达到预防和减少索赔，控制园林工程建设成本的目的。

（5）建立索赔信号系统。发包人预防并减少索赔的一个有效办法，就是尽早发现索赔征兆与信号，及时采取准备措施，有针对性地做好详细记录，以便提出索赔与反索赔，避免延误索赔时机，使索赔权利受到限制。常见的园林工程索赔信号有：园林工程合同文件含糊不清；承包商的投标报价过低或工程出现亏损；园林工程中变更频繁，或园林工程变更通知单对园林工程范围规定不详等。通过对这些索赔信号的分析辨识，发现其产生的原因，并预测其产生的后果，防止并减少园林工程索赔，为索赔和反索赔提供依据。

2. 承包商防范反索赔的措施

为了维护承包商应得的经济利益，依据合同条件规定，赋予了承包商的索赔权利，所以承包商是索赔事件的发起者。但是，为了承包商自身的利益和信誉，承包商应慎重使用自己的权利。一方面要建好工程，加强合同管理和成本管理，控制好园林工程进度，预防发包人的反索赔；另一方面要善于申报和处理索赔事项，尽量减少索赔的数量，并实事求是地进行索赔。一般来讲，承包商在预防和减少索赔与反索赔方面，可以采取的措施如下。

（1）严肃认真地对待投标报价。在园林工程招标投标与报价过程中，承包商都应仔细研究招标文件，全面细致地进行施工现场查勘，认真地进行投标估算，正确地决定报价；切不可疏忽大意进行报价，或者为了中标，故意压低标价，企图在中标后靠索赔弥补盈利，这样在投标时即留下不利因素，在园林工程施工过程中，千方百计去寻找索赔的机会。实际上这种索赔很难成功，并往往会影响承包商的经济效益和承包信誉。

（2）注意签订合同时的协商与谈判。承包商在中标以后，在与发包人正式签订合同的谈判过程中，应对园林工程项目合同中存在的疑问进行澄清，并对重大园林工程风险问题，提出来与发包人协商谈判，以修改合同中不适当的地方。特别是对于园林工程项目承包合同中的特殊合同条件，若不允许索赔、付款无限制期限、无利息等，都要据理力争，促成对这些合同条款的修改，以"合同谈判纪要"的形式写成书面内容，作为本合同文件的有效组成部分。这样，对合同中的问题都补充为明文条款，也可预防和避免施工中不必要的索赔争端。

（3）加强施工质量管理。承包商应严格按照合同文件中规定的设计、施工技术标准和规范进行工作，并注意按设计图施工，对原材料到各工艺工序严格把关，推行全面的质量管理，尽量避免和消除园林工程质量事故的缺陷，则可避免发包人对施工缺陷的反索赔事项发生。

（4）加强施工进度计划与控制。承包商应尽力做好施工组织与管理，从各个方面保证施工进度计划的实现，防止由于承包商自身管理不善造成的工程进度拖延。若由于发包人或其他客观原因造成园林工程进度延误，承包商应及时申报延期索赔申请，以获得合理的工期延长，预防和减少发包人的因"拖期竣工的赔偿金"的反索赔。

（5）注意发包人不得随意变更工程及扩大工程范围。承包商应注意，发包人不能随意扩大园林工程范围。另外，所有的园林工程变更都必须有书面的工程变更指令，以便对变更工程进行计价。若发包人或工程师下达了口头变更指令，要求承包商执行变更工作，承包商可以予以书面记录，并请发包人或工程师签字确认；若工程师不愿确认，承包商可以不执行该变更工程，以免得不到应有的经济补偿。

（6）加强园林工程成本的核算与控制。承包商的工程成本管理工作是保证实现施工经济效益的关键工作，也是避免和减少索赔与反索赔工作的关键所在。承包商自身要加强工程成本核算，严格控制园林工程开支，使施工成本不超过投标报价时的成本计划。当成本中某项直接费的支出款额超过计划成本时，要立即进行分析，查清原因。若属于自己方面原因，要对成本进行分指标分工艺工序控制；若属于发包人原因或其他客观原因，就要熟悉施工单价调整方法，熟悉和掌握索赔款具体计价的方法，采用实际园林工程成本法、总费用法或修正的总费用法等，使索赔款额的计算比较符合实际，切不可抬高过多，反而导致索赔失败或发包人的反索赔发生。

四、 园林工程施工索赔的基本特征

从索赔的基本含义，可以看出园林工程施工索赔具有以下基本特征。

（1）园林工程施工索赔是双向的，不仅承包人可以向发包人索赔，发包人同样也可以向承包人索赔。由于实践中发包人向承包人索赔发生的频率相对较低，而且在索赔处理中，发包人始终处于主动和有利地位，对承包人的违约行为他可以直接从应付工程款中扣抵、扣留保留金或通过履约保函向银行索赔来实现自己的索赔要求，因此在园林工程实践中大量发生的、处理比较困难的索赔是承包人向发包人的索赔，这也是园林工程师进行合同管理的重点内容之一。

（2）只有实际发生了经济损失或权利损害，一方才能向对方索赔。经济损失是指因对方因素造成合同外的额外支出，如人工费、材料费、机械费、管理费等额外开支；权利损害是指虽然没有经济上的损失，但造成了一方权利上的损害，如由于恶劣气候条件对工程进度的不利影响，承包人有权要求工期延长等。因此，发生了实际的经济损失或权利损害，应是一方提出索赔的基本前提条件。

（3）园林工程施工索赔是一种未经对方确认的单方行为。它与通常所说的工程签证不同。

在施工过程中签证是承发包双方就额外费用补偿或工期延长等达成一致的书面证明材料和补充协议，可以直接作为工程款结算或最终增减工程造价的依据；而索赔则是单方面行为，对对方尚未形成约束力，索赔要求必须要通过确认（如双方协商、谈判、调解或仲裁、诉讼）后才能实现。

归纳起来，园林工程施工索赔具有如下一些本质特征。

① 索赔是要求给予补偿（赔偿）的一种权利、主张。

② 索赔的依据是法律法规、合同文件及工程建设惯例，但主要是合同文件。

③ 索赔是因非自身原因导致的，要求索赔一方没有过错。

④ 与合同相比较，已经发生了额外的经济损失或权利损害。

⑤ 索赔必须有切实有效的证据。

⑥ 索赔是单方行为，双方没有达成协议。

五、 园林工程施工中反索赔的步骤

1. 合同总体分析

园林工程施工反索赔同样是以合同作为反驳的理由和根据。分析合同的目的是分析、评价对方索赔要求的理由和依据。在合同中找出对对方不利，对己方有利的合同条文，以构成对对方索赔要求否定的理由。合同总体分析的重点是与对方索赔报告中提出的问题有关的合同条款，通常有合同的法律基础，合同的组成及其合同变更情况；合同规定的园林工程范围和承包商责任；园林工程变更的补偿条件、范围和方法；合同价格，工期的调整条件、范围和方法，以及对方应承担的风险；违约责任；争执的解决方法等。

2. 事态调查

反索赔仍然基于事实基础之上，以事实为根据。这个事实必须有己方对园林工程施工合同实施过程跟踪和监督的结果，即各种实际园林工程资料作为证据，用以对照索赔报告所描述的事情经过和所附证据。通过调查可以确定干扰事件的起因、事件经过、持续时间、影响范围等真实的详细的情况。

在此应收集整理所有与反索赔相关的园林工程资料。

3. 三种状态分析

在事态调查和收集、整理园林工程资料的基础上进行合同状态、可能状态、实际状态分析。通过三种状态的分析可以达到以下目的。

（1）全面地评价合同、合同实际状况，评价双方合同责任的完成情况。

（2）对对方有理由提出索赔的部分进行总概括。分析出对方有理由提出索赔的干扰事件有哪些，索赔的大约值或最高值。

（3）对对方的失误和风险范围进行具体指认，这样在谈判中有攻击点。

（4）针对对方的失误作进一步分析，以准备向对方提出索赔。这样在反索赔中同时使用索赔手段。

对园林工程施工索赔报告进行全面分析，对索赔要求、索赔理由进行逐条分析评价。

分析评价园林工程施工索赔报告，可以通过索赔分析评价表进行。索赔分析表中应分别列出对方索赔报告中的干扰事件、索赔理由、索赔要求、提出己方的反驳理由、证据、处理意见或对策等。

4. 起草并向对方递交园林工程施工反索赔报告

园林工程施工反索赔报告也是正规的法律文件。在调解或仲裁中，对方的索赔报告和我方的反索赔报告应一起递交调解人或仲裁人。园林工程施工反索赔报告的基本要求与园林工程施工索赔报告相似。通常园林工程施工反索赔报告的主要内容如下。

（1）园林工程合同总体分析简述。

（2）园林工程合同实施情况简述和评价。这里重点针对对方索赔报告中的问题和干扰事件，叙述事实情况，应包括前述三种状态的分析结果，对双方合同责任完成情况和工程施工情况作评价。目标是推卸自己对对方索赔报告中提出的干扰事件的合同责任。

（3）反驳对方园林工程索赔要求。按具体的干扰事件，逐条反驳对方的索赔要求，详细叙述自己的反索赔理由和证据，全部或部分地否定对方的索赔要求。

（4）提出园林工程施工索赔。对经合同分析和三种状态分析得出的对方违约责任，提出己方的索赔要求。对此，有不同的处理方法。通常，可以在本反索赔报告中提出索赔，也可另外出具己方的索赔报告。

（5）总结。对反索赔作全面总结，通常包括如下内容：

① 对园林工程合同总体分析作简要概括。

② 对园林工程合同实施情况作简要概括。

③ 对对方索赔报告作总评价。

④ 对己方提出的索赔作概括。

⑤ 双方要求，即索赔和反索赔最终分析结果比较。

⑥ 提出解决意见。

⑦ 附各种证据。即本反索赔报告中所述的事件经过、理由、计算基础、计算过程和计算结果等证明材料。

通常对方提出的索赔反驳处理过程如图 7-1 所示。

六、 园林工程施工反索赔报告

对于园林工程施工索赔报告的反驳，通常可从以下几个方面着手。

1. 索赔事件的真实性

对于园林工程施工对方提出的索赔事件，应从两方面核实其真实性。一是对方的证据。如果对方提出的证据不充分，可要求其补充证据，或否定这一索赔事件。二是己方的记录。如果索赔报告中的论述与己方关于工程的记录不符，可向其提出质疑，或否定索赔报告。园林工程施工反索赔步骤见图 7-1。

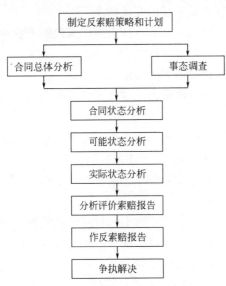

图 7-1　园林工程施工反索赔步骤

2. 索赔事件责任分析

认真分析索赔事件的起因，澄清责任。以下五种情况可构成对索赔报告的反驳。

（1）索赔事件是由索赔方责任造成的，如管理不善，疏忽大意，未正确理解合同文件内容等。

（2）此事件应视作合同风险，且合同中未规定此风险由己方承担。

（3）此事件责任在第三方，不应由己方负责赔偿。

（4）双方都有责任，应按责任大小分摊损失。

（5）索赔事件发生以后，对方未采取积极有效的措施以降低损失。

3. 索赔依据分析

对于园林工程施工合同内索赔，可以指出对方所引用的条款不适用于此索赔事件，或者找出可为己方开脱责任的条款，以驳倒对方的索赔依据。对于园林工程施工合同外索赔，可以指出对方索赔依据不足，或者错解了合同文件的原意，或者按合同条件的某些内容，不应由己方负责此类事件的赔偿。

另外，可以根据相关法律法规，利用其中对自己有利的条文，来反驳对方的索赔。

4. 索赔事件的影响分析

分析索赔事件对园林工程工期和费用是否产生影响以及影响的程度，这直接决定着索赔值的计算。对于园林工程工期的影响，可分析网络计划图，通过每一工作的时差分析来确定是否存在园林工程工期索赔。通过分析施工状态，可以得出索赔事件对费用的影响。如因业主未按时交付图纸而造成园林工程拖期；承包商并未按合同规定的时间安排人员和机械，因此园林工程工期应予顺延，但不存在相应的各种闲置费。

5. 索赔证据分析

索赔证据不足、不当或片面的证据，都可以导致索赔不成立。索赔事件的证据不足，对索赔事件的成立可提出质疑。对索赔事件产生的影响证据不足，则不能计入相应部分的索赔值。仅出示对自己有利的片面的证据，将构成对索赔的全部或部分的否定。

6. 索赔值审核

索赔值的审核工作量大，涉及的资料和证据多，需要花费许多时间和精力。审核的重点如下。

（1）数据的准确性。对索赔报告中的各种计算基础数据均须进行核对，如工程量增加的实际量方、人员出勤情况、机械台班使用量、各种价格指数等。

（2）计算方法的合理性。不同的计算方法得出的结果会有很大出入。应尽可能选择最科学、最精确的计算方法。对某些重大索赔事件的计算，其方法往往需双方协商确定。

（3）是否有重复计算。索赔的重复计算可能存在于单项索赔与一揽子索赔之间，相关的索赔报告之间，以及各费用项目的计算中。索赔的重复计算包括工期和费用两方面，应认真比较核对，剔除重复索赔。

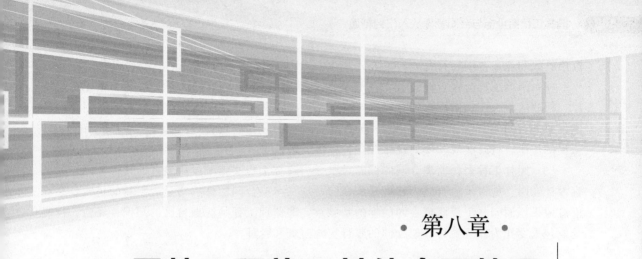

园林工程施工其他合同管理

一、 园林工程监理合同的作用与特点

1. 园林工程监理合同的作用

园林工程建设监理制是我国园林建筑业在市场经济条件下保证园林工程质量、规范市场主体行为，提高管理水平的一项重要措施。园林建设监理与发包人和承包商一起共同构成了建筑市场的主体，为了使建筑市场的管理规范化、法制化，大型工程建设项目不仅要实行园林建设监理制，而且要求发包人必须以合同形式委托监理任务。园林监理工作的委托与被委托实质上是一种商业行为，所以必须以书面合同形式来明确园林工程服务的内容，以便为发包人和监理单位的共同利益服务。园林工程监理合同不仅明确了双方的责任和合同履行期间应遵守的各项约定，成为当事人的行为准则，而且可以作为保护任何一方合法权益的依据。

作为合同当事人一方的园林工程建设监理公司应具备相应的资格，不仅要求其是依法成立并已注册的法人组织，而且要求它所承担的监理任务应与其资质等级和营业执照中批准的业务范围相一致。既不允许低资质的监理公司承接高等级园林工程的监理业务，也不允许承接与资质级别相适应，但工作内容超越其监理能力范围的工作，以保证所监理工程的目标顺利圆满实现。

2. 园林工程监理合同的特点

园林工程监理合同是园林工程委托合同的一种，除具有园林工程委托合同的共同特点外，还具有以下特点。

（1）园林工程监理合同的当事人双方应当是具有民事权利能力和民事行为能力、取得法人资格的企事业单位、其他社会组织，个人在法律允许的范围内也可以成为合同当事人。委托人必须是具有国家批准的建设项目，落实投资计划的企事业单位、其他社会组织及个人；受托人必须是依法成立具有法人资格的监理企业，并且所承担的园林工程监理业务应与企业资质等级和业务范围相符合。

（2）园林工程监理合同委托的工作内容必须符合园林工程项目建设程序，遵守有关法律、行政法规。园林工程监理合同以对园林工程项目实施控制和管理为主要内容，因此园林工程监理合同必须符合园林工程项目的程序，符合国家和建设行政主管部门颁发的有关园林工程的法律、行政法规、部门规章和各种标准、规范要求。

（3）园林工程委托监理合同的标的是服务。园林工程实施阶段所签订的其他合同，如勘察设计合同、施工承包合同、物资采购合同、加工承揽合同的标的物是产生新的物质成果或信息成果；而园林工程监理合同的标的是服务，即监理工程师凭据自己的知识、经验、技能受发包人委托为其所签订其他合同的履行实施监督和管理。

二、 园林工程监理合同的形式

1. 双方协商签订的合同

这种监理合同依据法律和法规的要求作为基础，双方根据委托监理工作的内容和特点，通过友好协商订立有关条款，达成一致后签字盖章生效。园林工程监理合同的格式和内容不受任何限制，双方就权利和义务所关注的问题以条款形式具体约定即可。

2. 信件式合同

通常由监理单位编制有关内容，由发包人签署批准意见，并留一份备案后退给监理单位执行。这种合同形式适用于监理任务较小或简单的小型园林工程。也可能是在正规合同的履行过程中，依据实际工作进展情况，监理单位认为需要增加某些监理工作任务时，以信件的形式请示发包人，经发包人批准后作为正规合同的补充合同文件。

3. 委托通知单

正规合同履行过程中，发包人以通知单形式把监理单位在订立委托合同时建议增加而当时未接受的工作内容进一步委托给监理方。这种委托只是在原定工作范围之外增加少量工作任务，一般情况下原订合同中的权利义务不变。如果监理单位不表示异议，委托通知单就成为监理单位所接受的协议。

4. 标准化合同

为了使委托监理行为规范化，减少合同履行过程中的争议或纠纷，政府部门或行业组织制订出标准化的合同示范文本，供委托监理任务时作为合同文件采用。标准化合同通用性强，采用规范的合同格式，条款内容覆盖面广，双方只要就达成一致的内容写入相应的具体条款中即可。标准合同由于将履行过程中所涉及的法律、技术、经济等各方面问题都做出了相应的规定，合理地分担双方当事人的风险，并约定了各种情况下的执行程序，不仅有利于双方在签约时讨论、交流和统一认识，而且有助于监理工作的规范化实施。

三、 监理合同的内容

1. 园林工程委托监理合同示范文本

《园林工程委托监理合同示范文本》由"园林工程建设委托监理合同"（下称"合同"）、"园林工程委托监理合同标准条件"（下称"标准条件"）、"园林工程委托监理合同专用条件"（下称"专用条件"）组成。

（1）园林工程建设委托监理合同。"合同"是一个总的协议，是纲领性的法律文件。其中明确了当事人双方确定的委托园林监理工程的概况（园林工程名称、地点、工程规模、总投资），委托人向监理人支付报酬的期限和方式，合同签订、生效、完成时间，双方愿意履行约定的各项义务的表示。"合同"是一份标准的格式文件，经当事人双方在有限的空格内填写具体规定的内容并签字盖章后，即发生法律效力。

对委托人和监理人有约束力的合同，除双方签署的"合同"协议外，还包括以下文件。

① 监理委托函或中标函。

② 园林建设工程委托监理合同标准条件。

③ 园林建设工程委托监理合同专用条件。

④ 在实施过程中双方共同签署的补充与修正文件。

（2）园林工程委托监理合同标准条件。其内容涵盖了合同中所用词语定义，适用范围和法规，签约双方的责任、权利和义务，合同生效变更与终止，监理报酬，争议的解决，以及其他一些情况。它是委托监理合同的文件，适用于园林工程项目监理。各个委托人、监理人都应遵守。标准条件共有 11 节 49 条，包括：

① 词语定义、适用范围和法规；

② 监理人义务；

③ 委托人义务；

④ 监理人权利；

⑤ 委托人权利；

⑥ 监理人责任；

⑦ 委托人责任；

⑧ 合同生效、变更与终止；

⑨ 监理报酬；

⑩ 其他；

⑪ 争议的解决。

（3）园林工程委托监理合同专用条件。由于标准条件适用于园林工程监理，因此其中的某些条款规定得比较笼统，需要在签订具体园林工程项目的监理合同时，就地域特点、专业特点和委托监理项目的工程特点，对标准条件中的某些条款进行补充、修正。如对委托监理的工作内容而言，认为标准条件中的条款还不够全面，允许在专用条件中增加合同双方议定的条款内容。

所谓"补充"是指标准条件中的某些条款明确规定，在该条款确定的原则下在专用条件的条款中进一步明确具体内容，使两个条件中相同序号的条款共同组成一条内容完备的条款。如标准条件中规定："园林工程委托监理合同适用的法规是指国家的法律、行政法规，以及专用条件中议定的部门规章或园林工程所在地的地方法规、地方规章"。这就要求在专用条件的相同序号条款内写入应遵循的部门规章和地方法规的名称，作为双方都必须遵守的条件。

所谓"修改"，是指标准条件中规定的程序方面的内容，如果双方认为不合适，可以协议修改。如标准条件中规定"如果委托人对监理人提交的支付通知书中报酬或部分报酬项目提出异议，应当在收到支付通知书 24 小时内向监理人发出表示异议的通知"，如果委托人认为这个时间太短，在与监理人协商达成一致意见后，可在专用条件的相同序号条款内修改延长时间。

2. 总则性条款

（1）合同主体。园林建设监理合同的当事人是委托人和监理人，但根据我国目前法律和法规的规定，当事人应当是法人或依法成立的组织，而不是某一自然人。

1）委托人

① 委托人的资格。委托人是指承担直接投资责任、委托监理业务的合同当事人及其合法继承人，通常为园林工程的项目法人，是建设资金的持有者和建筑产品的所有人。

② 委托人的代表。为了与监理人做好配合工作，委托人应任命一位熟悉工程项目情况的常驻代表，负责与监理人联系。对该代表人应有一定的授权，使他能对监理合同履行过程中出现的有关问题和工程施工过程中发生的某些情况迅速做出决定。这位常驻代表不仅作为与监理人的联系人，也作为与施工单位的联系人，不仅要监督监理合同和施工合同的履行责任，还要承担两个合同履行过程中与其他有关方面进行协调配合的义务。委托人代表在授权范围内行使委托人的权利，履行委托人应尽的义务。

为了使合同管理工作连贯、有序进行，派驻现场的代表人在合同有效期内应尽可能地相对稳定，不要经常更换。当委托人需要更换常驻代表时，应提前通知监理人，并代之一位同等能力的人员。后续继任人对前任代表依据合同已做过的书面承诺、批准文件等，均应承担履行义务，不得以任何借口推卸责任。

2）监理人

① 监理人的资格。监理人是指承担监理业务和监理责任的监理单位及其合法继承人。监理人必须具有相应履行合同义务的能力，即拥有与委托监理业务相应的资质等级证书和注册登记的允许承揽委托范围工作的营业执照。

② 监理机构。监理机构是指监理人派驻建设项目工程现场，实施监理业务的组织。

③ 总监理工程师。监理人派驻现场监理机构从事监理业务的监理人员实行总监理工程师负责制。监理人与委托人签订监理合同后，应迅速组织派驻现场实施监理业务的监理机构，并将委派的总监理工程师人选和监理机构主要成员名单，以及监理规划报送委托人。合同正常履行过程中，总监理工程师将与委托人派驻现场的常驻代表建立联系交往的工作联系。总监理工程师既是监理机构的负责人，也是监理人派驻工程现场的常驻代表人。除非发生了涉及监理合同正常履行的重大事件而需委托人和监理人协商解决外，在正常情况下监理合同的履行和委托人与第三方签订的被监理合同的履行，均由双方代表人负责协调和管理。

监理人委派的总监理工程师人选，是委托人选定监理人时所考察的重要因素之一，所以总监理工程师不允许随意更换。监理合同生效后或合同履行过程中，如果监理人确需调换总监理工程师，应以书面形式提出请求，申明调换的理由和提供后继人选的情况介绍，经过委托人批准后方可调换。

（2）监理人应完成的园林工程监理工作。虽然监理合同的专用条款内注明了委托监理工作的范围和内容，但从工作性质而言属于正常的园林工程监理工作。作为监理人必须履行的合同义务，除了正常监理工作之外，还应包括附加监理工作和额外监理工作。这两类工作属于订立合同时未能或不能合理预见，而合同履行过程中发生的需要监理人完成的工作。

1）正常工作。监理服务的正常工作是指合同专用条件中约定的监理工作范围和内容。监理人提供的是一种特殊的中介服务，委托人可以委托的监理服务内容很广泛。但就园林工程项目而言，则要根据园林工程的特点、监理人的能力、建设不同阶段所需要的监理任务等诸方面因素，将委托的监理业务详细地写入合同的专用条件中，以便使监理人明确责任范围。我国目前委托的监理业务主要为招标和施工阶段的监理，正在开展设计监理，可行性研究一般还不委托监理，保修期的工作通常也不包括在委托任务内。

2）附加工作。附加工作是指与完成正常工作相关，在委托正常监理工作范围以外监理人应完成的工作。

① 由于委托人、第三方原因，使监理工作受到阻碍或延误，以致增加了工作量或延续时间。

② 原应由委托人承担的义务，由双方达成协议改由监理人来承担的工作。此类附加工作通常指委托人按合同内约定应免费提供监理人使用的仪器设备或提供的人员服务。如合同约定委托人为监理人提供某一检测仪器，在采购仪器前发现监理人拥有这个仪器且正在闲置期间，双方达成协议后由监理人使用自备仪器。又如，合同约定委托人为监理人在施工现场设置检测实验室，后通过协议不再建立此实验室，执行监理业务时需要进行的检测由监理机构到具有试验能力的检验机构去做这些试验，并支付相应费用。

③ 监理人应委托人要求提出更改服务内容建议而增加的工作内容。例如园林工程施工承包人需要使用某种新工艺或新技术，而对质量在现行规范中又无依据可查，监理人提出应制定对该项工艺质量的检验标准，委托人接受提议并要求监理机构来制定，则此项编制工作属于附加工作。

3）额外工作。额外工作是指正常工作和附加工作以外的工作，即非监理人自己的原因而暂停或终止监理业务，其善后工作及恢复监理业务前不超过 42 日的准备工作时间。

如合同履行过程中发生不可抗力，承包人的施工被迫中断，监理工程师应完成的任务包括确认灾害发生前承包人已完成工程的合格和不合格部分，指示承包人采取应急措施等，以及灾害消失后恢复施工前必要的监理准备工作。

由于附加工作和额外工作是委托正常工作之外要求监理人必须履行的义务，因此委托人在其完成工作后应另行支付附加监理工作酬金和额外监理工作酬金，但酬金的计算办法应在专用条款内予以约定。

（3）合同有效期。尽管双方签订的《园林工程委托监理合同》中注明"本合同自×年×月×日开始实施，至×年×月×日完成"，但此期限仅指完成正常监理工作预定的时间，并不就一定是监理合同的有效期。监理合同的有效期即监理人的责任期，不是用约定的日历天数为准，而是以监理人是否完成了包括附加和额外工作的义务来判定。因此通用条款规定，监理合同的有效期为双方签订合同后，园林工程准备工作开始，到监理人向委托人办理完竣工验收或工程移交手续，承包人和委托人已签订工程保修责任书，监理收到监理报酬尾款，监理合同才终止。如果保修期间仍需监理人执行相应的监理工作，双方应在专用条款中另行约定。

3. 双方的权利和义务

（1）委托人的权利

1）授予监理人权限的权利。监理合同是要求监理人对委托人与第三方签订的各种承包合同的履行实施监理，监理人在委托人授权范围内对其他合同进行监督管理，因此在监理合同内除需明确委托的监理任务外，还应规定监理人的权限。在委托人授权范围内，监理人可对所监理的合同自主地采取各种措施进行监督、管理和协调，如果超越权限时，应首先征得委托人同意后方可发布有关指令。委托人授予监理人权限的大小，要根据自身的管理能力、园林工程项目的特点及需要等因素考虑。监理合同内授予监理人的权限，在执行过程中可随时通过书面附加协议予以扩大或减小。

2）对其他合同承包人的选定权。委托人是建设资金的持有者和建筑产品的所有人，因此对设计合同、施工合同、加工制造合同等的承包单位有选定权和订立合同的签字权。监理人在选定其他合同承包人的过程中仅有建议权而无决定权。监理人协助委托人选择承包人的工作包括邀请招标时提供有资格和能力的承包人名录；帮助起草招标文件；组织现场考察；参与评标，以及接受委托代理招标等。但标准条件中规定，监理人对设计和施工等总包单位所选定的分包单位，拥有批准权或否决权。

将对总包单位所选分包单位的批准或否决权授予监理人，一方面因为委托人不与分包单位签订合同，与分包单位没有直接的权利、义务关系，另一方面是由于委托人已将被监理工程的管理权授予了监理人。监理人为了保证委托人所签订的总包合同能够顺利实施，必须审查分包工作内容是否符合总包合同中约定允许分包的内容，以及分包单位的资质与其准备承接的工程等级要求是否相符。如果总包合同内没有具体约定允许分包的工作内容，监理单位也要依据有关法规、条例加以审查，而后再决定是批准还是否决分包单位。根据《建筑法》规定，建筑工程主体结构的施工必须有总承包单位自己完成，非主要部分或专业性较强的工程部分，经委托人认可后只能分包给资质条件符合该部分工程技术要求的建筑安装单位。结构和技术要求相同的群体工程，总包单位应至少完成半数以上的工程。分包单位必须自己完成分包工程，不得再行分包。

3）被监理工程重大事项的决定权。委托人虽然将被监理工程的合同管理权委托给监理人，但其对园林工程所涉及的重大事项仍有决定权。主要表现为以下几方面。

① 对园林工程规模、设计标准、规划设计、生产工艺设计和使用功能设计的认定权。

② 园林工程设计变更和施工任务变更的审批权。

③ 对园林工程质量要求的认定权。

4）对监理人履行合同的监督控制权。委托人对监理人履行合同的监督权利体现在以下三个方面。

① 对监理合同转让和分包的监督。除了支付款的转让外，监理人不得将所涉及的利益或规定义务转让给第三方。监理人所选择的监理工作分包单位必须事先征得委托人的认可。在没有取得委托人的书面同意前，监理人不得开始实行、更改或终止全部或部分服务的任何分包合同。

② 对监理人员的控制监督。合同专用条款或监理人的投标书内，应明确总监理工程师人选，监理机构派驻人员计划。合同开始履行时，监理人应向委托人报送委派的总监理工程师及其监理机构主要成员名单，以保证完成监理合同专用条件中约定的监理工作范围内的任务。当监理人调换总监理工程师时，需经委托人同意。

③ 对合同履行的监督权。监理人有义务按期提交月、季、年度的监理报告，委托人也可以随时要求其对重大问题提交专项报告，这些内容应在专用条款中明确约定。委托人按照合同约定检查监理工作的执行情况，如果发现监理人员不按监理合同履行职责或与承包方串通，给委托人或工程造成损失，有权要求监理人更换监理人员，直至终止合同，并承担相应赔偿责任。

（2）监理人的权利。监理合同中涉及监理人权利的条款可以分为两大类：一类是监理人在监理合同中相对于委托人享有的权利；另一类是监理人对委托人与第三方所签合同履行监督管理责任时可行使的权利。

1）委托监理合同中赋予监理人的权利

① 完成监理任务后获得酬金的权利。监理人不仅可获得完成合同内规定的正常监理任务酬金，如果合同履行过程中因主、客观条件的变化，完成附加工作和额外工作后，也有权按照专用条件中约定的计算方法，得到额外工作的酬金。正常酬金的支付程序和金额，以及

附加与额外工作酬金的计算办法，应在专用条款内写明。

②　获得奖励的权利。监理人如果在监理服务过程中做出了显著成绩，如由于其提出的合理化建议，使委托人获得了经济效益，理应得到委托人给予的适当奖励。奖励的办法应在专用条件内做出约定。应当强调，为了园林工程建设项目最终目标的实现，受委托人聘用的监理人应忠诚地为委托人提供一切可能的优质服务。就园林工程项目建设的有关事项，监理人提出自己的合理化建议供委托人选用，也包含在其基本义务之中。因此当采用监理人的合理化建议后，委托人获得了实际经济利益，如节约投资、工期有较大幅度提前、委托人获得了使用效益、在保证质量和功能的条件下对永久工程的生产或工艺流程提出重要的合理改进或优化等，监理人为此而有权获得的只应是奖励，而不是委托人所得好处的利益分成，因为其不是委托人的合伙人。

③　终止合同的权利。如果由于委托人违约严重拖欠应付监理人的酬金，或由于非监理人责任而使监理暂停的期限超过半年以上，监理人可按照终止合同规定程序，单方面提出终止合同，以保护自己的合法权益。

监理人单方面提出终止监理合同的要求，仅限于监理合同内规定的上述两种情况，而不能以因委托人违约、承包人违约或不可抗力等原因导致监理工作不能顺利进行作为理由，提出终止监理合同的要求。此时监理人仅有权根据事件发生和发展的实际情况，向委托人提出终止其与第三方所签合同的建议，并出具有关证明，而无权决定终止被监理的合同。而且当委托人决定终止与第三方的合同关系后，监理人还应按监理合同的约定，完成善后工作和再次恢复监理业务前的准备等额外服务工作，而不能擅自提出终止合同的要求。因为此时被监理的合同虽然被迫终止了，但监理合同并不一定也随之而终止。监理人完成善后工作之后，监理工作可能仅是中断履行或增加其他的额外服务工作，如帮助委托人重新选定承包单位等。只有当实际监理工作被暂停时间超过半年以上，监理人才有权单方面提出终止合同的要求。

2）监理人执行监理业务可以行使的权利。按照范本通用条件的规定，监理委托人和第三方签订承包合同时可行使以下权利。

①　园林工程有关事项和工程设计的建议权。园林工程有关事项包括工程规模、设计标准、规划设计、生产工艺设计和使用功能要求。

工程设计是指按照安全和优化方面的要求，就某些技术问题自主向设计单位提出建议。但如果由于提出的建议提高了工程造价，或延长工期，应事先征得委托人的同意，如果发现工程设计不符合建筑工程质量标准或约定的要求，应当报告委托人要求设计单位更改，并向委托人提出书面报告。

②　对实施项目的质量、工期和费用的监督控制权。主要表现为：对承包人上报的工程施工组织设计和技术方案，按照保质量、保工期和降低成本要求，自主进行审批和向承包人提出建议；征得委托人同意，发布开工令、停工令、复工令；对工程上使用的材料和施工质量进行检验；对施工进度进行检查、监督，未经监理工程师签字，建筑材料、建筑构配件和设备不得在工地上使用，施工单位不得进行下一道工序的施工；工程实施竣工日期提前或延误期限的鉴定；在工程承包合同方定的工程范围内，工程款支付的审核和签认权，以及结算工程款的复核确认与否定权。未经监理人签字确认，委托人不支付工程款，不进行竣工验收。

③　进行被监理各方的协调管理。为了保证整个工程项目目标的顺利实现，监理人既要协调和管理委托人与某一承包单位所签合同的履行，还要负责协调各独立合同间的衔接和配

合工作。因为分别与委托人签订合同的各承包人之间没有任何权利义务关系，排除各合同间的干扰，保证建设项目的有序实施，就是监理人所应承担的职责。标准条件内赋予的协调管理权如下。

a. 拥有协调、组织工程建设有关协作单位的主持权。

b. 报经委托人同意后，有权发布开工令、停工令和复工令。发布停工令和复工令的原因，可以是由于承包方原因质量未达到合同要求，也可以是为了协调各合同间的衔接或配合。

c. 在委托人授权范围内，有权根据工程实际需要或实施的进展情况，对任何第三方合同规定的义务提出变更。如果在紧急情况下，变更指令超越了授权范围且又不能事先征得委托人批准，监理工程师也有权为了保障工程或人员生命财产安全，采取其认为必要的措施，并将变更内容尽快通知委托人。

④ 审核承包人索赔的权利。监理人在委托人授权范围内对被监理合同在履行过程中进行全面管理，承包人向委托人提出的索赔要求必须首先报送监理人。监理人收到索赔报告后，要判定索赔条件是否成立，以及索赔成立后其索赔要求是否合理、计算是否正确或准确。待做出自己的处置意见后再报请委托人批准，并通知承包人。

⑤ 调解委托人与承包人的合同争议。虽然圆满地实现工程项目的预定目标是各方的共同目的，但在合同履行过程中，委托人或第三方根据合同实施中发生的具体情况，都会分别站在各自立场上向对方提出某些要求。一方面为了避免就同一事项委托人和监理人分别发布不同的指示而造成管理混乱，因此委托人的意图应通知监理人，并由其来贯彻实施，委托人不能直接给第三方发布指示；另一方面，第三方对委托人的要求也应首先在监理人的协调管理中来实现。从这两方面来看，合同正常履行过程中的管理是以监理人为核心，与国际上通行的管理模式相接轨。这种管理模式还可以尽量避免任何一方站在自己的立场上理解合同内容，向对方提出不切合实际或不合理的要求，尽可能地减少合同争议。

发生合同争议时，规定首先应提交监理人来调解，既体现了监理机构在合同管理中的地位，又由于其不是所签订承包合同的当事人，在该合同中没有经济利益，可以公正地判断责任归属，做出双方都可接受的处理方案。

如果一方或双方对监理人的调解争议方案不能接受，而将合同的争议甚至导致的纠纷提交政府建设行政主管部门调解或仲裁机关仲裁时，监理人也应站在公正的立场上提供作证的有关事实材料。

(3) 委托人的义务。委托人在监理合同中的义务，主要体现为满足监理人顺利实施监理任务所需要的协助工作。

1) 负责做好外部协调工作。委托人应负责做好所有与园林工程建设有关的外部协调工作，满足开展监理工作所要求的外部条件。外部协调工作内容较为广泛，对于某一具体监理合同而言，由于监理工作内容不尽相同，要求委托人负责完成的外部协调任务也各异，但在签订合同时应明确由委托人办理的具体外部协调工作，同时还应明确在合同履行过程中所有需要进行协调的外部关系均应由委托人负责联系或办理有关手续。

2) 为开展监理业务作好配合工作。园林工程项目实施过程中的情况千变万化，经常会发生一些原来没有预计到的新情况。监理人在处理过程中又往往受到授权的限制，不能独自决定处理意见，需要请示委托人或将其处理方案送交委托人批准。为了使监理服务和园林工程项目顺利进行，委托人应在合理的时间内就监理人以书面形式提交的一切事宜做出书面决定。

合同履行过程中涉及的"通知"、"建议"、"批准"、"证明"、"决定"等有关事项，均需以书面形式发送给对方，以免空口无凭而发生合同纠纷。文件可由专人递送或传真通信，但要有书面签收、回执或确认，并从对方收到时生效。为了不耽搁监理工作的正常进行，应在专用条件内明确约定委托人须对监理人以书面形式提交的有关事宜做出书面决定的合理时间。如果委托人对监理人的书面请求超过这个约定时限未做出任何答复，则视为委托人已同意监理人对某一事项的处理意见，监理人可按报告内的计划方案执行。

　　3）与监理人做好协调工作。委托人要授权一位熟悉园林建设工程情况、能迅速做出决定的常驻代表，负责与监理人联系。更换此人要提前通知监理人。

　　4）为监理人顺利履行合同义务，做好协助工作。协助工作包括以下几方面内容。

　　① 将授予监理人的监理权利，以及监理人监理机构主要成员的职能分工、监理权限及时书面通知已选定的第三方，并在第三方签订的合同中予以明确。

　　② 在双方议定的时间内，免费向监理人提供与园林工程有关的监理服务所需要的园林工程资料。

　　③ 为监理人驻工地监理机构开展正常工作提供协助服务。服务内容包括信息服务、物质服务和人员服务三个方面。

　　信息服务是指协助监理人获取园林工程使用的原材料、构配件、机构设备等生产厂家名录，以掌握产品质量信息，向监理人提供与本工程有关的协作单位、配合单位的名录，以方便监理工作的组织协调。

　　物质服务是指免费向监理人提供合同专用条件约定的设备、设施、生活条件等。一般包括检测试验设备、测量设备、通信设备、交通设备、气象设备、照相录像设备、打字复印设备、办公用房及生活用房等。这些属于委托人财产的设备和物品，在监理任务完成和终止时，监理人应将其交还委托人。如果双方议定某些本应由委托人提供的设备由监理人自备，则应给监理人合理的经济补偿。对于这种情况，要在专用条件的相应条款内明确经济补偿的计算方法，通常为：

$$补偿金额＝设施在工程使用时间占折旧年限的比例×设施原值＋管理费 \qquad (8-1)$$

　　人员服务是指如果双方议定，委托人应免费向监理人提供职员和服务人员，也应在专用条件中写明提供的人数和服务时间。当涉及监理服务工作时，委托人所提供的职员只应从监理工程师处接受指示。监理人应与这些提供服务人员密切合作，但不对他们的失职行为负责。如委托人选定某一科研机构的实验室负责对材料和工艺质量的检测试验，并与其签订委托合同。试验机构的人员应接受监理工程师的指示完成相应的试验工作，但监理人既不对检测试验数据的错误负责，也不对由此而导致的判断失误负责。

　　5）按时支付监理酬金。监理酬金在合同履行过程中一般按阶段支付给监理人。每次阶段支付时，监理人应按合同约定的时间向委托人提交该阶段的支付报表。报表内容应包括按照专用条件约定方法计算的正常监理服务酬金和其他应由委托人额外支付的合理开支项目，并相应提供必要的工作情况说明及有关证明材料。如果发生附加服务工作或额外服务工作，则该项酬金计算也应包含在报表之内。

　　委托人收到支付报表后，对报表内的各项费用，审查其取费的合理性和计算的正确性。如有预付款的话，还应按合同约定在应付款额内扣除应归还的部分。委托人应在收到支付报表后合同约定的时间内予以支付，否则从规定支付之日起按约定的利率加付该部分应付款的延误支付利息。如果委托人对监理人提交的支付报表中所列的酬金或部分酬金项目有异议，应当在收到报表后 24 小时内向监理人发出异议通知。若未能在规定时间内提出异议，则应认为监理人在支付报表内要求支付的酬金是合理的。虽然委托人对某些酬金项目提出异议并发出相应通知，但不能以此为理由拒付或拖延支付其他无异议的酬金项目，否则也将按逾期支付对待。

（4）监理人的义务

1）不能随意转让监理合同。监理合同签订以后，未经委托人的书面同意，监理人不能随意转让合同内约定的权利和义务。签订监理合同本身就是一种法律行为，监理合同生效后将受到法律的保护，因此任何一方都不能不履行合同而将约定的权利和义务转让给其他人，尤其不能允许监理人以赢利为目的的将合同转让。

2）监理人在履行合同的义务期间，应运用合理的技能认真勤奋地工作，公正地维护有关方面的合法权益。当委托人发现监理人员不按监理合同履行监理职责，或与承包人串通给委托人或工程造成损失时，委托人有权要求监理人更换监理人员，直到终止合同并要求监理人承担相应的赔偿责任或连带赔偿责任。

3）合同履行期间应按合同约定派驻足够的人员从事监理工作。开始执行监理业务前向委托人报送派往该工程项目的总监理工程师及该项目监理机构的人员情况。合同履行过程中如果需要调换总监理工程师，必须首先经过委托人同意，并派出具有相应资质和能力的人员。

4）在合同期内或合同终止后，未征得有关方同意，不得泄露与本工程、合同业务有关的保密资料。

5）任何由委托人提供的供监理人使用的设施和物品都属于委托人的财产，监理工作完成或终止时，应将设施和剩余物品归还委托人。

6）非经委托人书面同意，监理人及其职员不应接受委托监理合同约定以外的与监理工程有关的报酬，以保证监理行为的公正性。

7）监理人不得参与可能与合同规定的、与委托人利益相冲突的任何活动。

8）在监理过程中，不得泄露委托人申明的秘密，也不得泄露设计、承包等单位申明的秘密。

9）负责合同的协调管理工作。在委托园林工程范围内，委托人或承包人对对方的任何意见和要求（包括索赔要求），均必须首先向监理机构提出，由监理机构研究处置意见，再同双方协商确定。当委托人和承包人发生争议时，监理机构应根据自己的职能，以独立的身份判断，公正地进行调解。当双方的争议由政府行政主管部门调解或仲裁机构仲裁时，应当提供作证的事实材料。

四、 园林工程监理合同的订立与履行

1. 园林工程监理合同的订立

（1）园林工程委托监理业务的范围。园林工程监理合同的范围包括监理工程师为委托人提供服务的范围和工作量。委托人委托监理业务的范围可以非常广泛。从园林工程建设各阶段来说，可以包括项目前期立项咨询、设计阶段、实施阶段、保修阶段的全部监理工作或某一阶段的监理工作。在每一阶段内，又可以进行投资、质量、工期的三大控制，及信息、合同两项管理。但就具体项目而言，要根据园林工程的特点、监理人的能力、建设不同阶段的监理任务等各方面因素，将委托的监理任务详细地写入合同的专用条件之中，如进行园林工程技术咨询服务，工作范围可确定为进行可行性研究，各种方案的成本效益分析，建筑设计

标准、技术规范准备，提出质量保证措施等。施工阶段监理可包括以下几项。

1）协助委托人选择承包人，组织设计、施工、设备采购等招标。

2）技术监督和检查包括检查园林工程设计、材料和设备质量，对操作或施工质量的监理和检查等。

3）施工管理包括质量控制、成本控制、计划和进度控制等。通常施工监理合同中"监理工作范围"条款，一般应与园林工程项目总概算、单位工程概算所涵盖的园林工程范围相一致，或与园林工程总承包合同、单项工程承包所涵盖的范围相一致。

（2）园林工程监理合同的订立。首先，签约双方应对对方的基本情况有所了解，包括资质等级、营业资格、财务状况、工作业绩、社会信誉等。作为监理人还应根据自身状况和工程情况，考虑竞争该项目的可行性。其次，监理人在获得委托人的招标文件或与委托人草签协议之后，应立即编制园林工程所需费用的预算，提出报价，同时对招标文件中的合同文本进行分析、审查，为合同谈判和签约提供决策依据。无论何种方式招标中标，委托人和监理人都要就监理合同的主要条款进行谈判。谈判内容要具体，责任要明确，要有准确的文字记载。作为委托人，切忌以手中有工程的委托权，而不以平等的原则对待监理人。应当看到，监理工程师的良好服务，将为委托人带来巨大的利益。作为监理人，应利用法律赋予的平等权利进行对等谈判，对重大问题不能迁就和无原则让步。经过谈判，双方就监理合同的各项条款达成一致，即可正式签订合同文件。

（3）园林工程监理合同订立时需注意的问题

1）坚持按法定程序签署合同。监理委托合同的签订，意味着委托关系的形成，委托方与被委托方的关系都将受到合同的约束。因而签订合同必须是双方法定代表人或经其授权的代表签署并监督执行。在合同签署过程中，应检验代表对方签字人的授权委托书，避免合同失效或不必要的合同纠纷。

2）不可忽视来往函件。在合同洽商过程中，双方通常会用一些函件来确认双方达成的某些口头协议或书面交往文件，后者构成招标文件和投标文件的组成部分。为了确认合同责任以及明确双方对项目的有关理解和意图以免将来分歧，签订合同时双方达成一致的部分应写入合同附录或专用条款内。

3）其他应注意的问题。在监理委托合同的签署过程中，双方都应认真注意，涉及合同的每一份文件都是双方在执行合同过程中对各自承担义务相互理解的基础。一旦出现争议，这些文件也是保护双方权利的法律基础。因此，一是要注意合同文字的简洁、清晰，每个措辞都应该是经过双方充分讨论，以保证对工作范围、采取的工作方式和方法以及双方对相互间的权利和义务的确切理解。如果一份写得很清楚的合同，未经充分的讨论，只能是"单方面所考虑"的东西，双方的理解不可能完全一致。二是对于一项时间要求特别紧迫的任务，在委托方选择了监理单位之后，在签订委托合同之前，双方可以通过使用意图性信件进行交流，监理单位对意图性信件的用词要认真审查，尽量使对方容易理解和接受；否则，就有可能在忙乱中致使合同谈判失败或者遭受其他意外损失。三是监理单位在合同事务中，要注意充分利用有效的法律服务。监理委托合同的法律性很强，监理单位必须配备这方面的专家，这样在准备标准合同格式、检查其他人提供的合同文件及研究意图性信件时，才不至于出现失误。

2. 园林工程监理合同的履行

（1）委托人的履行

1）严格按照监理合同的规定履行应尽义务。监理合同内规定的应由委托人负责的工作，是使合同最终实现的基础，如外部关系的协调，为监理工作提供外部条件，为监理人提供获取本工程使用的原材料、构配件、机械设备等生产厂家名录等，都是监理人做好工作的先决条件。委托人必须严格按照监理合同的规定，履行应尽的义务，才有权要求监理人履行合同。

2）按照监理合同的规定行使权利。监理合同中规定的委托人的权利，主要是如下三个方面：对设计、施工单位的发包权；对园林工程规模、设计标准的认定权及设计变更的审批权；对监理人的监督管理权。

3）委托人的档案管理。在全部园林工程项目竣工后，委托人应将全部合同文件，包括完整的园林工程竣工资料加以系统整理，按照国家《档案法》及有关规定，建档保管。为了保证监理合同档案的完整性，委托人对合同文件及履行中与监理人之间进行的签证、记录协议、补充合同备忘录、函件、电报、电传等都应系统地认真整理，妥善保管。

（2）监理人的履行。监理合同一经生效，监理人就要按合同规定，行使权利，履行应尽义务。

1）确定项目总监理工程师，成立项目监理机构。每一个拟监理的工程项目，监理人都应根据园林工程项目规模、性质、委托人对监理的要求，委派称职的人员担任项目的总监理工程师，代表监理人全面负责该项目的监理工作。总监理工程师对内对监理人负责，对外向委托人负责。

在总监理工程师的具体领导下，组建项目的监理机构，并根据签订的监理委托合同，制订监理规划和具体的实施计划，开展监理工作。

一般情况下，监理人在承接项目监理业务时，在参与项目监理的投标、拟订监理方案（大纲），以及与委托人商签监理委托合同时，即应选派人员主持该项工作。在监理任务确定并签订监理委托合同后，该主持人即可作为项目总监理工程师。这样，项目的总监理工程师在承接任务阶段就早期介入，从而更能了解委托人的建设意图和对监理工作的要求，并与后续工作能更好地衔接。

2）制订园林工程项目监理规划。园林工程项目的监理规划，是开展项目监理活动的纲领性文件，根据委托人委托监理的要求，在详细分析监理项目有关资料的基础上，结合监理的具体条件编制的开展监理工作的指导性文件。其内容包括园林工程概况、园林工程监理范围和目标、监理主要措施、监理组织和项目监理工作制度等。

3）制订各专业监理工作计划或实施细则。在监理规划的指导下，为具体指导投资控制、质量控制、进度控制的进行，还需结合园林工程项目实际情况，制订相应的实施性计划或细则。

4）根据制订的监理工作计划和运行制度，规范化地开展监理工作。

5）监理工作总结归档。监理工作总结包括三部分内容。

第一部分是向委托人提交监理工作总结。其内容主要包括监理委托合同履行情况概述，监理任务或监理目标完成情况评价，由委托人提供的供监理活动使用的办公用房、车辆、试验设施等清单及表明监理工作终结的说明等。

第二部分是监理单位内部的监理工作总结。其内容主要就是监理工作的经验。可以是采用某种监理技术、方法的经验，也可以是采用某种经济措施、组织措施的经验，以及签订监理委托合同方面的经验，如何处理好与委托人、承包单位关系的经验等。

第三部分是监理工作中存在的问题及改进的建议，以指导今后的监理工作，并向政府有关部门提出政策建议，不断提高我国工程建设监理的水平。

在全部监理工作完成后，监理人应注意做好监理合同的归档工作。监理合同归档资料应包括监理合同（含与合同有关的在履行中与委托人之间进行的签证、补充合同备忘录、函件、电报等）、监理大纲、监理规划、在监理工作中的程序性文件（包括监理会议纪要、监理日记等）。

（3）园林工程监理合同的变更。园林工程监理合同内涉及合同变更的条款主要指合同责任期的变更和委托监理工作内容的变更两方面。

1）合同责任期的变更。签约时注明的合同有效期并不一定就是监理人的全部合同责任期，如果在监理过程中因园林工程建设进度推迟或延误而超过约定的日期，监理合同并不能到期终止。当由于委托人和承包人的原因使监理工作受到阻碍或延误，则监理人应当将此情况与可能产生的影响及时通知委托人，完成监理业务的时间相应延长。

2）监理工作内容变更。监理合同内约定的正常监理服务工作，监理人应尽职尽责地完成。合同履行期间由于发生某些客观或人为事件而导致一方或双方不能正常履行其应尽职责时，委托人和监理人都有权提出变更合同的要求。合同变更的后果一般都会导致合同有效期的延长或提前终止，以及增加监理方的附加工作或额外工作。

五、园林工程监理合同的违约责任索赔

1. 违约责任

园林工程施工合同履行过程中，由于当事人一方的过错，造成合同不能履行或者不能完全履行，由有过错的一方承担违约责任；如属双方的过错，根据实际情况，由双方分别承担各自的违约责任。为保证监理合同规定的各项权利和义务的顺利实现，在《委托监理合同示范文本》中，制定了约束双方行为的条款："委托人责任"。"监理人责任"。这些规定归纳起来有如下几点。

（1）在合同责任期内，如果监理人未按合同中要求的职责勤恳认真地服务，或委托人违背了他对监理人的责任时，均应向对方承担赔偿责任。

（2）任何一方对另一方负有责任时的赔偿原则如下。

① 委托人违约应承担违约责任，赔偿监理人的经济损失。

② 因监理人过失造成经济损失，应向委托人进行赔偿，累计赔偿额不应超出监理酬金总额（除去税金）。

③ 当一方向另一方的索赔要求不成立时，提出索赔的一方应补偿由此所导致的对方各种费用支出。

2. 监理人的责任限度

由于园林工程监理是以监理人向委托人提供技术服务为特性，在服务过程中，监理人主要凭借自身知识、技术和管理经验，向委托人提供咨询、服务，替委托人管理工程。

同时，园林工程项目的建设过程会受到多方面因素限制，鉴于上述情况，在责任方面做了如下规定：监理人在责任期内，如果因过失而造成经济损失，要负监理失职的责任；监理人不对责任期以外发生的任何事情所引起的损失或损害负责，也不对第三方违反合同规定的质量要求和完工（交图、交货）时限承担责任。

3. 对监理人违约处理的规定

（1）当委托人发现从事监理工作的某个人员不能胜任工作或有严重失职行为时，有权要求监理人将该人员调离监理岗位。监理人接到通知后，应在合理的时间内调换该工作人员，而且不应让他在该项目上再承担任何监理工作。如果发现监理人或某些工作人员从被监理方获取任何贿赂或好处，将构成监理人严重违约。对于监理人的严重失职行为或有失职业道德的行为而使委托人受到损害的，委托人有权终止合同关系。

（2）监理人在责任期内因其过失行为而造成委托人损失的，委托人有权要求给予赔偿。赔偿的计算方法是扣除与该部分监理酬金相适应的赔偿金，但赔偿总额不应超出扣除税金后的监理酬金总额。如果监理人员不按合同履行监理职责，或与承包人串通给委托人或工程造成损失的，委托人有权要求监理人更换监理人员，直到终止合同，并要求监理人承担相应的赔偿责任或连带赔偿责任。

4. 因违约终止合同

（1）委托人因自身应承担责任原因要求终止合同。合同履行过程中，由于发生严重的不可抗力事件、国家政策的调整或委托人无法筹措到后续园林工程的建设资金等情况，需要暂停或终止合同时，应至少提前 56 日向监理人发出通知，此后监理人应立即安排停止服务，并将开支减至最小。双方通过协商对监理人受到的实际损失给予合理补偿后，协议终止园林工程施工合同。

（2）委托人因监理人的违约行为要求终止合同。当委托人认为监理人无正当理由而又未履行监理义务时，可向监理人发出指明其未履行义务的通知。若委托人在发出通知后 21 日内没有收到监理人的满意答复，可在第一个通知发出后 35 日内，进一步发出终止合同的通知。委托人的终止合同通知发出后，监理合同立即终止，但不影响园林工程施工合同内约定各方享有的权利和应承担的责任。

（3）监理人因委托人的违约行为要求终止园林工程施工合同。如果委托人不履行监理合同中约定的义务，则应承担违约责任，赔偿监理人由此造成的经济损失。标准条件规定，监理方可在发生如下情况之一时单方面提出终止与委托人的合同关系。

1）在园林工程施工合同履行过程中，由于实际情况发生变化而使监理人被迫暂停监理业务时间超过半年。

2）委托人发出通知指示监理人暂停执行监理业务时间超过半年，还不能恢复监理业务。

3）委托人严重拖欠监理酬金。

5. 争议的解决

因违反或终止合同而引起的对损失或损害的赔偿，委托人与监理人应协商解决。如协商未能达成一致，可提交主管部门协调。如仍不能达成一致时，根据双方约定提交仲裁机构仲裁或向人民法院起诉。

第二节　园林工程物资采购合同

一、园林工程物资采购合同的特点

园林建设物资采购合同是当事人在平等互利的基础上，经过充分协商达成一致的意思表示，体现了平等互利、协商一致的原则。其具有如下特征。

(1) 园林建设物资采购合同应依据工程承包合同订立。无论是业主提供园林建设物资，还是承包商提供园林建设物资，均必须符合工程承包合同有关对物资的质量要求和园林工程进度需要的安排。也就是说，园林建设物资采购合同的订立要以园林工程承包合同为依据。

(2) 园林建设物资采购合同以转移物资和支付货款为基本内容。依照园林建设物资采购合同，卖方收取相应的价款而将建设物资转移给买方，买方接受园林建设物资并支付价款，这是园林建设物资采购合同属于买卖合同的重要法律特征。

(3) 园林建设物资采购合同的标的品种繁多，供货条件复杂。园林建设物资的特点在于品种、质量、数量和价格差异大，根据不同的园林建设工程的需要，有的数量庞大，有的则技术条件要求严格。因此，在合同中必须对各种所需物资逐一明细，以确保园林工程施工的需要。

(4) 园林建设物资采购合同应实际履行。由于园林建设物资采购合同是基于园林工程承包合同的需要订立的，物资采购合同的履行直接影响工程承包合同的履行。因此，园林建设物资采购合同成立后，卖方必须按合同规定实际交付标的，不允许卖方以支付违约金或损害赔偿金的方式代替合同的履行，除非卖方延迟履行合同。

(5) 园林建设物资采购合同的书面形式。根据《合同法》规定，当事人订立合同既可以用书面形式，又可以用口头形式。法律、法规规定采用书面形式的，应当采用书面形式。当事人约定采用书面形式的，应当采用书面形式。国家根据需要下达指令性任务或者国家订货任务的，有关法人、其他组织之间应当依照有关法律、行政法规规定的权利和义务订立合同。

二、 园林工程物资采购合同的分类

园林工程项目建设阶段需要采购的物资种类繁多，合同形式各异，但根据合同标的物供应方式的不同，可将涉及的各种合同大致划分为园林物资设备采购合同和园林大型设备采购合同两大类。园林物资设备采购合同，是指采购方（业主或承包商）与供货方（供货商或生产厂家）就供应园林工程建设所需的建筑材料和市场上可直接购买定型生产的中小型通用设备所签订的合同；而园林大型设备采购合同则是指采购方（通常为业主，也可能是承包商）与供货方（大多为生产厂家，也可能是供货商）为提供园林工程项目所需的大型复杂设备而签订的合同。园林大型设备采购合同的标的物可能是非标准产品，需要专门加工制作，也可能是虽为标准产品，但技术复杂而市场需求量较小，一般没有现货供应，待双方签订合同后由供货方专门进行加工制作。

园林物资设备采购合同与园林大型设备采购合同主要有以下区别。

(1) 园林设备采购合同的标的是物的转移，而园林大型设备采购合同的标的是完成约定的工作，并表现为一定的劳动成果。园林大型设备采购合同的定作物表面上与园林物资设备采购合同的标的物没有区别，但它却是供货方按照采购方提出的特殊要求加工制造的，或虽有定型生产的设计和图纸，但不是大批量生产的产品。还可能采购方根据工程项目特点，对定型设计的设备图纸提出更改某些技术参数或结构要求后，厂家再进行制造。

(2) 园林物资设备采购合同的标的物可以是在合同成立时已经存在，也可能是签订合同时还未生产，而后按采购方要求数量生产。而作为园林大型设备采购合同的标的物，必须是合同成立后供货方依据采购方的要求而制造的特定产品，它在合同签约前并不存在。

（3）园林物资设备采购合同的采购方只能在合同约定期限到来时要求供货方履行，一般无权过问供货方是如何组织生产的。而园林大型设备采购合同的供货方必须按照采购方交付的任务和要求去完成工作，在不影响供货方正常制造的情况下，采购方还要对加工制造过程中的质量和期限等进行检查和监督，一般情况下都派有驻厂代表或聘请监理工程师（也称设备监造）负责对生产过程进行监督控制。

（4）园林物资设备采购合同中订购的货物不一定是供货方自己生产的，他也可以通过各种渠道去组织货源，完成供货任务。而园林大型设备采购合同则要求供货方必须用自己的劳动、设备、技能独立地完成定作物的加工制造。

（5）园林物资设备采购合同供货方按质、按量、按期将订购货物交付采购方后即完成了合同义务；而园林大型设备采购合同中有时还可能包括要求供货方承担设备安装服务，或在其他承包商进行设备安装时负责协助、指导等的合同约定，以及对生产技术人员的培训服务等内容。

三、 园林物资设备采购合同

1. 园林物资设备采购合同的主要内容

采购建筑材料和通用设备的购销合同，分为约首、合同条款和约尾三部分。约首主要写明采购方和供货方的单位名称、合同编号和签订约地点。约尾是双方当事人就条款内容达成一致后，最终签字盖章使合同生效的有关内容，包括签字的法定代表人或委托代理人、开户银行和账号、合同的有效起止日期等。双方在合同中的权利和义务，均由条款部分来约定。国内物资购销合同的示范文本规定，条款部分应包括以下几方面内容。

（1）产品名称、商标、型号、生产厂家、订购数量、合同金额、供货时间及每次供应数量。

（2）质量要求的技术标准、供货方对质量负责的条件和期限。

（3）交（提）货地点、方式。

（4）运输方式及到站、港和费用的负担责任。

（5）合理损耗及计算方法。

（6）包装标准、包装物的供应与回收。

（7）验收标准、方法及提出异议的期限。

（8）随机备品、配件工具数量及供应办法。

（9）结算方式及期限。

（10）如需提供担保，另立合同担保书作为合同附件。

（11）违约责任。

（12）解决合同争议的方法。

（13）其他约定事项。

2. 主要条款的约定内容

（1）合同的标的。在园林物资采购供应合同中也称标的物，它涉及园林物资采购供应合同的成立与履行，应在合同中予以明确和具体化，把园林物资的内在素质和外观形态综合表露出来，它也是园林物资采购供应合同的最主要的条款之一。在具体签订合同时，应首先写明园林物资的名称，名称要写全称。同时，要明确该标的物的品种、型号、规格、等级、花色。此外，还要约定对合同标的物不符合品种、型号、规格、等级、花色等合同要求而提出异议的时间，因为只有在法定或约定的时间提出异议，供货方才有义务负责。

（2）质量要求和技术标准。产品的质量关系到该产品能否满足社会和用户的需要，是否适用于约定的用途，它体现在产品的性能、耐用程度、可靠性、外观、经济性等方面。产品的技术标准则是指国家对建设物资的性能、规格、质量、检验方法、包装以及储运条件等所做的统一规定，是设计、生产、检验、供应、使用该产品的共同技术依据。质量条款是物资采购供应合同中重要条款，也是产品的验收和区分责任的依据。实践中，相当多的经济纠纷是因合同质量问题引起的。因此，一定要在合同中订明产品质量要求和技术标准。合同双方当事人在确定质量标准时，一定要看产品属于什么种类，是否有多种法定标准，如有国家标准或行业标准的，要按照国家标准或行业标准签订；没有国家标准和行业标准的，按企业标准签订；当事人有特殊要求的，由双方协商签订。

此外，在订立本条款时还要注意以下内容。

1）成套产品的合同，不仅对主件有质量要求，而且对附件也要有质量要求，一定要在合同中写清楚。有些单位在订合同时往往只注意到主件，而忽视附件，因而很多合同都在附件上出毛病，引起纠纷。

2）确定供方对产品质量负责任的期限。供方对产品的质量是要负责任的，但并不是无期限、无条件地负责，而是要有时间和条件的限制。为此，双方应该尽可能在合同中做出明确的规定，即供方在什么条件下和多长时间内对产品的质量负责。这样，只要在这个限度内产品出现质量问题，需方就有权要求供方承担责任。

3）有些产品由于其特性及检测条件等限制，不可能检验出当时产品内在质量，而必须在安装运转后才有可能发现内在质量缺陷。

4）如果双方是按样品订货，按样品验收，最好对样品的质量标准做出明确的说明，也可以封存样品。

5）对于有有效期限的商品，其剩余有效期在 2/3 以上的，供方可以发货；剩余有效期在 2/3 以下的，供方应征得需方同意后才能发货。

6）对特定的园林建设物资，如化学原料、试剂等，由于其用途不一样，质量要求也不同。为避免发生纠纷，应写明用途。

（3）数量和计量单位。园林物资采购供应合同的数量是衡量当事人权利、义务大小的一个尺度，如果没有规定数量，一旦发生纠纷就很难分清责任。因此，数量应由合同双方当事人在合同中确定，计量单位应具体明确，切忌使用含糊不清的计量概念。这便于履行合同，检验交付的货物是否与合同规定相符，也可以减少不必要的纠纷。

计量单位应采用国家法定计量单位，即国际单位制计量单位和国家规定的其他计量单位。如质量用千克、克，长度用米、厘米、毫米等。有的还需要用复式单位，如电动机功率用千瓦/台来表示。不能用一堆、一袋、一箱、一包、一车、一捆等含混不清的计量概念。对于以箱、包、车、袋、捆、堆为单位的货物，必须明确规定每箱、每包、每袋、每捆、每堆的具体数量或件数，否则容易出现差错，发生纠纷。

对于成套供应的产品，应明确规定成套供应的范围。如对于机电设备，除了应对主机的数量有规定以外，必要时应当对随主机的辅机、附件、配套的产品、易损耗备品、配件和安装修理工具等在合同中明确规定出来，要附一个清单，把这些都列清楚。

有些产品（如钢材、水泥、纸张等）允许有一定范围内的差额，如正负尾差、合理磅差和自然减（增）量等。对于这些差额幅度，应在合同中明确规定出来，如主管部门有规定差额的，按规定执行；如没有规定的，当事人应自由协商确定。

交货数量的正负尾差是指供方实际交货数量与合同规定的交货数量之间的最大正负差额。在合同规定的正负尾差和合理磅差的范围内，需方对供方少交部分不能要求补交，供方也不能要求需方退回多交部分；如果供方交付产品数量的尾差和需方验收时的磅差超过了合同规定的范围，需方有权要求供方补交少交的部分或退回多交的部分。

自然减量是指产品因在运输过程中的自然损耗而使实际验收数与实际发货数之间出现的差额。在有关部门规定的损耗定额以内的，由需方自行处理，超过定额损耗的，其超过部分按不同情况，区别处理。属于承运部门责任的，向承运部门索赔；属于供方责任的，在规定时间内向供方索赔。

（4）包装条款。产品的包装标准，是对产品包装的类型、规格、容量、印刷标志以及产品的盛放、衬垫、封袋方法等统一规定的技术要求；产品的包装是产品安全运送和完好储存的重要保证。包装问题也是物资采购供应合同的重要内容，但却在许多合同里被忽视，常常引起纠纷。因此，为了保证货物的安全运输和完好储存，双方必须对包装条款做出明确规定。

（5）交货条款。交货条款包括明确交货的单位、交货方法、运输方式、到货地点、提货人、交（提）货期限等内容。

园林建设物资的交货单位通常是供方或供方委托的单位，如果供方亲自送货的，那么供方为交货单位；如果是供方为托运人，交给运输部门托运的，承运单位为交货单位。

交货方法是指一次交货，还是分期分批交货；是供方送货或由供方代办托运，还是需方自提；需方需要派人押运等，这些都要在合同中做出明确规定。供需双方不论在两地或一地，一般都应由供方实行送货或代办托运，特别是两地相距较远的地方，更应由供方负责送货或托运。

运输方式指园林建设物资在空间实际转移过程中所采取的方法。运输方式分为铁路运输、公路运输、水路运输、航空运输、管道运输以及民间运输等。当事人在签订物资采购供应合同时，应根据各种运输工具的特点，结合产品的特性和数量、路程的远近、供应任务的缓急等因素协商选择合理的运输、路线和工具。

到货地点，即合同履行地。合同履行地一般在合同中明确规定。通常履行地与交货方式有关，需方自提自运的，合同履行地为供方所在地；送货或代运式的，合同履行地是需方所在地或其他地点。合同应对建设物资到达的地点（包括码头、车站或专用线）尽可能具体明确。

提货人，一般是园林物资采购供应合同的需方当事人。但是，在有的物资采购供应合同中，需方是为第三方采购的建设物资，这时提货人可能就是第三方，也有可能需方委托第三方提货人。因此，为了避免发生差错，应在合同中明确具体的提货人。

交货期限，即货物由供方转移给需方的具体时间要求，它涉及合同是否按期履行问题和货物意外灭失危险的责任承担问题。合同中的园林建设物资交（提）货期限，应写明月份，有条件的和有季节性的产品，要规定更具体的交货期限（如旬、日等）；有特殊原因的，也可以按季度规定交货期限，生产周期超过一年的大型专用设备和试制产品，可以由供需双方商定交货期限。不得订立没有交货期限的合同。

确定和计算交（提）货的期限，实行供方送货或代运的产品交货日期，以供方发运产品时承运部门签发戳记的日期为准（法律另有规定或当事人另行约定者除外）；合同规定由需方自提产品，以供方按合同规定通知的提货日期为准。但供方的通知应给需方必要的途中时间。实际交（提）货日期早于或迟于合同规定期限的，即视为提前或逾期交（提）货，有关当事人应承担相应的责任。

（6）验收条款。验收是指需方按合同规定的标准和方法对货物的名称、品种、规格、型号、花色、数量、质量、包装等进行检测和测试，以确定是否与合同相符。验收也是园林物资采购供应合同的一项主要条款。通过验收可以检验供方履行义务的好坏。如果验收不合格，那么需方有权拒付货款，要求供方修理、更换或退货等。在确定这项条款时，应注意以下几个问题。

1）验收根据。供货方交付产品时，可以作为双方验收依据的资料如下。

① 双方签订的采购合同。

② 供货方提供的发货单、计量单、装箱单及其他有关凭证。

③ 合同内约定的质量标准。应写明执行的标准代号、标准名称。

④ 产品合格证、检验单。

⑤ 图纸、样品或其他技术证明文件。

⑥ 双方当事人共同封存的样品。

2）验收内容。验收内容包括产品的名称、规格、型号、数量、质量；设备的主机、配件是否齐全；包装是否完整，外表有无损坏；需要化验的材料进行必要的物理化学检验；合同规定的其他事项。

3）验收的方法。对数量主要检验是否与合同规定相符，具体可采取以下方法。

① 衡量法，即根据各种园林物资不同的计量单位，进行检尺，衡量其长度、面积、体积、重量等。

② 理论换算法。

③ 查点法，即定量包装的计件园林物资，包装内的产品数量由生产企业或封装单位负责，直接查点，不必拆开检验。

对质量的检验验收方法主要有以下几种。

① 经验鉴别，通过目测、手触或常用的检验工具测量后即可判定是否符合合同规定。

② 物理试验，如拉伸、压缩、冲击、金相及硬度试验等。

③ 化学分析，即抽样进行定性或定量分析。

4）验收标准。验收标准要根据质量条款所确定的技术指标和质量要求来确定。如果质量标准是国家标准、行业（部）标准、企业标准，那么就分别按国家标准、行业（部）标准、企业标准验收；如果质量标准是双方当事人确定的其他标准，就按确定的标准验收，供方应附产品合格证或质量保证书及必要的技术资料；如果质量标准是以样品为依据的，双方要共同封存样品，分别保管，按封存的样品进行验收。

5）验收期限。验收期限是确定双方责任的时间界限。验收一定要有时间限制，因为货物随着时间的推移，有自然损耗的问题，如不及时验收，一旦发生质量缺陷，不易区分责任。如果在验收期限内发现货物质量、数量等问题，就要视情况由供方或承运方负责；如果验收期限过后发现问题，则由需方自负。某些产品，主管部门有验收期限的，按规定执行。一般产品，如果是需方自提，则在提货时当面点清，即时验收；如果是供方送货或代运，则货到后 10 日内验收完。当然，双方也可以根据数量、验收手段、产品性质等另行确定验收时间。如果数量多，验收手段复杂，需要在试验室测试等，则可以规定较长的验收期限；如果数量少，验收手段简单，通过感观对货物进行外观验收的，就可以规定较短的验收期限；如果必须安装运行后才能发现质量缺陷，那么要确定安装运行后多长时间内作为验收期限。

另外，用词上要准确、具体，避免出现"货到验收"、"随时验收"之类不确定的词语。

6）验收地点。验收地点是供需双方行使权利和履行义务的空间界限，所以合同一定要写明是在需方所在地验收，还是在供方所在地验收。一般供方送货或代运的，以需方所在地为验收地；需方自提，则以供方所在地为验收地。双方也可以确定其他地点为验收地。

7）对产品提出异议的时间和办法。合同内应具体写明采购方对不合格产品提出异议的时间和拒付货款的条件。在采购方提出的书面异议中，应说明检验情况，出具检验证明和对不符合规定产品提出具体处理意见。凡因采购方使用、保管、保养不善原因导致的质量下降，供货方不承担责任。在接到采购方的书面异议通知后，供货方应在 10 日内（或合同商定的时间内）负责处理，否则即视为默认采购方提出的异议和处理意见。

（7）货款结算条款。合同内应明确规定以下各项内容。

1）支付货款的条件。合同内需明确是验单付款还是验货后付款，然后再约定结算方式和结算时间。验单付款是指委托供货方代运的货物，供货方把货物交付承运部门并将运输单证寄给采购方，采购方在收到单证后在合同约定的期限内即应支付的结算方式。尤其对分批交货的物资，每批交付后应在多少天内支付货款也应明确注明。

2）结算支付的方式。结算方式可以是现金支付、转账结算或异地托收承付。现金结算只适用于成交货物数量少，且金额小的购销合同；转账结算适用于同城市或同地区内的结算；托收承付适用于合同双方不在同一城市的结算方式。

3）拒付货款条件。采购方拒付货款，应当按照中国人民银行结算办法的拒付规定办理。采用托收承付结算时，如果采购方的拒付手续超过承付期，银行不予受理。采购方对拒付货款的产品必须负责接收，并妥为保管不准动用。如果发现动用，由银行代供货方扣收货款，并按逾期付款对待。

采购方有权部分或全部拒付货款的情况大致如下。

① 交付货物的数量少于合同约定，拒付少交部分货物的货款。

② 拒付质量不符合合同要求部分货物的货款。

③ 供货方交付的货物多于合同规定的数量且采购方不同意接收部分的货物，在承付期内可以拒付。

（8）违约责任。园林物资采购供应合同签订后，供需双方就应及时、全面地履行合同中约定的义务，如果一方或双方违反合同义务，迟延履行、不履行或不全面履行义务，就要承担相应的违约责任。

1）承担违约责任的形式。当事人任何一方不能正确履行合同义务时，均应以违约金的形式承担违约赔偿责任。国务院颁布的《工矿产品购销合同条例》对违约金的计算做出了明确规定，通用产品的违约金按违约部分货款总额的 1%～5% 计算；专用产品按违约部分货款总额的 10%～30% 计算。双方应通过协商，将具体采用的比例数写明在合同条款内。

2）供方的违约责任

① 未能按合同约定交付货物。这类违约行为可能包括不能供货和不能按期供货两种情况。由于这两种错误行为给对方造成的损失不同，因此承担违约责任的形式也不完全一样。

a. 如果因供货方的原因导致不能全部或部分交货，应按合同约定的违约金比例乘以不能交货部分货款计算违约金。若违约金不足以偿付采购方所受到的实际损失时，可以修改违约金的计算方法，使实际受到的损害能够得到合理的补偿。如施工承包人为了避免停工待料，不得不以较高价格紧急采购不能供应部分的货物而受到的价差损失等。

b. 供货方不能按期交货的行为，又可以进一步区分为逾期交货和提前交货两种情况。

（a）逾期交货。不论合同内规定由供货方将货物送达指定地点交接，还是采购方去自提，均要按合同约定依据逾期交货部分货款总价计算违约金。对约定由采购方自提货物而不能按期交付时，若发生采购方的其他额外损失，这笔实际开支的费用也应由供货方承担。如采购方已按期派车到指定地点接收货物，而供货方又不能交付时，则派车损失应由供货方支付费用。发生逾期交货事件后，供货方还应在发货前与采购方就发货的有关事宜进行协商。采购方仍需要时，可继续发货照数补齐，并承担逾期交货责任；如果采购方认为已不再需要，有权在接到发货协商通知后的 15 日内，通知供货方办理解除合同手续。但逾期不予答复视为同意供货方继续发货。

（b）提前交货。属于约定由采购方自提货物的合同，采购方接到对方发出的提前提货通知后，可以根据自己的实际情况拒绝提前提货；对于供货方提前发运或交付的货物，采购方仍可按合同规定的时间付款，而且对多交货部分，以及品种、型号、规格、质量等不符合合同规定的产品，在代为保管期内实际支出的保管、保养等费用由供货方承担。代为保管期内，不是因采购方保管不善原因而导致的损失，仍由供货方负责。

c. 交货数量与合同不符。交付的数量多于合同规定，且采购方不同意接受时，可在承付期内拒付多交部分的货款和运杂费。合同双方在同一城市，采购方可以拒收多交部分；双方不在同一城市，采购方应先把货物接收下来并负责保管，然后将详细情况和处理意见在到货后的 10 日内通知对方。当交付的数量少于合同规定时，采购方凭有关的合法证明在承付期内可以拒付少交部分的货款，也应在到货后的 10 日内将详情和处理意见通知对方。供货方接到通知后应在 10 日内答复，否则视为同意对方的处理意见。

② 产品的规格、品种、质量不符合合同规定的，如果需方同意利用，应当按质论价，由供方负责包修、包换或者包退，并承担修理、调换、退货所支付的实际费用。不能修理或调换的，按不能交货处理。在交售建设物资中掺杂使假、以次充好的，需方有权拒收，供方同时应向需方偿付相应的违约金。

③ 产品包装不符合合同规定，必须返修重新包装的，供方应当负责返修或重新包装，并承担因此支付的费用，由于返修或重新包装而造成逾期交货的，应偿付需方该不合格包装物低于合格包装物的价值部分。因包装不符合规定造成货物损坏或者灭失的，供方应当负责赔偿。

④ 产品错发到货地点或接货单位（人），除按合同规定负责运到规定的到货地点或接货单位（人）外，并承担因此而多支付的运杂费；如果造成逾期交货的，应偿付逾期交货的违约金。未经需方同意，擅自改变运输路线和运输工具的，应承担由此增加的费用。

3）需方的违约责任

① 中途退货或无故拒收送货或代运的产品，应偿付违约金、赔偿金，并承担供方由此支付的费用和赔偿由此造成的损失。

② 未按合同规定的时间和要求提供应交的技术资料或包装物的，除交货日期得以顺延外，比照中国人民银行有关延期付款的规定，按顺延交货部分总值计算，向供方支付违约金，并赔偿由此造成的损失。如果不能提供技术资料和包装物的，按中途退货处理。

③ 自提产品未按供方通知的日期或合同规定的日期提货的，比照中国人民银行有关延期付款的规定，按逾期提货部分货款总值计算，支付违约金，并承担供方在此期间所支付的保管费、保养费。

④ 未按合同规定日期付款的，比照中国人民银行延期付款的规定支付供方违约金。在

此期间如遇国家规定的价格上涨时，按新价格结算；价格下降时，按原价格结算。

⑤ 错填或临时变更到货地点的，承担由此而多支付的费用。

⑥ 在合同规定的验收期限内，未进行验收或验收后在规定的期限内，未提出异议，即视为默认。对于提出质量异议或因其他原因提出拒收的一般产品，在代保管期内，必须按原包装妥善保管、保养，不得动用，一经动用即视为接收，应按期向供方付款，否则按延期付款处理。

3. 园林物资设备采购合同的订立方式

（1）公开招标。即由招标单位通过报刊、广播、电视等公开发表招标广告。采用公开招标方式进行材料采购，适用于大宗材料采购合同。与园林工程施工招标相比，园林材料采购的公开招标程序比较简单。其招标程序如下。

1）由主持招标的单位编制招标文件。招标文件应包括招标通告、投标者须知、投标格式、合同格式、货物清单、质量标准（技术规范）以及必要的附件。

2）刊登招标广告。

（2）询价、报价、签订合同。园林建设材料需方向若干建材厂商或建材经销商发出询价函，表明其所需之材料品种、规格、质量、数量，要求他们在规定的期限内做出报价。在收到厂商的报价后，经过充分比较，实地考察，选定报价合理、社会信誉高、有充分生产能力的厂商签订合同。

（3）直接定购。园林建设材料需方直接向材料生产厂商或材料经销商报价，生产厂商或经销商接受报价，签订合同。

在实际生活中较常见的是第二种方法。对于标的数额较大，采用招标方式，能使采购方获得物美价廉的商品；对于标的数额较少，用时很紧的建设材料可采用直接定购方式。

4. 园林物资设备采购合同的履行

园林物资设备采购合同依法订立后，当事人应当全面履行合同规定的义务，否则，不仅影响到当事人的经济利益，而且会影响园林工程施工合同的全面履行。因此，要求合同当事人按照"实际履行原则"和"全面履行原则"履行经济合同。

（1）按约定的标的履行。卖方交付的货物必须与合同规定的名称、品种、规模、型号相一致，这是贯彻实际履行原则的根本要求。除非买方同意，卖方不得以其他货物代替合同的标的，也不允许以支付违约金或赔偿金的方式代替履行合同，特别是在有些材料的市场波动比较大的情况下，强调这一原则，更具重要意义。

（2）按合同规定的期限、地点交付货物。交付货物的日期应在合同规定的交付期限内，交付的地点应符合合同的指定。如果实际交付日期早于或迟于合同规定的交付期限，即视为提前交付或逾期交付。提前交付，买方可拒绝接受；逾期交付，应承担逾期交付的责任。如果逾期交货，买方不再需要，应在接到卖方通知后15日内通知买方，逾期未通知，则视为同意延期交货。

交付标的应视为买卖双方的行为，只有在双方协调配合下才能完成货物的移交，而不应视为只是卖方的义务。对于买方来说，依据合同规定接受货物既是权利，也是义务，不能按合同规定接受货物同样应当承担责任。

（3）按合同规定的数量和质量交货物。对于交付的货物应当场检验，清点数目后，由双方当事人签字。对质量的检验：外在质量可当场检验；对内在质量，需做物理或化学试验的，以试验结果为验收的依据。卖方在交货时，应将产品合格证（或质量保证书）随同产品（或运单）交买方验收。

在合同履行中，货物质量是比较容易发生争议的方面，特别是园林工程施工用料必须经监理工程师认可。因此，买方在验收材料时，可根据需要采取适当的验收方式，比如驻厂验收、入库验收或提运验收等，以满足园林工程施工对材料的要求。

5. 园林物资设备采购合同的变更或解除

合同履行过程中，如需变更合同内容或解除合同，都必须依据《合同法》的有关规定执行。一方当事人要求变更或解除合同时，在未达成新的协议前，原合同仍然有效。要求变更或解除合同一方应及时将自己的意图通知对方，对方也应在接到书面通知后的 15 日或合同约定的时间内予以答复，逾期不答复的视为默认。

四、 园林大型设备采购合同

1. 设备采购合同的主要内容

园林大型设备采购合同指采购方（通常为业主，也可能是承包人）与供货方（大多为生产厂家，也可能是供货商）为提供园林工程项目所需的大型复杂设备而签订的合同。大型设备采购合同的标的物可能是非标准产品，需要专门加工制作；也可能虽为标准产品，但技术复杂而市场需求量较小，一般没有现货供应，待双方签订合同后由供货方专门进行加工制作，因此属于承揽合同的范畴。一个较为完备的园林大型设备采购合同，通常由合同条款和附件组成。

（1）合同条款的主要内容。当事人双方在合同内根据具体订购设备的特点和要求，约定以下几方面的内容：合同中的词语定义；合同标的；供货范围；合同价格；付款；交货和运输；包装与标记；技术服务；质量监造与检验；安装、调试、时运和验收；保证与索赔；保险；税费；分包与外购；合同的变更、修改、中止和终止；不可抗力；合同争议的解决；其他。

（2）主要附件。为了对合同中某些约定条款涉及内容较多部分做出更为详细的说明，还需要编制一些附件作为合同的一个组成部分。附件通常可能包括技术规范，供货范围，技术资料的内容和交付安排，交货进度，监造、检验和性能验收试验，价格表，技术服务的内容，分包和外购计划及大部件说明表等。

2. 设备监造

设备监造也称设备制造监理，指在设备制造过程中采购方委托有资质的监造单位派出驻厂代表，对供货方提供合同设备的关键部位进行质量监督。但质量监造不解除供货方对合同设备质量应负的责任。

设备制造前，供货方向监理提交订购设备的设计和制造、检验的标准，包括与设备监造有关的标准、图纸、资料、工艺要求。在合同约定的时间内，监理应组织有关方面和人员进行会审后尽快给予同意与否的答复。尤其对生产厂家定型设计的图纸需要作部分改动要求时，对修改后的设计进行慎重审查。

（1）设备监造方式。监理对设备制造过程的监造实行现场见证和文件见证。

1）现场见证的形式

① 以巡视的方式监督生产制造过程，检查使用的原材料、元件质量是否合格，制造操作工艺是否符合技术规范的要求等。

② 接到供货方的通知后，参加合同内规定的中间检查试验和出厂前的检查试验。

③ 在认为必要时，有权要求进行合同内没有规定的检验。如对某一部分的焊接质量有

疑问，可以对该部分进行无损探伤试验。

2）文件见证指对所进行的检查或检验认为质量达到合同规定的标准后，在检查或试验记录上签署认可意见，以及就制造过程中有关问题发给供货方的相关文件。

（2）对制造质量的监督

1）监督检验的内容。采购方和供货方应在合同内约定设备监造的内容，监理依据合同的规定进行检查和试验。具体内容包括监造的部套（以订购范围确定），每套的监造内容，监造方式（可以是现场见证、文件见证或停工待检之一）及检验的数量等。

2）检查和试验的范围

① 原材料和元器件的进厂检验。

② 部件的加工检验和实验。

③ 出厂前预组装检验。

④ 包装检验。

3）制造质量责任

① 监理在监造中对发现有质量问题的设备和材料，或不符合规定标准的包装，有权提出改正意见并暂不予以签字时，供货方需采取相应改进措施保证交货质量。无论监理是否要求和是否知道，供货方均有义务主动及时地向其说明设备制造过程中出现的较大的质量缺陷和问题，不得隐瞒，在监理不知道的情况下供货方不得擅自处理。

② 监造代表发现重大问题要求停工检验时，供货方应当遵照执行。

③ 不论监理是否参与监造与出厂检验，或者参加了监造与检验并签署了监造与检验报告，均不能被视为免除供方对设备质量应负的责任。

（3）监理工作应注意的事项

1）制造现场的监造检验和见证，尽量结合供货方工厂实际生产过程进行，不应影响正常的生产进度（不包括发现重大问题时的停工检验）。

2）监理应按时参加合同规定的检查和实验。若监理不能按供货方通知时间及时到场，供货方工厂的试验工作可以正常进行，试验结果有效。但是监理有权事后了解、查阅、复制检查试验报告和结果（转为文件见证）。若供货方未及时通知监造代表而单独检验，监理不承认该检验结果，供货方应在监理在场的情况下进行该项试验。

3）供货方供应的所有合同设备、部件（包括分包与外购部分），在生产过程中都需进行严格的检验和试验，出厂前还需进行部套或整机总装试验。所有检验、试验和总装（装配）必须有正式的记录文件。只有以上所有工作完成后才能出厂发运。这些正式记录文件和合格证明提交给监理，作为技术资料的一部分存档。此外，供货方还应在随机文件中提供合格证和质量证明文件。

（4）对生产进度的监督

1）对供货方在合同设备开始投料制造前提交的整套设备的生产计划进行审查并签字认可。

2）每个月末供货方均应提供月报表，说明本月包括制造工艺过程和检验记录在内的实际生产进度，以及下一月的生产、检验计划。中间检验报告需说明检验的时间、地点、过程、试验记录，以及不一致性原因分析和改进措施。监理审查同意后，作为对制造进度控制和与其他合同及外部关系进行协调的依据。

3. 现场交货

（1）准备工作。

1）供货方应在发运前合同约定的时间内向采购方发出通知，以便对方做好接货准备工作。

2）供货方向承运部门办理申请发运设备所需的运输工具计划，负责合同设备从供货方到现场交货地点的运输。

3）供货方在每批货物备妥及装运车辆（船）发出 24 小时内，应以电报或传真将该批货物的如下内容通知采购方：合同号；机组号；货物备妥发运日期；货物名称及编号和价格；货物总毛重；货物总体积；总包装件数；交运车站（码头）的名称、车号（船号）和运单号；重量超过 20t 或尺寸超过 9m×3m×3m 的每件特大型货物的名称、重量、体积和件数，以及对每件该类设备（部件）还必须标明重心和吊点位置，并附有草图。

4）采购方应在接到发运通知后做好现场接货的准备工作，并按时到运输部门提货。

5）如果由于采购方原因要求供货方推迟设备发货，应及时通知对方，并承担推迟期间的仓储费和必要的保养费。

（2）到货检验

1）检验程序

① 货物到达目的地后，采购方向供货方发出到货检验通知，邀请对方派代表共同进行检验。

② 货物清点。双方代表共同根据运单和装箱单对货物的包装、外观和件数进行清点。如果发现任何不符之处，经过双方代表确认属于供货方责任后，由供货方处理解决。

③ 开箱检验。货物运到现场后，采购方应尽快与供货方共同进行开箱检验，如果采购方未通知供货方而自行开箱或每一批设备到达现场后在合同规定时间内不开箱，产生的后果由采购方承担。双方共同检验货物的数量、规格和质量，检验结果和记录对双方有效，并作为采购方向供货方提出索赔的证据。

2）损害、缺陷、短少的责任

① 现场检验时，如发现设备由于供货方原因（包括运输）有任何损坏、缺陷、短少或不符合合同中规定的质量标准和规范，应做好记录，并由双方代表签字，各执一份，作为采购方向供货方提出修理或更换索赔的依据。如果供货方要求采购方修理损坏的设备，所有修理设备的费用由供货方承担。

② 由于采购方原因，发现损坏或短缺，供货方在接到采购方通知后，应尽快提供或替换相应的部件，但费用由采购方自负。

③ 供货方如对采购方提出修理、更换、索赔的要求有异议，应在接到采购方书面通知后合同约定的时间内提出，否则上述要求即告成立。如有异议，供货方应在接到通知后派代表赴现场同采购方代表共同复验。

④ 双方代表在共同检验中对检验记录不能取得一致意见时，可由双方委托的权威第三方检验机构进行裁定检验。检验结果对双方都有约束力，检验费由责任方负担。

⑤ 供货方在接到采购方提出的索赔后，应按合同约定的时间尽快修理、更换或补发短缺部分，由此产生的制造、修理和运费及保险费均应由责任方负担。

4. 设备安装验收

（1）启动试车。安装调试完毕后，双方共同参加启动试车的检验工作。试车分成无负荷空运和带负荷试运行两个步骤进行，且每一阶段均应按技术规范要求的程序维持一定的持续时间，以检验设备的质量。试验合格后，双方在验收文件上签字，正式移交采购方进行生产运行。若检验不合格，属于设备质量原因，由供货方负责修理、更换并承担全部费用；如果是由于工程施工质量问题，由采购方负责拆除后纠正缺陷。不论何种原因试车不合格，经过修理或更换设备后应再次进行试车试验，直到满足合同规定的试车质量要求为止。

（2）性能验收。性能验收又称性能指标达标考核。启动试车只是检验设备安装完毕后是否能够顺利安全运行，但各项具体的技术性能指标是否达到供货方在合同内承诺的保证值还无法判定，因此合同中均要约定设备移交试生产稳定运行多少个月后进行性能测试。由于合同规定的性能验收时间在采购方已正式投产运行后，这项验收试验由采购方负责，供货方参加。

试验大纲由采购方准备，与供货方讨论后确定。试验现场和所需的人力、物力由供货方提供供货方应提供试验所需的测点、一次性元件和装设的试验仪表，以及做好技术配合和人员配合工作。

性能验收试验完毕，每套合同设备都达到合同规定的各项性能保证值指标后，采购方与供货方共同会签合同设备初步验收证书。

如果合同设备经过性能测试检验表明未能达到合同约定的一项或多项保证指标，可以根据缺陷或技术指标试验值与供货方在合同内的承诺值偏差程度，按下列原则区别对待。

1）在不影响合同设备安全、可靠运行的条件下，如有个别微小缺陷，供货方在双方商定的时间内免费修理，采购方则可同意签署初步验收证书。

2）如果第一次性能验收试验达不到合同规定的一项或多项性能保证值，则双方应共同分析原因，澄清责任，由责任一方采取措施，并在第一次验收试验结束后合同约定的时间内进行第二次验收试验。如能顺利通过，则签署初步验收证书。

3）在第二次性能验收试验后，如仍有一项或多项指标未能达到合同规定的性能保证值，按责任的原因分别对待。

① 属于采购方原因，合同设备应被认为初步验收通过，共同签署初步验收证书。此后供货方仍有义务与采购方一起采取措施，使合同设备性能达到保证值。

② 属于供货方原因，则应按照合同约定的违约金计算方法赔偿采购方的损失。

4）在合同设备稳定运行规定的时间后，如果由于采购方原因造成性能验收试验的延误超过约定的期限，采购方也应签署设备初步验收证书，视为初步验收合格。

初步验收证书只是证明供货方所提供的合同设备性能和参数截至出具初步验收证明时可以按合同要求予以接受，但不能视为供货方对合同设备中存在的可能引起合同设备损坏的潜在缺陷所应负责任解除的证据。所谓潜在缺陷指设备的隐患在正常情况下不能在制造过程中被发现，供货方应承担纠正缺陷责任。供货方的质量缺陷责任期时间应保证到合同规定的保证期终止后或到第一次大修时。当发现这类潜在缺陷时，供货方应按照本合同的规定进行修理或调换。

（3）最终验收

1）合同内应约定具体的设备保证期限。保证期从签发初步验收证书之日起开始计算。

2）在保证期内的任何时候，如果由于供货方责任而需要进行的检查、试验、再试验、修理或调换，当供货方提出请求时，采购方应做好安排进行配合以便进行上述工作。供货方应负担修理或调换的费用，并按实际修理或更换使设备停运所延误的时间将保证期限作相应延长。

3）如果供货方委托采购方施工人员进行加工、修理、更换设备，或由于供货方设计图纸错误以及因供货方技术服务人员的指导错误造成返工，供货方应承担因此所发生合理费用的责任。

4）合同保证期满后，采购方在合同规定时间内应向供货方出具合同设备最终验收证书。条件是此前供货方已完成采购方保证期满前提出的各项合理索赔要求，设备的运行质量符合合同的约定。供货方对采购方人员的非正常维修和误操作，以及正常磨损造成的损失不承担责任。

5）每套合同设备最后一批交货到达现场之日起，如果因采购方原因在合同约定的时间内未能进行试运行和性能验收试验，期满后即视为通过最终验收。此后采购方应与供货方共同会签合同设备的最终验收证书。

5. 合同价格与支付

（1）合同价格。设备采购合同通常采用固定总价合同，在合同交货期内为不变价格。合同价内包括合同设备（含备品备件、专用工具）、技术资料、技术服务等费用，还包括合同设备的税费、运杂费、保险费等与合同有关的其他费用。

（2）付款。支付的条件、支付的时间和费用内容应在合同内具体约定。目前园林大型设备采购合同较多采用如下的程序。

1）支付条件。合同生效后，供货方提交金额为约定的合同设备价格某一百分比且不可撤销的履约保函，作为采购方支付合同款的先决条件。

2）支付程序。

① 合同设备款的支付。订购的合同设备价格分3次支付。

a. 设备制造前供货方提交履约保函和金额为合同设备价格10％的商业发票后，采购方支付合同设备价格的10％作为预付款。

b. 供货方按交货顺序在规定的时间内将每批设备（部组件）运到交货地点，并将该批设备的商业发票、清单、质量检验合格证明、货运提单提供给采购方，支付该批设备价格的80％。

c. 剩余合同设备价格的10％作为设备保证金，待每套设备保证期满没有问题，采购方签发设备最终验收证书后支付。

② 技术服务费的支付。合同约定的技术服务费分两次支付。

a. 第一批设备交货后，采购方支付给供货方该套合同设备技术服务费的30％。

b. 每套合同设备通过该套机组性能验收试验，初步验收证书签署后，采购方支付该套合同设备技术服务费的70％。

③ 运杂费的支付。运杂费在设备交货时由供货方分批向采购方结算，结算总额为合同规定的运杂费。

6. 违约责任

在合同履行过程中，任何一方都不应借故延迟履约或拒绝履行合同义务，否则应追究违约当事人的法律责任。

（1）由于卖方交货不符合合同规定，如交付设备不符合合同规定的标准，或交付的设备未达到质量技术要求，或数量、交货日期等与合同规定不符时，卖方应承担违约责任。

（2）由于卖方中途解除合同，买方可采取合理的补救措施，并要求卖方赔偿损失。

（3）买方在验收货物后，不能按期付款时，应按中国人民银行有关延期付款的规定支付违约金。

（4）买方中途退货，卖方可采取合理的补救措施，并要求买方赔偿损失。

五、 园林建设工程物资采购合同的管理

1. 加强园林建设物资采购合同管理的意义

（1）加强园林建设物资采购合同管理，有利于降低工程成本，实现投资效益。园林建设物资费用在园林工程项目中是构成直接费用的重要指标，加强对园林建设物资采购合同的管

理，是挖掘节约投资潜力的重要技术措施。园林工程项目的用料是否合理，能否降低物耗、降低购买及储运的损耗和费用，直接影响工程成本的降低，对实现投资效益有重要作用。

（2）加强园林建设物资采购合同管理，有利于协调施工时间，确保实现进度控制目标。园林建设物资的供货时间对园林工程项目确保工期极为重要，一旦园林建设物资不能按工期进度需要供货，或供货质量不符合园林工程项目的要求，都将导致延误工期的不良后果。因此，在影响进度的各种因素中，园林建设物资的供应是占有显著地位的。

（3）加强园林建设物资采购合同管理，有利于提高园林工程质量，达到规范要求。园林建设物资采购合同中对园林物资的质量要求是否与园林工程承包合同中的要求一致，以及供货方在履行合同义务时是否符合合同要求都直接影响园林工程质量控制目标的实现。据有关专家分析，在造成工程质量不符合合同要求的各种原因中，近20%的情况是由于材料、设备的质量问题造成的。因此，在园林工程项目承包中，无论是哪一方为建设物资的提供者，都应加强对园林建设物资采购合同的订立及履行的严格管理。

2. 园林工程物资购销合同履行过程中的管理

（1）交货数量的允许增减范围。合同履行过程中，经常会发生发货数量与实际验收数量不符，或实际交货数量与合同约定的交货数量不符的情况。其原因可能是供货方的责任，也可能是运输部门的责任，或由于运输过程中的合理损耗。前两种情况要追究有关方的责任，第三种情况则应控制在合理的范围之内。有关行政主管部门对通用的物资和材料规定了货物交接过程中允许的合理磅差和尾差界限，如果合同约定供应的货物无规定可循，也应在条款内约定合理的差额界限，以免交接验收时发生合同争议。交付货物数量的差额在规定的尾差或磅差范围之内，不按多交或少交对待，双方互不退补；超过范围内，按有关主管部门的规定或合同约定的计算方法，计算多交或少交部分的数量。

合同内对磅差和尾差规定出合理的界限范围，既可以划清责任，还可以为供货方合理组织发运提供灵活变通的条件。如果超过允许范围时，则按实际交货数量计算；不足部分，由供货方按合同约定的数量补齐，或退回不足部分的货款；多交付部分，采购方也应主动承付溢出部分的货款。但在计算多交或少交部分的数量时，均不再考虑合理磅差或尾差因素。

（2）货物的交接管理

1）采购方自提货物。采购方应在合同约定的时间或接到供货方发出的提货通知后，到指定地点提货。采购方如果不能按时提货，应承担逾期提货的违约责任。当供货方早于合同约定日期发出提货通知时，采购方可根据施工的实际需要和仓储保管能力，决定是否按通知的时间提前提货。采购方有权拒绝提前提货，也可以按通知时间提货后仍按合同规定的交货时间付款。

2）供货方负责送货到指定地点。货物的运输费用由采购方承担，但应在合同内写明是由供货方送货到现场还是代运，因为这两种方式判定供货方是否按期履行合同的时间责任不一样。合同内约定采用代运方式时，供货方必须根据合同规定的交货期、数量、到站、接货人等，按期编制运输作业计划，办理托运、装车（船）、查验等发货手续，并将货运单、合格证等交寄对方，以便采购方在指定车站或码头接货。如果因单证不齐导致采购方无法接货，由此造成的站场存储费和运输罚款等额外支出费用，应由供货方承担。

（3）货物的验收管理

1）验收方法。到货产品的验收，可分为数量验收和质量验收。

2）责任划分。不论采用何种交接方式，采购方均应在合同规定由供货方对质量负责的条件和期限内，对交付产品进行验收和试验。某些必须安装运转后才能发现内在质量缺陷的设备，也应于合同内规定的缺陷责任期或保修期内验收。在此期限内，凡检测不合格的物资或设备，均由供货方负责。如果采购方在规定时间内未提出质量异议，或因其使用、保管、保养不善而造成质量下降，供货方均不再负责。

由供货方代运的货物，采购方在站场提货地点应与运输部门共同验货，以便发现灭失、短少、损坏等情况时，能及时分清责任。采购方接收后，运输部门不再负责。属于交运前出现的问题，由供货方负责；运输过程中发生的问题，由运输部门负责。

① 凭印记交接的货物。凡原装、原封、原标记完好无异，但发货数量少于合同约定，属于供货方责任。采购方凭运输部门编制的记录证明，可以拒付短缺部分的货款，并在到货后 10 日内通知供货方，否则即视为验收无误。供货方接到通知后，应于 10 日内答复，提出处理意见。逾期不签复，即按少交货物论处。虽然件数相符，但质量、尺寸短缺，或实际质量与包装标明质量相符而包装内数量短缺，采购方可凭本单位的书面证明，拒付短缺部分的货款，应在到货后 10 日内通知对方。

封印脱落、损坏时，发生货物灭失、短少、损坏、变质、污染等情况，除能证明属于供货方责任外，均由运输部门负责。

② 凭现状交接的货物。货物发生短少、损坏、变质、污染等情况，如果发生在交付运输部门前，由供货方负责；发生在运输过程中，由运输部门负责；发生在采购方接货后，自行负责。凡采购方在接货时无法从外部发现短少、损坏的情况，应由供货方负责的部分，采购方凭运输部门的交接证明和本单位的验收书面证明，在承付期内可以拒付短少、损坏部分的货款，并在到货后 10 日内通知对方，否则视为验收无误。

3）质量争议。如果当事人双方对产品的质量检测、试验结果发生争议，应按《中华人民共和国标准化管理条例》的规定，请标准化管理部门的质量监督检验机构进行仲裁检验。

（4）结算管理。产品的货款、实际支付的运杂费和其他费用的结算，应按照合同中商定的结算方式和中国人民银行结算办法的规定办理。但对以下两点应予注意。

1）变更银行账户。采用转账方式和托收承付方式办理结算手续时，均由供货方将有关单证交付采购方开户银行办理划款手续。当采购方变更合同内注明的开户银行、账户名称和账号时，应在合同规定的交货期前 30 日通知供货方。如果未及时通知或通知有错误而影响结算，采购方要负逾期付款责任。若供货方接到通知后仍按变更前的账户办理，后果由供货方承担。

2）拒付货款。采购方拒付货款，应当按照中国人民银行结算办法的拒付规定办理。采用托收承付结算时，如果采购方的拒付手续超过承付期，银行不予受理。采购方无理拒付货款，经银行说服无效，可由银行强制执行。由于无理拒付而增加银行审查时间，自承付期满的次日起按逾期付款处理。采购方对拒付货款的产品必须负责接收，并妥为保管不准动用。如果发现动用，由银行代供货方扣收货款，并按逾期付款对待。

第三节　园林勘察设计合同

一、园林勘察设计合同的作用及特点

1. 园林勘察设计合同的作用

（1）有利于保证园林工程勘察、设计任务按期、按质、按量顺利完成。

（2）有利于委托与承包双方明确各自的权利、义务的内容以及违约责任，一旦发生纠纷，责任明确，避免了许多不必要的争执。

（3）促使双方当事人加强管理与经济核算，提高管理水平。

（4）为监理工程师在园林项目设计阶段的工作提供了法律依据和监理内容。

2. 园林勘察设计合同的特点

园林工程勘察设计合同除具有其他合同的一般特征外，还具有以下几方面的特点。

（1）合同的订立必须符合园林工程项目的基本建设程序，实行项目报建制度。园林勘察设计合同的签订，应在项目的可行性研究报告及项目计划任务书获得批准后进行。可行性研究是建设前期工作的重要内容之一，它为建设项目的决策和计划任务书的编制提供重要依据。计划任务书是园林工程建设的大纲，是确定建设项目和建设方案（包括依据、规模、布局、主要技术经济要求等）的基本文件，也是进行现场勘测和编制文件的主要依据。园林项目报建是对从事园林工程建设的业主方的资格、能力及项目准备情况的确定。

（2）园林勘察设计方应具备合法的资格与资信等级。园林勘测设计方必须具备法人资格。园林工程勘察、设计方必须经过资格认证，获得园林工程勘测证书或园林工程设计证书，才能承担园林工程勘察任务或园林工程设计任务。园林勘察设计方应具备下列条件。

① 有按法定主管部门批准成立勘察、设计机构的文件。

② 有专门从事园林工程勘察、设计工作的固定职工组成的实体。

③ 有固定的工作场所和一定的仪器装备。

④ 具备独立承担园林工程勘察、设计任务的能力。

（3）园林工程勘察设计的阶段与任务。基本建设项目一般采用初步设计和施工图两阶段设计。技术比较简单和方案明确的小型园林项目，在修建任务紧急的情况下，可采用一阶段施工图设计；技术上复杂又缺乏经验的园林建设项目或项目中个别阶段，可采用初步设计、技术设计及施工图设计三阶段设计。

1）初步设计阶段的主要任务为：选定园林工程设计方案，初步确定园林工程位置；说明园林工程地质、水文、材料等，确定排水系统与防护工程的概略位置、结构形式和基本尺寸并估算其工程数量，编制相应的园林工程概算文件。

2）技术设计阶段的主要任务包括实际测定园林工程位置，确定园林工程方案；确定园林工程防排水系统及防护工程位置、结构形式和尺寸；计算园林工程排水工程数量及基础土石数量；确定各工程的结构类型和尺寸；计算征用土地、拆迁建筑物及设备的数量；编制修正概算等。

3）施工图设计包括确定园林工程平、纵、横断面位置；具体深化园林工程设计，确定各项工程的位置、类型和各部尺寸，绘制施工布置图和详细设计图样；计算工程数量；编制施工图预算等。一般在初步设计及概算文件获得批准后，才能编制施工图和施工图预算。

二、 勘察设计合同的形式

园林勘察设计合同按委托的内容（即合同标的）及计价不同有不同的合同形式。

1. 按委托的内容分类

（1）园林勘察设计总承包合同。这是由具有相应资质的承包人与发包人签订的包含勘察和设计两部分内容的承包合同。其中承包人可以是：

① 具有勘察、设计双重资质的勘察设计单位；

② 分别拥有勘察与设计资质的勘察单位和设计单位的联合体；

③ 设计单位作为总承包单位并承担其中的设计任务，而勘察单位作为勘察分包商。

勘察设计总承包合同减轻了发包人的协调工作，尤其是减少了勘察与设计之间的责任推诿和冲突。

（2）勘察合同。是发包人与具有相应勘察资质的承包商签订的委托勘察任务的合同。

（3）设计合同。是发包人与具有相应资质的设计承包商签订的委托设计任务合同。

2. 按计价方式分类

（1）总价合同。适用于园林勘察设计总承包，也适用于园林勘察设计分别承包的合同。

（2）单价合同。与总价合同适用范围相同。

（3）按工程造价比例收费合同。适用于园林勘察设计总承包和设计承包合同。

三、 园林勘察设计合同的内容

1. 合同主要条款

（1）工程名称、规模、地点。园林工程名称应当是园林工程的正式名称而非园林工程的通用名称。如不得笼统地称为桥、机场等。规模包括栋数、面积（或占地面积）、层数等内容。关于园林工程地点，也应以通用的地段、路段名称及编号来标定，以免造成理解上的歧义。

（2）委托方即发包方提供资料的内容、技术要求和期限。委托方需提供的资料通常包括园林工程设计委托书和园林工程地质勘察委托书，经批准的设计任务书或可行性研究报告，选址报告以及原材料报告，有关能源方面的协议以及其他能满足初步勘察、设计要求的资料等。对这些资料应造表登记，并标明每份资料交付的日期，交付人、收件人均应签名盖章。这些资料为正式合同条文的一部分，与其他合同条文具有同等法律效力。

（3）承包方勘察的范围、进度和质量，设计的阶段、进度、质量和设计文件的份数及交付日期。承包方勘察的范围通常包括园林工程测量、园林工程地质、水文地质的勘察等。具体来讲，包括园林工程结构类型、总荷重、单位面积荷重、平面控制测量、地形测量、高程控制测量、摄影测量、线路测量和水文地质测量、水文地质参数计算、地球物理勘探、钻探及抽水试验、地下水资源评价及保护方案等。

勘察的进度是指勘察任务总体完成的时间或分阶段任务完成的时间界限。

质量是指合同要求的勘察方所提交勘察成果的准确性程度的高低，或者设计方设计的科学合理性。一般应从设计的工程投资预算、结构、寿命、抗击自然灾害的能力、采光、通风、隔声、防潮等方面考察。有特殊用途的工程，设计质量的高低则主要应考察设计是否满足该特殊要求。

代表勘察设计成果的勘察设计文件一般不止 1 份，勘察设计一方应当依照合同的约定提交有关文件。勘察方需提交的文件一般包括测量透明图、园林工程地质报告书等，设计方提交的文件一般包括初步设计文件、技术设计文件、施工图设计文件、工程概预算文件和材料设备清单等。依照合同约定提交有关文件，不但要求文件种类齐全，而且必须按照合同约定的时间提供。

（4）勘察设计收费的依据、收费标准及拨付办法。为了规范园林工程勘察设计收费行为，维护发包人和勘察人、设计人的合法权益，原国家计委、建设部根据《中华人民共和国价格法》以及有关法律、法规，制定了《工程勘察设计收费管理规定》、《工程勘察收费标准》和《工程设计收费标准》。其具体要求如下。

1）发包人和勘察人、设计人，应当遵守国家有关价格法律、法规的规定，维护正常的价格秩序，接受政府主管部门的监督管理。

2）园林工程勘察和园林工程设计收费根据园林建设项目投资额的不同情况，分别实行政府指导价和市场调节价。园林建设项目总投资估算额500万元及以上的园林工程勘察和园林工程设计收费实行政府指导价；园林建设项目总投资估算额500万元以下的园林工程勘察和园林工程设计收费实行市场调节价。

3）实行政府指导价的园林工程勘察和园林工程设计收费，其基准价根据《工程勘察收费标准》或者《工程设计收费标准》计算，除另有规定者外，浮动幅度为上下20%。发包人和勘察人、设计人应当根据建设项目的实际情况在规定的浮动幅度内协商确定收费额。实行市场调节价的园林工程勘察和园林工程设计收费，由发包人和勘察人、设计人协商确定收费额。

4）园林工程勘察费和园林工程设计费，应当体现优质优价的原则。园林工程勘察和工程设计收费实行政府指导价的，凡在园林工程勘察设计中采用新技术、新工艺、新设备、新材料，有利于提高建设项目经济效益、环境效益和社会效益的，发包人和勘察人、设计人可以在上浮25%的幅度内协商确定收费额。

5）勘察人和设计人应当按照《关于商品和服务实行明码标价的规定》，告知发包人有关服务项目服务、内容、服务质量、收费依据，以及收费标准。

6）园林工程勘察费和园林工程设计费的金额以及支付方式、由发包人和勘察人、设计人在《工程勘察合同》或者《工程设计合同》中约定。

7）勘察人或者设计人提供的勘察文件或者设计文件，应当符合国家规定的工程技术质量标准，满足合同约定的内容、质量等要求。

勘察合同生效后，委托方应向承包方支付定金，定金金额为勘察费的30%（担保法规定不得超过20%）。勘察工作开始后，委托方应向承包方支付勘察费的30%；全部勘察工作结束后，承包方按合同规定向委托方提交勘察报告书和图纸，委托方收取资料后，在规定的期限内按实际勘察工作量付清勘察费。

设计合同生效后，委托方向承包方支付相当于设计费的20%作为定金，设计合同履行后，定金抵作设计费。设计费其余部分的支付由双方共同商定。

（5）违约责任。因合同当事人的一方过错，造成合同不能履行、不能完全履行或不适当履行，应由有过错的一方承担违约责任；如属双方过错，应根据实际情况，由双方分别承担各自应负的违约责任。造成园林勘察设计合同不能履行的根本原因是当事人没有按合同规定的时间、地点、质量等要求来履行义务，当事人的这种过错行为往往会给国家、集体、当事人在生产、经营或工作上造成一定影响或损失，甚至破坏国家指令性计划，使国民经济计划由此而受到阻碍。承担违约责任的形式主要是违约金和赔偿损失。

违约金、赔偿损失应在明确责任后10日内偿付，否则按逾期付款处理。违约方当事人支付违约金和赔偿损失并不能代替合同的履行，如果当事人要求继续履行合同，违约方当事人应当履行，而不应以支付违约金和赔偿损失来免除自己继续履行的义务。

1）委托方的违约责任

① 按《建设工程勘察设计合同条例》的规定，委托方若不履行合同，无权请求退回定金。

② 由于变更计划，提供的资料不准确，未按期提供园林勘察设计工作必需的资料或工作条

件，因而造成园林勘察设计工作的返工、窝工、停工或修改设计时，委托方应对承包方实际消耗的工作量增付费用。因委托方责任造成重大返工或重作设计时，应另增加勘察设计费。

③ 园林勘察设计的成果按期、按质、按量交付后，委托方要按《建设工程勘察设计合同条例》第 7 条的规定和合同的约定，按期、按量交付勘察设计费。委托方未按规定或约定的日期交付费用时，应偿付逾期违约金。

2）承包方的违约责任

① 因园林勘察设计质量低劣引起返工，或未按期提交勘察设计文件，拖延工期造成损失的，由承包方继续完善勘察设计，并视造成的损失、浪费的大小，减收或免收勘察设计费。

② 对于因园林勘察设计错误而造成园林工程重大质量事故的，承包方除免收受损失部分的勘察设计费外，还应承担与直接损失部分勘察设计费相当的赔偿损失。

③ 如果承包方不履行合同，应双倍返还定金。

园林勘察设计合同作为合同中的一种，除根据法律规定的主要条款外，按照经济合同必须具备的条款以及当事人一方要求必须规定的条款，也是勘察设计合同的主要条款。

2. 双方当事人的权利和义务

一般来说，园林建设工程勘察、设计合同双方当事人的权利、义务是相互对应的，即发包方的权利往往是承包方的义务，而承包方的权利又往往是发包方的义务。因此，以下只阐述双方当事人的义务。

（1）园林勘察合同发包人的义务

1）在勘察现场范围内，不属于委托勘察任务而又没有资料、图纸的地区（段），发包人应负责查清地下埋藏物。若因未提供上述资料、图纸，或提供的资料、图纸不可靠、地下埋藏物不清，致使勘察人在勘察工作过程中发生人身伤害或造成经济损失时，由发包人承担民事责任。

2）若勘察现场需要看守，特别是在有毒、有害等危险现场作业时，发包人应派人负责安全保卫工作，按国家有关规定，对从事危险作业的现场人员进行保健防护，并承担费用。

3）园林工程勘察前，属于发包人负责提供的材料，应根据勘察人提出的园林工程用料计划，按时提供各种材料及其产品合格证明，并承担费用和运到现场，派人与勘察人的人员一起验收。

4）园林勘察过程中的任何变更，经办理正式变更手续后，发包人应按实际发生的工作量交付勘察费。

5）为勘察人的工作人员提供必要的生产、生活条件，并承担费用；如不能提供时，应一次性付给勘察人临时设施费。

6）发包人若要求在合同规定时间内提前完工（或提交勘察成果资料）时，发包人应按每提前一天向勘察人支付计算的加班费。

7）发包人应保护勘察人的投标书、勘察方案、报告书、文件、资料图纸、数据、特殊工艺（方法）、专利技术和合理化建议。未经勘察人同意，发包人不得复制、泄露、擅自修改、传送或向第三人转让或用于本合同外的项目。

（2）设计合同发包人义务

1）发包方按合同规定的内容，在规定的时间内向承包方提交资料及文件，并对其完整性、正确性及时限负责。发包方提交上述资料及文件超过规定期限 15 日以内，承包方按本合同规定的交付设计文件时间顺延；规定期限超过 15 日以上时，承包方有权重新确定提交设计文件的时间。

2）发包方变更委托设计项目、规模、条件或因提交的资料错误，或所提交资料作较大修改，以致造成承包方设计需要返工时，双方除需另行协商签订补充合同（或另订合同）、重新明确有关条款外，发包方应按承包方所耗工作量向承包方支付返工费。

3）在合同履行期间，发包方要求终止或解除合同，承包方未开始设计工作的，不退还发包方已付的定金；已开始设计工作的，发包方应根据承包方已进行的实际工作量，不足一半时按该阶段设计费的一半支付，超过一半时按该阶段设计费的全部支付。

4）发包方应按合同规定的金额和时间向承包方支付设计费用，每逾期 1 日，应承担一定比例金额（如 1‰）的逾期违约金。逾期超过 30 日以上时，承包方有权暂停履行下阶段工作，并书面通知发包方。发包方上级对设计文件不审批或合同项目停、缓建，发包方均应支付应付的设计费。

5）由于设计人完成设计工作的主要地点不是施工现场，因此，发包人有义务为设计人在现场工作期间提供必要的工作、生活方便条件。发包人为设计人派驻现场的工作人员提供的方便条件可能涉及工作、生活、交通等方面的便利条件，以及必要的劳动保护装备。

6）设计的阶段成果（初步设计、技术设计、施工图设计）完成后，应由发包人组织鉴定和验收，并负责向发包人的上级或有管理资质的设计审批部门完成报批手续。

施工图设计完成后，发包人应将施工图报送建设行政主管部门，由建设行政主管部门委托的审查机构进行结构安全和强制性标准、规范执行情况等内容的审查。发包人和设计人必须共同保证施工图设计满足以下条件。

① 建筑物（包括地基基础、主体结构体系）的设计稳定、安全、可靠。

② 设计符合消防、节能、环保、抗震、卫生、人防等有关强制性标准、规范。

③ 设计的施工图达到规定的设计深度。

④ 不存在有可能损害公共利益的其他影响。

7）发包人应保护设计人的投标书、设计方案、文件、资料图纸、数据、计算软件和专利技术。未经设计人同意，发包人对设计人交付的设计资料及文件不得擅自修改、复制或向第三人转让或用于本合同外的项目。如发生以上情况，发包人应负法律责任，设计人有权向发包人提出索赔。

8）如果发包人从施工进度的需要或其他方面的考虑，要求设计人比合同规定时间提前交付设计文件时，需征得设计人同意。设计的质量是园林工程发挥预期效益的基本保障，发包人不应严重背离合理设计周期的规律，强迫设计人不合理地缩短设计周期的时间。双方经过协商达成一致并签订提前交付设计文件的协议后，发包人应支付相应的赶工费。

（3）勘察人的义务

1）勘察人应按国家技术规范、标准、规程和发包人的任务委托书及技术要求进行工程勘察，按合同规定的时间提交质量合格的勘察成果资料，并对其负责。

2）由于勘察人提供的勘察成果资料质量不合格，勘察人应负责无偿给予补充完善使其达到质量合格。若勘察人无力补充完善，需另委托其他单位时，勘察人应承担全部勘察费用。因勘察质量造成重大经济损失或工程事故时，勘察人除应负法律责任和免收直接受损失部分的勘察费外，并根据损失程度向发包人支付赔偿金。赔偿金由发包人、勘察人在合同内约定实际损失的某一百分比。

3）勘察过程中，根据园林工程的岩土工程条件（或工作现场地形地貌、地质和水文地质条件）

及技术规范要求，向发包人提出增减工作量或修改勘察工作的意见，并办理正式变更手续。

（4）设计人的义务

1）保证园林设计质量。保证工程设计质量是设计人的基本责任。设计人应依据批准的可行性研究报告、勘察资料。在满足国家规定的设计规范、规程、技术标准的基础上，按合同规定的标准完成各阶段的设计任务，并对提交的设计文件质量负责。

负责设计的建（构）筑物需注明设计的合理使用年限。设计文件中选用的材料、构配件、设备等，应当注明规格、型号、性能等技术指标，其质量要求必须符合国家规定的标准。

对于各设计阶段设计文件审查会提出的修改意见，设计人应负责修正和完善。

设计人交付设计资料及文件后，需按规定参加有关的设计审查，并根据审查结论负责对不超出原定范围的内容做必要的调整补充。

《建设工程质量管理条例》规定，设计单位未根据勘察成果文件进行工程设计，设计单位指定建筑材料、建筑构配件的生产厂、供应商，设计单位未按照工程建设强制性标准进行设计的，均属于违反法律和法规的行为，要追究设计人的责任。

2）配合施工的义务

① 设计交底。设计人在园林建设工程施工前，需向施工承包人和施工监理人说明园林建设工程勘察、设计意图，解释园林建设工程勘察、设计文件，以保证施工工艺达到预期的设计水平要求。

设计人按合同规定时限交付设计资料及文件后，本年内项目开始施工，负责向发包人及施工单位进行设计交底、处理有关设计问题和参加竣工验收。如果在一年内项目未开始施工，设计人仍应负责上述工作，但可按所需工作量向发包人适当收取咨询服务费，收费额由双方以补充协议商定。

② 解决施工中出现的设计问题。设计人有义务解决施工中出现的设计问题，如属于设计变更的范围，按照变更原因确定费用负担责任。

发包人要求设计人派专人留驻施工现场进行配合与解决有关问题时，双方应另行签订补充协议或技术咨询服务合同。

③ 园林工程验收。为了保证园林建设工程的质量，设计人应按合同约定参加工程验收工作。这些约定的工作可能涉及重要部位的隐蔽工程验收、试车验收和竣工验收。

3）保护发包人的知识产权。设计人应保护发包人的知识产权，不得向第三人泄露、转让发包人提交的产品图纸等技术经济资料。如发生以上情况并给发包人造成经济损失，发包人有权向设计人索赔。

3. 其他内容

（1）园林设计的修改和停止

1）园林设计文件批准后，就具有一定的严肃性，不得任意修改和变更。如果必须修改，也需经有关部门批准，其批准权限，视修改的内容、所设计的范围而定。如果修改部分是属于初步设计的内容，需经设计的原批准单位批准；如果修改的部分是属于设计任务书的内容，则需经设计任务书的原批准单位批准；施工图设计的修改，需经设计单位同意。

2）委托方因故要求修改园林工程设计，经承包方同意后，除设计文件的提交时间另定外，委托方还应按承包方实际返回修改的工作量增付设计费。

3）原定设计任务书或初步设计如有重大变更而需要重做或修改设计时，需经设计任务书或初步设计批准机关同意，并经双方当事人协商后另订合同。委托方负责支付已经进行了的设计费用。

4）委托方因故要求中途停止设计时，应及时书面通知承包方，已付的设计费不足，应按该阶段实际所耗工时，增付和结算设计费，同时终止合同关系。

（2）纠纷的处理。园林建设工程勘察设计合同发生纠纷时，双方可以通过协商或调解解决。当事人不愿协商、调解解决或协商、调解不成时，双方可依据合同中的仲裁条款或者事后达成的书面仲裁协议，向仲裁机关申请仲裁。当事人没有在合同中订立仲裁条款，事后又没有达成书面仲裁协议的，可以向人民法院起诉。任何一方均不得采用非法手段予以解决。

四、　勘察设计合同的订立

1. 园林勘察设计合同订立的程序

依法必须进行招标的园林工程勘察设计任务通过招标或设计方案的竞投确定勘察、设计单位后，应遵循园林工程项目建设程序，签订勘察、设计合同。

签订园林勘察设计合同由建设单位、设计单位或有关单位提出委托，经双方协商同意，即可签订。

（1）确定合同标的。合同标的是合同的中心。这里所谓的确定合同标的，实际上就是决定园林勘察设计分开发包还是合在一起发包。

（2）选定承包商。依法必须招标的项目，按招标投标程序优选出中标人即为承包商。小型项目及可以不招标的项目由发包人直接选定承包商。但选定的过程为向几家潜在承包商询价、初商合同的过程，也即发包人提出勘察设计的内容、质量等要求并提交勘察设计所需资料，承包商以报价、做出方案及进度安排的过程。

（3）商签园林勘察设计合同。如果是通过招标方式确定承包商的，则由于合同的主要条件都在招标文件、投标文件中得到确认，进入签约阶段需要协商的内容就不是很多。而通过协商、直接委托的合同谈判，则要涉及几乎所有的合同条款，必须认真对待。

园林勘察、设计合同的当事人双方进行协商，就合同的各项条款取得一致意见，且双方法人或指定的代表在合同文本上签字，并加盖公章，这样合同才具有法律效力。

2. 合同当事人对对方资格和资信的审查

（1）资格审查。资格审查是指园林工程勘察、设计合同的当事人审查对方是否具有民事权利能力和民事行为能力，也即对方是否为具有法人资格的组织、其他社会组织或法律允许范围内的个人。作为发包方，必须是有国家批准建设项目，落实投资计划的企事业单位、社会组织；承包方应当是具有国家批准的勘察、设计许可证，具有经由有关部门核准的资质等级的勘察、设计单位。

另外，还要审查参加签订合同的有关人员，是否是法定代表人或法人委托的代理人，以及代理的活动是否越权等。

（2）资信审查。资信，即资金和信用。资金是当事人有权支配并能运用于生产经营的财产的货币形态；信用是指商品买卖中的延期付款或货币的借贷。审查当事人的资信情况，可以了解当事人对于合同的履行能力和履行态度，以慎重签订合同。

（3）履约能力审查。主要是发包方审查勘察、设计单位的专业业务能力，了解其以往的工程实绩。

3. 勘察设计的定金

（1）定金收取。园林勘察设计合同生效后，委托方应先向承包方支付定金。合同履行后，定金抵作勘察设计费。

（2）定金数额。勘察任务的定金为勘察费的30％；设计任务的定金为设计费的20％。

（3）定金退还。如果委托方不履行合同，则无权要求返还定金；如果承包方不履行合同，应双倍返还定金。

五、园林勘察设计合同纠纷的处理

园林勘察、设计合同的纠纷绝大多数发生在合同履行过程中，履行中出现的主要纠纷或问题如下。

（1）工期纠纷，即因委托方不能按期向承包方提供有关资料或承包方不能按期完成设计工作而产生的纠纷。

（2）费用支付纠纷，即委托方拒付或少付勘察、设计费。

当园林勘察设计合同发生上述纠纷时，向法院提出起诉的比较少，除由于遵循"先行调解"的原则外，尚有下述原因：

①《建设工程勘察、设计合同条例》中规定的赔偿金和违约金偏低，常使当事人认为不值得起诉。

② 有时引起合同纠纷的原因错综复杂，比如拖期问题，责任往往是上级主管部门造成的，故对合同拖期问题责任往往不加追究。

③ 法院对专业性较强的合同纠纷的审理经验不足，审结案周期较长，一般也很少有判决，最后双方还只得通过调解来解决纠纷。

④ 行政干预。一方面表现在缺少一个完善的动力机制促使当事人双方认真对待合同、切实履行合同和追求自我利益；另一方面，当事人的行为要受到许多的行政干预。

六、勘察设计合同的索赔

园林勘察、设计合同一旦签订，双方当事人要遵守合同。当因一方当事人的责任使另一方当事人的权益受到损害时，遭受损失方可向责任方提出索赔要求，以补偿经济上遭受的损失。

1. 承包方向委托方提出索赔

（1）委托方不能按合同要求准时提交满足设计要求的资料，致使承包方设计人员无法正常开展设计工作，承包方可提出合同价款和合同工期索赔。

（2）委托方在设计中途提出变更要求，承包方可提出合同价款和合同工期索赔。

（3）委托方不按合同规定支付价款，承包方可提出合同违约金索赔。

（4）因其他原因属委托方责任造成承包方利益损害时，承包方可提出合同价款索赔。

2. 委托方向承包方提出索赔

（1）承包方不能按合同约定的时间完成设计任务，致使委托方因园林工程项目不能按期开工造成损失，可向承包方提出索赔。

（2）承包方的勘察、设计成果中出现偏差或漏项等，致使园林工程项目施工或使用时给委托方造成损失，委托方可向承包方索赔。

（3）承包方完成的勘察、设计任务深度不足，致使园林工程项目施工困难，委托方也可提出索赔。

（4）因承包方的其他原因造成委托方损失的，委托方可以提出索赔。

◆ 参考文献 ◆

［1］本丛书编审委员会．建筑工程施工项目招投标与合同管理［M］．北京：机械工业出版社，2003.

［2］建筑施工手册（第四版）编写组．建筑施工手册［M］．4版．北京：中国建筑工业出版社，2003.

［3］李启明，朱树英，黄文杰．工程建设合同与索赔管理［M］．北京：科学出版社，2001.

［4］孟兆祯．园林工程［M］．北京：中国林业出版社，2001.

［5］全国建筑施工企业项目经理培训教材编写委员会．工程招标与合同管理［M］．修订版．北京：中国建
    筑工业出版社，2001.

［6］田振郁．工程项目管理实用手册［M］．2版．北京：中国建筑工业出版社，2000.

［7］魏连雨．建设项目管理［M］．北京：中国建材工业出版社，2000.

［8］李永光．合同管理与工程索赔［M］．北京：中国建筑工业出版社，2007.

［9］王春宇．建筑工程招投标与合同管理实务［M］．北京：中国建筑工业出版社，2009.

［10］桑佃军．建筑工程项目管理［M］．北京：机械工业出版社，2011.

［11］胡六星．建筑工程项目管理［M］．北京：机械工业出版社，2011.

［12］刘玉华，陈志明．园林工程项目管理［M］．北京：中国农业出版社，2010.

［13］张舟．园林工程招投标与预决算［M］．北京：中国建筑工业出版社，2009.